冲压模具设计及主要零部件加工

（第 5 版）

主　编　周树银

副主编　张玉华　苏　越

参　编　元世弟　韩　盈　黄　颖

主　审　王振云

BEIJING INSTITUTE OF TECHNOLOGY PRESS

内 容 简 介

本书以生产中的典型冲压零件为载体，基于企业的工作过程采用项目教学法组织教学内容，包括单工序模、复合模、级进模等几个典型情境，将每个学习项目分解成多个任务递进式展开知识技能讲解，以典型冲压零件的模具设计及主要零部件加工为案例，介绍企业模具设计及主要零部件加工的方法，使学生所学的知识和技能与职业岗位零对接。

本书可以作为高等院校模具设计与制造、数控技术加工等机电类专业的教材使用，也可作为成人教育相关专业的教材，或者企业从业人员的在职培训用书。

图书在版编目（CIP）数据

冲压模具设计及主要零部件加工／周树银主编 . —5 版 . —北京：北京理工大学出版社，2017.11

ISBN 978-7-5682-4528-9

Ⅰ. ①冲… Ⅱ. ①周… Ⅲ. ①冲模–设计–高等学校–教材②冲模–零部件–金属切削–高等学校–教材 Ⅳ. ①TG385.2

中国版本图书馆 CIP 数据核字（2017）第 191416 号

出版发行／北京理工大学出版社有限责任公司	
社　　　址／北京市海淀区中关村南大街 5 号	
邮　　　编／100081	
电　　　话／（010）68914775（总编室）	
（010）82562903（教材售后服务热线）	
（010）68948351（其他图书服务热线）	
网　　　址／http://www.bitpress.com.cn	
经　　　销／全国各地新华书店	
印　　　刷／三河市天利华印刷装订有限公司	
开　　　本／787 毫米×1092 毫米　1/16	
印　　　张／21.25	责任编辑／赵　岩
字　　　数／501 千字	文案编辑／梁　潇
版　　　次／2017 年 11 月第 5 版　2017 年 11 月第 1 次印刷	责任校对／周瑞红
定　　　价／76.00 元	责任印制／李　洋

前　言

　　本书以培养技术技能型人才为目标，在注重基础理论教育的同时，突出实践性教育环节，以企业岗位能力为目标，以真实的工作任务或产品为载体，通过做与学、教与学、学与考、过程评价与结果评价的有机结合，有效实施教学全过程，力图做到深入浅出，便于教学，突出高等应用教育的特点。本书作为机械类专业教育的特色教材，注重基础知识体系的完整以及实践能力和操作技能的培养，全书采用了新颖、统一的格式设计。本书定位准确，理论适中，知识系统，内容翔实，案例丰富，贴近实际，突出实用性，适用范围广泛且通俗易懂，便于学习和掌握，不仅适用于高等院校模具设计与制造、数控技术加工、数控应用与维修等专业和成人教育机械类各专业的教学，也可作为企业从业人员的在职或岗前培训教材。

　　本书在编写中力求做到理论与实际相结合，充分体现了"必需、够用、可持续发展"的教育理念。在教材的编写过程中，天津津荣天和机电有限公司的工程师元世弟、天津津兆机电开发有限公司的设计师张建营、天津轻模工贸有限公司设计主管韩盈参与了教学内容的设计。为贯彻知识、能力、素质的协调发展和综合提高的原则，采用"以就业为导向，以能力为本位"的培养模式。在教材设计中，一方面考虑了学生应掌握的专业知识，同时注重学生的能力培养和素质提高，精心设计了学生的知识、能力、素质结构，认真考虑了实现这种结构的必备知识，融能力培养、素质教育于教学的各个环节。在阐述时力求深入浅出、重点突出、通俗易懂。教材结合生产实际，由具有多年来自企业且教学经验丰富的专业教师以及获得模具精模奖的企业技术能手合作编写，实施任务驱动项目导向的教学模式，实施"做中学、做中教"的课程改革方案，充分体现了"以教师为主导，以学生为主体"的教学理念，使学生充分掌握冲压模具设计及主要零部件加工的职业岗位技能，书中每个项目都配有习题及拓展知识，以使读者能更好地理解和掌握所学的知识。本课程建议 100~130 学时。

　　本书的主要特点：

　　（1）突出应用。本教材以典型冲压零件为载体，采用项目教学法、案例教学法等展开知识技能点的学习。每个学习项目分别设计了学习任务，以典型冲压零件的模具设计及主要零部件加工为案例，介绍企业模具设计和主要零部件加工的方法，使学生所学的知识和技能与职业岗位零对接。

　　（2）直观性强。本教材采用了大量的图片、零件二维图和三维图，增强了知识的直观性，便于学生学习。

　　（3）注重学生创新能力的培养。本教材在每个学习项目后面，都设计了真实零件的实训题，目的是通过训练，潜移默化地培养学生的创新意识和创新能力，使学生将来在企业能够独当一面。

（4）适应性强。本教材结合学生学习的认知规律，在知识和技能的学习、训练方面采取由浅入深、循序渐进的原则，重视不同层次学生的培养需要。

全书共分7个项目。周树银编写项目1的任务1.1~任务1.8、项目2的任务2.1~任务2.3、项目3的任务3.1~任务3.5、项目5的任务5.1~任务5.3、项目6的任务6.1~任务6.4。苏越编写项目7的任务7.1~任务7.2。张玉华编写项目4的任务4.1~任务4.4。韩盈编写项目1的任务1.9、项目2的任务2.4、项目3的任务3.6、项目4的任务4.5、项目5的任务5.4、项目6的任务6.5、项目7的任务7.3及各项目的拓展知识。黄颖编写项目1~项目7的习题部分及文字整理工作。全书所有章节由周树银负责统稿。

本书在编写过程中参照了有关文献，恕不一一列举，谨对书后所有参考文献的作者表示感谢。

由于编者水平有限，书中难免存在不妥、疏漏和错误，敬请各位读者批评指正。

编　者

目　　录

项目 1
挡板落料模设计及
主要零部件加工

能力目标

1. 具备简单落料件工艺性分析能力
2. 熟悉冲压单工序模具典型结构
3. 具备简单落料件工艺计算与模具设计的能力
4. 具备简单模具零件的加工能力

知识目标

1. 工艺性分析及工艺方案确定
2. 模具结构选择
3. 压力机选择
4. 刃口尺寸计算原则和方法
5. 零部件选择与设计
6. 绘制模具图
7. 零部件的工艺编制及加工方法

教师需要的能力

1. 能根据教学法设计教学情境
2. 能按照设计的教学情境实施教学
3. 能够正确、及时处理学生出现的问题
4. 具有实际操作和指导能力

5. 设计、组织加工全过程的能力

学生的基础

1. 具有识图及绘图能力
2. 通用机床零件加工能力
3. 能够为模具的不同零部件选择合适的模具材料
4. 能够正确标注模具的零件图和装配图能力
5. 能够完成简单零部件的加工能力

教学方法建议

1. 宏观：项目教学法
2. 微观："教、学、做"一体化

设计准备

1. 设计前应预先准备好设计资料、手册、图册、绘图用具、图纸、说明书用纸
2. 认真研究任务书及指导书，分析设计题目的原始图样、零件的工作条件，明确设计要求及内容

设计任务单

任务名称	挡板落料模设计
任务描述	零件名称：挡板 生产批量：大批量 材料：30钢 材料厚度：0.3 mm 制件精度：IT14级 如图所示 （图：挡板，尺寸 34、R17、14、14、82±0.2、116） 挡板
设计内容	冲压工艺性分析，工艺方案制定，排样图设计，冲压力计算及压力中心的确定，刃口尺寸计算，凸、凹模结构设计，绘制模具装配图和工作零件图，编写设计说明书
设计要求	1. 配作法计算凸、凹模刃口尺寸 2. 选择压力机，画出排样图 3. 绘制模具总装图，凸、凹模零件图等

续表

任务名称	挡板落料模设计			
任务评价表	考核项目	评价标准		分数
	考勤	无迟到、旷课或缺勤现象		10
	零件图	零部件设计合理		20
	装配草图	装配图结构合理		10
	正式装配图	图纸绘制符合国家标准		30
	设计说明书	工艺分析全面，工艺方案合理，工艺计算正确		20
	设计过程表现	团队协作精神，创新意识，敬业精神		10
	总分			100

本项目为进程性考核，设计结束后学生上交整套设计资料。

 知识链接

一、冲压模具制造过程

冲压模具制造是模具设计过程的延续，它以冲压模具设计图样为依据，通过原材料的加工和装配，将其转变为具有使用功能的成形工具。其过程如图 1-1 所示。它主要包含以下三方面的工作：

（1）工作零件（凸、凹模等）的加工；

（2）配购通用件、标准件及进行补充加工；

（3）模具的装配与试模。

随着模具标准化和生产专业化程度的提高，现代模具制造已比较简化。模具标准件精度和质量已能满足使用要求，并可从市场购买；而工作零件的坯料，也可从市场购买，因此模具制造的关键和重点是工作零件的加工和模具装配。

冲压模具制造过程见图 1-1。

二、冲裁模设计的步骤与方法

冲裁模设计的总体原则：在满足制件尺寸精度的前提下，力求使模具的结构简单，操作方便，材料消耗少，制件成本低。

（一）明确设计任务，收集有关资料

学生拿到设计任务书后，首先明确自己的设计课题要求，了解冲压模具设计的目的、内容、要求和步骤。然后在教师指导下拟定工作进度计划，查阅有关图册、手册等资料。若有条件，应深入到有关工厂了解所设计零件的用途、结构、性能，在整个产品中的装配关系、技术要求，生产的批量，采用的冲压设备型号和规格，模具制造的设备型号和规格，标准化等情况。

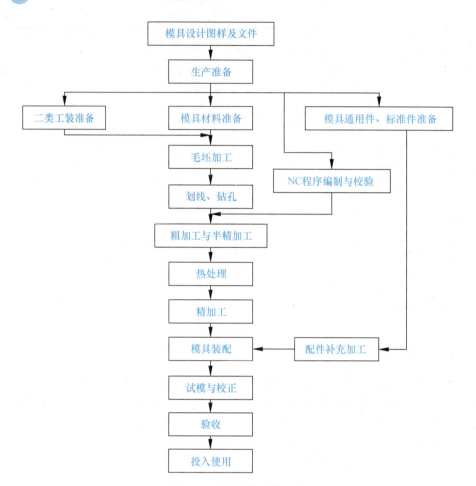

图 1-1 冲压模具制造过程

（二）冲裁模具设计的步骤与方法

（1）分析产品的工艺性。

先审查制件是否合乎冲裁结构工艺性以及冲压的经济性。

（2）拟定工艺方案。

在分析工艺性的基础上，确定冲压件的总体工艺方案，然后确定冲压加工工艺方案。它是制定冲压工艺过程的核心。

在确定冲压工艺方案时，先确定制件所需的基本工序性质、工序数目以及工序的顺序，再将其排列组合成若干种可行方案。最后对各种工艺方案进行分析比较，综合其优缺点，选出一种最佳方案。在分析比较方案时，应考虑制件精度、批量、企业生产条件、模具加工水平及工人操作水平等方面的因素，有时还需必要的工艺计算。

（3）选择模具的结构形式。

冲裁方案确定之后，模具类型（单工序模、复合模、级进模等）即选定，就可确定模具的各个部分的具体结构，包括模架及导向方式、毛坯定位方式、卸料、压料、出件方式等。

在进行模具结构设计时，还应考虑模具维修、保养和吊装的方便，同时要在各个细小的环节尽可能考虑到操作者的安全等。

（4）冲压工艺计算及设计。

① 排样及材料利用率的计算。选择合理的排样方式，决定出搭边值，并确定出条料的宽度，力求取得最佳的材料利用率。

② 冲压力、压力中心的计算及冲压设备的初步选择。计算出冲压力及压力中心，并根据冲压力初步选定冲压设备。此时仅按所需压力选择设备，是否符合闭合高度要求，还需画出模具结构图后，再做校核与选择，最终确定出设备的类型及规格。

③ 刃口尺寸的计算。确定出凸、凹模的加工方法，按其不同的加工方法分别计算出凸、凹模的刃口尺寸。

（5）冲裁模主要零部件的结构与尺寸结构设计。

① 确定凹模尺寸，在计算出凹模的刃口尺寸的基础上，再计算出凹模的壁厚，确定凹模外轮廓尺寸。在确定凹模外轮廓尺寸时要注意三个问题：第一，须考虑凹模上螺孔、销孔的布置；第二，应使压力中心与凹模的几何中心基本重合；第三，应尽量按国家标准选取凹模的外形尺寸。

② 凸模结构尺寸设计。

③ 定位零件的选择。

④ 根据凹模的外轮廓尺寸及冲压要求，从冲压模具标准中选出合适的模架类型，并查出相应标准，画出上、下模板，导柱，导套及模架零件。

⑤ 校核模具闭合高度。

（6）画冲裁模装配图。

（7）画冲裁模零件图。

（8）编写技术文件。

冲压模具的设计流程如图1-2所示。

三、冲压模具设计的要求

（一）冲压模具装配图

冲压模具装配图用以标明冲压模具结构、工作原理、组成冲压模具的全部零件及其相互位置和装配关系。

一般情况下，冲压模具装配图用主视图和俯视图表示，若还不能表达清楚时，再增加其他视图，一般按1∶1的比例绘制。冲压模具装配图上要标明必要的尺寸和技术要求。

（1）主视图。主视图放在图样的上面偏左，按冲压模具正对操作者方向绘制，采取剖面法，一般按模具闭合状态绘制，在上、下模间有一完成的冲压件，断面涂红或涂黑。

主视图的画法一般按机械制图国家标准规定执行，但也有一些行业习惯和特殊画法：如在冲压模具图样中，为了减少局部视图，在不影响剖视图表达剖面线通过部分结构的情况下，可将剖面线以外部分旋转或平移到剖视图上；又如螺钉和销钉可各画一半等。

（2）俯视图。俯视图通常布置在图样的下面偏左，与主视图相对应。通过俯视图可以了解冲压模具零件的平面布置、排样方法以及凹模的轮廓形状等。习惯上将上模部分去掉，只

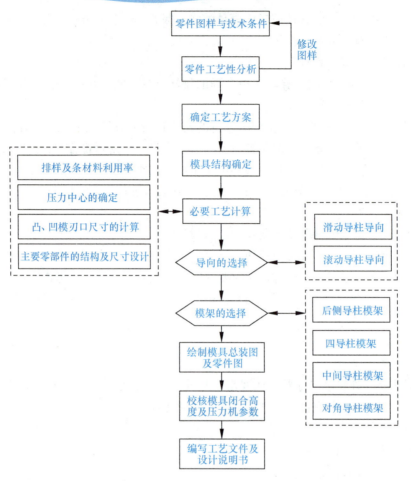

图1-2　冲压模具的设计流程

反映模具的下模俯视可见部分；或将上模的左半部分去掉，只画下模，而右半部分保留上模画俯视图。

俯视图上，制件图和排样图的轮廓用双点画线表示。

图上应标注必要的尺寸，如模具闭合尺寸（主视图为模具打开状态则写入技术要求中）、模架外形尺寸、模柄直径等，不标注配合尺寸、形位公差。

（3）制件图和排样图。制件图和排样图通常画在图样的右上角，要注明制件的材料规格以及制件的尺寸、公差等。若图面位置不够可另立一页。

对于多工序成形的制件，除绘出本工序的制件图外，还应该绘出上道工序的半成品图，画在本工序制件图的左边。此外，对于有落料工序的模具装配图，还应绘出排样图，布置在制件图的下方，并标明条料宽度及公差、步距和搭边值。

制件图和排样图应按比例绘出，一般与模具图的比例一致，特殊情况可放大或缩小。它们的方位应与冲压方向一致，若不一致，必须用箭头指明冲压方向。

（4）标题栏和零件明细表。标题栏和零件明细表布置在图样右下角，并按机械制图国家标准填写。零件明细表应包括：名称、数量、材料、热处理、标准零件代号及规格、备注等内容。模具图中的所有零件都应详细填写在明细表中。

（5）技术要求。装配图的技术要求布置在图纸下部适当位置。

其内容包括：① 凸、凹模间隙；② 模具闭合高度（主视图为非工作状态时）；③ 该模具的特殊要求；④ 其他，按本行业国标或厂标执行。

（二）冲压模具零件图

冲压模具的零件主要包括工作零件（如凸模、凹模等）、支承零件（如固定板、卸料板、定位板等）、标准件（如螺钉、销钉等）及模架、弹簧等。

课程设计根据学生具体情况要求绘制工作零件图或绘制除模架和紧固件等以外的所有零件图，对某些因模具特殊结构需要而需再加工的标准件也需要绘制图样。

零件图的绘制和标注应符合机械制图国家标准的规定，要注明全部尺寸、公差配合、形位公差、表面粗糙度、材料、热处理要求及其他技术要求。冲压模具零件在图样上的方向应尽量按该零件在装配图中的方位画出，不要随意旋转或颠倒，以防画错，影响装配。

对凸模、凹模配制加工，其配制尺寸可不标公差，仅在该公称尺寸右上角注上符号"*"，并在技术条件中说明：注"*"尺寸按凸模（或凹模）配制，保证间隙若干即可。

（三）冲压工艺卡和工作零件机械加工工艺过程卡

1. 冲压工艺卡

冲压工艺卡是以工序为单位，说明整个冲压加工工艺过程的工艺文件。它包括：① 制件的材料、规格、质量；② 制件简图或工序简图；③ 制件的主要尺寸；④ 各工序所需要的设备和工装（模具）；⑤ 检验、工具及时间定额等。

2. 工作零件机械加工工艺过程卡

工作零件机械加工工艺过程卡是指凸模、凹模或凸凹模的机械加工工艺过程卡，包括该零件的整个工艺路线、经过的车间、各工序内容以及使用的设备和工艺装备。若采用数控线切割加工，应编制数控程序。

四、设计说明书

设计者除了用工艺文件和图样表达自己的设计结果外，还必须编写设计说明书，用于表达自己的设计观点、方案的优劣、根据和过程。其主要内容有：

1. 目录
2. 设计任务书及产品图
3. 制件的工艺性分析
4. 冲压工艺方案的制订
5. 模具结构形式的论证及确定
6. 冲压工艺计算及设计（包括排样图设计及材料利用率计算、工序压力计算及压力中心确定、模具工作零件刃口尺寸及公差的计算、模具零件的选用、设计及必要的计算、冲压设备的选择及校核）
7. 绘制模具总装图
8. 绘制模具零件图
9. 编写设计说明书
10. 主要参考文献目录

说明书中应附冲压模具结构等必要的简图。所选参数及所用公式应注明出处，并说明式中各符号所代表的意义和单位（一律采用法定计量单位）。

任务 1.1　挡板的工艺性分析

【目的要求】掌握冲压工艺性分析，工艺方案确定。
【教学重点】能够进行简单件工艺性分析。
【教学难点】尺寸精度分析。
【教学内容】挡板的工艺分析。

 知识链接

一、基本概念

模具：利用特定的形状成型一定形状、尺寸要求的零件的一种生产工具。

冲压：在室温下（金属指再结晶温度），利用安装在压力机上的模具，对材料施加压力，使其分离或塑性成型，从而得到所需具有一定形状、尺寸、精度要求的制品（半成品）的压力加工方法。

冲压模具：在冲压加工中，将材料（金属或非金属）加工成零件（或半成品）的一种特殊工艺装备称为冲压模具（俗称冲模）。

塑性：固体材料在外力作用下，发生永久变形而不破坏其完整性的能力。

二、冲裁件的工艺性分析

冲裁件的工艺性是指冲裁件对冲裁工艺的适应性。

冲裁工艺性好是指能用普通冲裁方法，在模具寿命和生产率较高、成本较低的条件下得到质量合格的冲裁件。

冲裁件的工艺性主要包括以下几个方面。

（一）冲裁件的结构工艺性

（1）冲裁件的形状应力求简单、对称，尽可能采用圆形或矩形等规则形状，应避免过长的悬臂和窄槽，悬臂和窄槽的宽度要大于板厚 t 的 2 倍，即 $a > 2t$，如图 1-3（a）所示。

（2）冲裁件的外形和内孔的转角处，要避免尖角，应以圆弧过渡，以便于模具加工，减少热处理或冲压时在尖角处开裂的现象。同时也能防止尖角部位的刃口过快磨损而降低模具使用寿命。

（3）冲裁件上孔与孔之间、孔与边缘之间的距离 b、b_1，也不宜太小，一般取 $b \geq 1.5t$，$b_1 \geq t$，如图 1-3（b）、（c）所示。否则模具的强度和冲裁件的质量就不能得到保证。

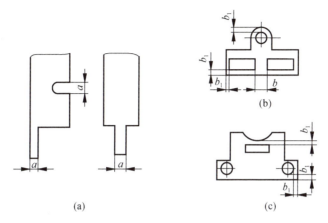

图 1-3 冲裁件悬臂与窄槽尺寸

（4）冲孔时，由于受到凸模强度的限制，孔的尺寸不应太小，其数值与孔的形状、板厚 t 和材料的力学性能等有关。用一般冲压模具可冲出的最小孔径见表 1-1、表 1-2。

表 1-1 带保护套凸模可冲压的最小孔径   mm

材　料	高碳钢	低碳钢、黄铜	铝、锌
圆孔直径 d	$0.5t$	$0.35t$	$0.3t$
长方孔宽度 b	$0.45t$	$0.3t$	$0.28t$
注：t 为材料厚度。			

表 1-2 一般冲孔模可冲压的最小孔径   mm

材　料				
钢 $\tau>700$ MPa	$d \geqslant 1.5t$	$b \geqslant 1.35t$	$b \geqslant 1.1t$	$b \geqslant 1.2t$
钢 $\tau = 400\sim700$ MPa	$d \geqslant 1.3t$	$b \geqslant 1.2t$	$b \geqslant 0.9t$	$b \geqslant t$
钢 $\tau<400$ MPa	$d \geqslant t$	$b \geqslant 0.9t$	$b \geqslant 0.7t$	$b \geqslant 0.8t$
黄铜、铜	$d \geqslant 0.9t$	$b \geqslant 0.8t$	$b \geqslant 0.6t$	$b \geqslant 0.7t$
铝、锌	$d \geqslant 0.8t$	$b \geqslant 0.7t$	$b \geqslant 0.5t$	$b \geqslant 0.6t$
纸胶板、布胶板	$d \geqslant 0.7t$	$b \geqslant 0.7t$	$b \geqslant 0.4t$	$b \geqslant 0.5t$
硬纸、纸	$d \geqslant 0.5t$	$b \geqslant 0.5t$	$b \geqslant 0.3t$	$b \geqslant 0.4t$
注：t 为材料厚度。				

（二）冲裁件的尺寸精度和表面粗糙度

冲裁件的精度一般可分为精密级与经济级两类。

普通冲裁件的尺寸精度一般在 IT10~IT11 级以下，冲孔精度比落料精度高一级。

当冲裁厚度为 2 mm 以下的金属板料时，其断面的表面粗糙度 Ra 一般可达 3.2~12.5 μm。普通冲裁件内孔、外形所能达到的经济精度，孔中心距公差、孔中心与边缘距离尺寸公差以及剪切断面的近似表面粗糙度值，分别见表 1-3~表 1-6。

表 1-3　冲裁件内孔、外形可达到的经济精度　　　　　　　　　　　　　　　mm

料厚 t	工件尺寸							
	一般精度的工件				较高精度的工件			
	<10	10~50	50~150	150~300	<10	10~50	50~150	150~300
0.2~0.5	$\frac{0.08}{0.05}$	$\frac{0.10}{0.08}$	$\frac{0.14}{0.12}$	0.20	$\frac{0.025}{0.02}$	$\frac{0.03}{0.04}$	$\frac{0.05}{0.08}$	0.08
0.5~1	$\frac{0.12}{0.05}$	$\frac{0.16}{0.08}$	$\frac{0.22}{0.12}$	0.30	$\frac{0.03}{0.02}$	$\frac{0.04}{0.04}$	$\frac{0.06}{0.08}$	0.10
1~2	$\frac{0.18}{0.06}$	$\frac{0.22}{0.10}$	$\frac{0.30}{0.16}$	0.50	$\frac{0.03}{0.03}$	$\frac{0.06}{0.06}$	$\frac{0.08}{0.10}$	0.12
2~4	$\frac{0.24}{0.08}$	$\frac{0.28}{0.12}$	$\frac{0.40}{0.16}$	0.70	$\frac{0.06}{0.04}$	$\frac{0.08}{0.08}$	$\frac{0.10}{0.12}$	0.15
4~6	$\frac{0.30}{0.10}$	$\frac{0.31}{0.15}$	$\frac{0.50}{0.25}$	1.0	$\frac{0.08}{0.05}$	$\frac{0.12}{0.10}$	$\frac{0.15}{0.15}$	0.20

注：① 分子为外形公差，分母为内孔公差。

　　② 一般精度的工件采用 IT7~IT8 级精度的普通冲裁模；较高精度的工件采用 IT6~IT7 级精度的高级冲裁模。

表 1-4　两孔中心距公差　　　　　　　　　　　　　　　mm

材料厚度 t	孔距基本尺寸					
	一般精度（模具）			较高精度（模具）		
	≤50	50~150	150~300	≤50	50~150	150~300
≤1	±0.10	±0.15	±0.20	±0.03	±0.05	±0.08
1~2	±0.12	±0.20	±0.30	±0.04	±0.06	±0.10
2~4	±0.15	±0.25	±0.35	±0.06	±0.08	±0.12
4~6	±0.20	±0.30	±0.40	±0.08	±0.10	±0.15

注：① 表中所列孔距公差，适用于两孔同时冲出的情况。

　　② 一般精度指模具工作部分达 IT8 级，凹模后角为 15'~30' 的情况；较高精度指模具工作部分达 IT7 级以上，凹模后角不超过 15'。

表 1-5　孔中心与边缘距离尺寸公差　　　　　　　　　　　　　　　mm

材料厚度 t	孔中心与边缘距离尺寸			
	≤50	50~120	120~220	220~360
≤2	±0.5	±0.6	±0.7	±0.8
2~4	±0.6	±0.7	±0.8	±1.0
>4	±0.7	±0.8	±1.0	±1.2

表1-6　一般冲裁件剪切断面表面粗糙度

材料厚度 t/mm	≤1	1~2	2~3	3~4	4~5
剪切断面表面粗糙度 Ra/μm	3.2	6.3	12.5	25	50
注：如果冲裁件剪切断面表面粗糙度要求高于本表所列，则需要另加整形工序。					

（三）冲裁件尺寸标注

冲裁件尺寸的基准应尽可能与其冲压时定位基准重合，并选择在冲裁过程中基本上不变动的面或线上。图1-4（b）标注较图1-4（a）合理。

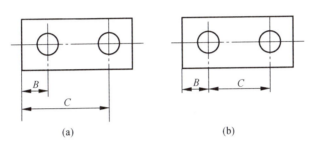

（a）　　　　　　　　　　　　　　　　　（b）

图1-4　冲裁件尺寸标注

（a）不合理；（b）合理

三、工艺方案确定

（一）冲压工序的分类

根据材料的变形特点，冲压工序可分为分离工序和成形工序。

分离工序：冲压成形时，变形材料内部应力超过强度极限 σ_b，使材料发生断裂而产生分离，从而成形零件。分离工序主要有落料、冲孔、修边、切断等。

成形工序：冲压成形时，变形材料内部应力超过屈服极限 σ_s，但未达到强度极限 σ_b，使材料产生塑性变形，从而成形零件。成形工序主要有弯曲、拉深、翻边等。

1. 常见分离工序有以下几种

落料：在平板的毛坯上沿封闭轮廓进行冲裁，称为落料，余下的就是废料。落料常用于制备工序件。

冲孔：以落料件或其他成形件为工序件，完成各种形状孔的冲裁加工，称为冲孔。

修边：对成形件边缘进行冲裁，以获得工件要求的形状和尺寸，称为修边。

冲槽：在板料上或成形件上冲切出窄而长的槽，称为冲槽。

冲缺口：在板条、型材或弯曲成形的长条形工序件的侧边，冲掉一小块角形废料，称为冲缺口。

切断：对板条、型材、棒料、管材等沿横向进行冲切分离加工，称为切断。

切舌：在材料上封闭轮廓局部材料冲切开并弯成一定的角度，但不与主体分离，称为切舌，也可称为冲切成形。

剖切：将已成形的立体形状的工序件分割为两件，称为剖切。

11

2. 常见成形工序有以下几种

弯曲：将板料、棒料、管料、型材产生塑性变形，形成具有一定角度和曲率半径零件的冲压工序。

拉深：是利用拉深模在压力作用下，将平板坯料或空心工序件制成开口空心零件的加工方法。可分为不变薄拉深和变薄拉深。

成形：通过板料的局部变形来改变毛坯的形状和尺寸的工序的总称。

（二）冲压模具的分类

冲压模具的形式很多，一般可按下列不同特征分类。

（1）按工序性质分类。可分为冲裁模、弯曲模、拉深模、成形模等。

（2）按工序组合程度分类。可分为如下三种：

单工序模（俗称简单模），即在一副模具中只完成一种工序，如落料、冲孔、修边等。单工序模可以由一个凸模和一个凹模洞口组成，也可以是多个凸模和多个凹模洞口组成。

级进模（俗称连续模），即在压力机一次行程中，在模具的不同位置上同时完成数道冲压工序。级进模所完成的同一零件的不同冲压工序是按一定顺序、相隔一定进距排列在模具的送料方向上的，压力机一次行程得到一个或数个冲压件。

复合模，即在压力机的一次行程中，在一副模具的同一位置上完成数道冲压工序。压力机一次行程一般得到一个冲压件。

（3）按冲压模具有无导向装置和导向方法分类。可分为无导向的开式模和有导向的导板模、导柱模。

（4）按送料、推件及排除废料的自动化程度分类。可分为手动模、半自动模和自动模。

另外，按送料进距定位方法不同，可分为挡料销式、导正销式、侧刃式等模具。按卸料方法不同，可分为刚性卸料式和弹性卸料式等模具。按凸、凹模材料不同，可分为钢模、硬质合金模、锌基合金模、橡胶冲压模具等。

对于一副冲压模具，上述几种特征可能兼有，如导柱导套导向、固定卸料、侧刃定距的冲孔落料级进模等。

（三）模具组成部分

模具由工艺零件和结构零件组成。其中工艺零件包括：工作零件，定位零件，压料、卸料及顶出零件。结构零件包括导向零件，支撑固定零件，紧固件及其他。

 任务结论

一、工艺性分析

（1）冲压件材料分析。30 钢的抗剪强度 $\tau = 353 \sim 471$ MPa；抗拉强度 $\sigma_b = 441 \sim 588$ MPa；延伸率 $\delta = 22$，此种材料有足够的强度，适宜于冲压生产。

（2）零件结构工艺性分析。零件形状简单，结构符合冲裁工艺性要求。

（3）零件的尺寸精度分析。其两孔中心距的尺寸及公差为（82±0.2）mm，用一般精度的模具即可满足零件的精度要求。

根据以上分析，此产品冲压工艺性较好，故选择冲压方法进行加工。

二、工艺方案确定

该制件属于大批量生产，且零件形状简单、工艺性良好，只需一次落料即可，故采用单工序落料模进行加工。

任务 1.2 挡板的模具结构选择

【目的要求】掌握单工序模具结构。
【教学重点】模具结构的选择。
【教学难点】模具结构的读图。
【教学内容】挡板的模具结构选择。

 知识链接

一、单工序模的典型结构分析

单工序模分为无导向模和有导向模两类。

1. 无导向单工序冲裁模

无导向单工序冲裁模结构简单，易于制造和维修，模具在冲床上安装时，调整间隙的均匀性困难，凸模与凹模的相对正确位置只能靠冲床导轨与滑块的配合精度来保证，因此模具的导向精度低，使用安全性差，不适于薄板料的冲裁。只适用于冲裁精度要求不高、形状简单、批量小的冲裁件。

有的无导向单工序冲裁模模具具有一定的通用性，如图1-5所示，模具通过更换凸模和凹模，调整导料、定位、卸料零件的位置，可以冲压不同零件。另外，将定位件和卸料件结构改变，能改为冲孔模。

2. 有导向单工序冲裁模

有导向模又分为导板模和导柱模两种。导板模是以导板上的导向孔对凸模进行导向，导向孔与凸模工作端采用 H7/h6 间隙配合，这种模具多安装在偏心冲床上使用。为安全起见，工作时凸模的工作端要始终不脱离导板上的导向孔。由于其导向精度高，因而圆形和简单规则形状冲裁件的冲裁模多采用此结构。导柱模是靠分别安装在上、下模板（座）内的导套、导柱二者的良好配合，实现对凸模的导向。这种模具导向精度更好，使用安全方便，在批量生产条件下，冲裁各种尺寸精度较高，且形状复杂的制件所用的冲裁模，均可采用此导向结构。尤其在复合模和级进模上采用导柱式模架结构，其优越性就更加明显，再则模架标准化又可大大降低模具的制造成本。但是由于模具增加了导柱、导套结构，使模具的外形尺寸增大。图1-6所示为导柱单工序落料模结构示意图。

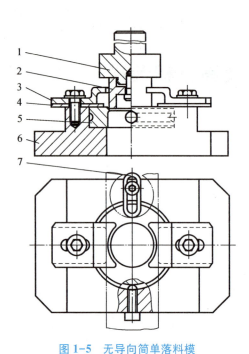

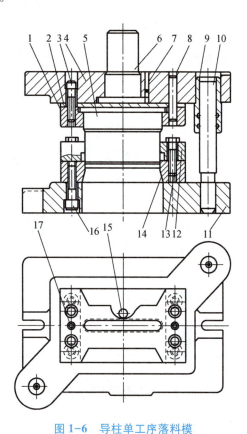

图1-5　无导向简单落料模

1—上模座；2—凸模；3—卸料板；
4—导料板；5—凹模；6—下模座；7—定位板

图1-6　导柱单工序落料模

1—凸模固定板；2—垫板；3，13，16—螺钉；
4—上模座；5—凸模；6—模柄；7，8，17—销子；
9—导套；10—导柱；11—下模座；
12—卸料板；14—凹模；15—挡料销

二、单工序模具结构特点

（1）冲件形状简单且精度低时，可不用导向，即用敞开模。

（2）冲件精度较高、批量较小，且所用材料厚而凸模强度较大时，可采用固定导板导向，即采用固定导板模。

（3）冲件形状复杂、精度较高，且为中、大批生产时，用导柱、导套导向，在生产中常用此种形式（导柱、导套有滑动式和滚动式两种，一般都用滑动式，只有冲件精度很高时才用滚动式）。

（4）冲件孔小、凸模多且强度弱时，用弹压导板导向。

 任务结论

选用模具结构：

（1）导向：采用滑动导向的后侧导柱模模架。该装置的特点是导向装置在后侧，横向和纵向送料都比较方便，但如果有偏心载荷，压力机导向又不精确，就会造成上模歪斜，导向装置和凸、凹模都容易磨损，从而影响模具寿命。此模架一般用于较小的冲模。

（2）卸料：弹性卸料装置，以便于制造与操作，采用弹压卸料并用顶件器顶出制件。

（3）定位：导料销和挡料销。

任务 1.3 挡板排样图设计

【目的要求】掌握简单零件排样图设计。

【教学重点】排样设计原则及排样图绘制。

【教学难点】材料利用率计算，排样图绘制。

【教学内容】挡板排样图设计。

 知识链接

一、排样

冲裁件在条料或板料上的布置方式称为排样。排样方案对材料利用率、冲裁件质量、生产率、生产成本和模具结构形式都有重要影响。

1. 排样设计原则

（1）提高材料利用率。冲裁件生产批量大，生产效率高，材料费用一般会占总成本的60%以上，所以材料利用率是衡量排样经济性的一项重要指标。在不影响零件性能的前提下，应合理设计零件外形及排样，提高材料利用率。

（2）改善操作性。冲裁件排样应使工人操作方便、安全、劳动强度低。一般说来，在冲裁生产时应尽量减少条料的翻动次数，在材料利用率相同或相近时，应选用条料宽度及进距小的排样方式。

（3）使模具结构简单合理，使用寿命高。

（4）保证冲裁件质量。

2. 排样的分类

按照材料的利用率，排样可分为有废料排样、少废料排样和无废料排样三种，如图1-7所示。废料是指冲裁中除零件以外的其他板料，包括工艺废料和结构废料。

（1）有废料排样。有废料排样是指在冲裁件与冲裁件之间、冲裁件与条料侧边之间均有工艺废料，冲裁是沿冲裁件的封闭轮廓进行的，如图1-7（a）所示。

（2）少废料排样。少废料排样是指只在冲裁件与冲裁件之间或只在冲裁件与条料侧边之间留有搭边，如图1-7（b）所示。冲裁只沿冲裁件的部分轮廓进行，材料利用率可达70%~90%。

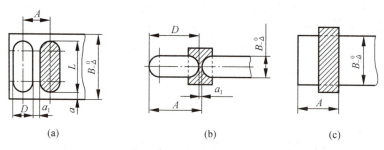

图 1-7　排样类别

（a）有废料排样；（b）少废料排样；（c）无废料排样

（3）无废料排样。无废料排样是指在冲裁件与冲裁件之间、冲裁件与条料侧边之间均无搭边存在，冲裁件实际上是直接由切断条料获得，如图 1-7（c）所示。材料利用率可高达 85%~90%。

采用少废料、无废料排样时，材料利用率高，不但有利于一次行程获得多个冲裁件，还可以简化模具结构、降低冲裁力；但受条料宽度误差及条料导向误差的影响，冲裁件尺寸及精度不易保证，另外，在有些无废料排样中，冲裁时模具会单面受力，影响模具使用寿命。有废料排样时冲裁件质量和模具寿命较高，但材料利用率较低。所以，在排样设计中，应全面权衡利弊。

3. 排样的方式

根据冲裁件在板料上的布置方式，有直排、单行排、多行排、斜排、对头直排和对排斜排等多种排样方式，见表 1-7。

表 1-7　排样方式

排样方式	排样简图	
	有 搭 边	无 搭 边
直排		
单行排列		
多行排列		
斜排列		
对头直排		

排样方式	排样简图	
	有 搭 边	无 搭 边
对排斜排		

4. 排样设计

在排样设计中，除选择适当的排样方法外，还包括确定搭边值的大小，计算条料宽度及送料进距，画出排样图，必要时还需计算材料利用率。

二、搭边

排样时，冲裁件与冲裁件之间、冲裁件与条料侧边之间留下的工艺余料称为搭边。搭边的作用是避免因送料误差发生零件缺角、缺边或尺寸超差；使凸、凹模刃口受力均衡，提高模具使用寿命及冲裁件断面质量；此外利用搭边还可以实现模具的自动送料。

冲裁时，搭边过大，会造成材料浪费；搭边太小，则起不到搭边应有的作用，过小的搭边还会导致板料被拉进凸、凹模间隙，加剧模具的磨损，甚至会损坏模具刃口。

搭边的合理数值主要取决于冲裁件的板料厚度、材料性质、外廓形状及尺寸大小等。一般说来，材料硬时，搭边值可取小些；软材料或脆性材料，搭边值应取大些；板料厚度大，需要的搭边值大；冲裁件的形状复杂，尺寸大，过渡圆角半径小，需要的搭边值大；手工送料或有侧压板导料时，搭边值可取小些。搭边值通常由经验确定，表1-8列出了低碳钢冲裁时，常用的最小搭边值。

表1-8 最小工艺搭边值   mm

材料厚度 t	工件间距 a_1	边距 a	工件间距 a_1	边距 a	工件间距 a_1	边距 a
≤ 0.25	1.8	2.0	2.2	2.5	2.8	3.0
0.25~0.5	1.2	1.5	1.8	2.0	2.2	2.5
0.5~0.8	1.0	1.2	1.5	1.8	1.8	2.0
0.8~1.2	0.8	1.0	1.2	1.5	1.5	1.8
1.2~1.6	1.0	1.2	1.5	1.8	1.8	2.0
1.6~2.0	1.2	1.5	1.8	2.0	2.0	2.2
2.0~2.5	1.5	1.8	2.0	2.2	2.2	2.5
2.5~3.0	1.8	2.2	2.2	2.5	2.5	2.8

续表

材料厚度 t	工件间距 a_1	边距 a	工件间距 a_1	边距 a	工件间距 a_1	边距 a
3.0~3.5	2.2	2.5	2.5	2.8	2.8	3.2
3.5~4.0	2.5	2.8	2.5	3.2	3.2	3.5
4.0~5.0	3.0	3.5	3.5	4.0	4.0	1.5
5.0~12	$0.6t$	$0.7t$	$0.7t$	$0.8t$	$0.8t$	$0.9t$

注：t 为材料厚度。

三、送料进距

模具每冲裁一次，条料在模具上前进的距离称为送料进距或步距。当单个进距内只冲裁一个零件时，送料进距的大小等于条料上两个零件对应点之间的距离，如后文图 1-8 排样图中的送料进距 A 为

$$A = D + a_1 \qquad (1-1)$$

式中　A——送料进距，mm；

　　　D——平行于送料方向的冲裁件宽度，mm；

　　　a_1——冲裁件之间的搭边值，mm，见表 1-8。

四、条料宽度

冲裁前通常需按要求将板料裁剪为适当宽度的条料。为保证送料顺利，不因条料过宽而发生卡死现象，条料的下料公差规定为负偏差。条料在模具上送进时，一般都有导料装置，有时还要使用侧压装置（侧压装置是指在条料送进过程中，在条料侧边作用一横向压力，使条料紧贴导料板一侧送进的装置）。

当条料在无侧压装置的导料板之间送料时，条料宽度 B 按下式计算：

$$B = (L + 2a + b_0)_{-\Delta}^{\ 0} \qquad (1-2)$$

当条料在有侧压装置或要求手动保持条料紧贴单侧导料板送料时，条料宽度 B 按下式计算：

$$B = (L_{\max} + 2a)_{-\Delta}^{\ 0} \qquad (1-3)$$

式中　B——条料宽度，mm；

　　　$L_{\max}$——冲裁件与送料方向垂直的最大尺寸，mm；

　　　a——冲裁件与条料侧边之间的搭边值，mm，见表 1-8；

Δ——条料下料时的下偏差值，mm，见表 1-9；

b_0——条料与导料板之间的间隙，mm，见表 1-10。

表 1-9　条料下料宽度偏差 Δ　　　　　　　　　mm

材料厚度 t	条料宽度 B			
	$\leqslant 50$	$50 \sim 100$	$100 \sim 200$	$200 \sim 400$
$\leqslant 1$	0.5	0.5	0.5	1.0
$1 \sim 3$	0.5	1.0	1.0	1.0
$3 \sim 4$	1.0	1.0	1.0	1.5
$4 \sim 6$	1.0	1.0	1.5	2.0

表 1-10　条料与导料板之间的间隙 b_0　　　　　　　　　mm

材料厚度 t	条料宽度 B			
	$\leqslant 50$	$50 \sim 100$	$100 \sim 200$	$200 \sim 400$
$\leqslant 1$	0.5	0.5	0.5	1.0
$1 \sim 3$	0.5	1.0	1.0	1.0
$3 \sim 4$	1.0	1.0	1.0	1.5
$4 \sim 6$	1.0	1.0	1.5	2.0

有侧刃装置时，条料的宽度与导料板间的距离为

$$B = L + 2a' + nb = L + 1.5a + nb \tag{1-4}$$

式中　L——冲裁件垂直于送料方向的尺寸，mm；

　　　n——侧刃数；

　　　b——侧刃裁切的宽度，mm，见表 1-11；

　　　a——侧搭边值，mm，见表 1-8，$a' = 0.75a$。

表 1-11　侧刃裁切的宽度 b 值　　　　　　　　　mm

材料厚度 t	金属材料	非金属材料
$\leqslant 1.5$	1.5	2
$1.5 \sim 2.5$	2.0	3
$2.5 \sim 3$	2.5	4

五、材料利用率

材料利用率是冲压工艺中一个非常重要的经济技术指标。其计算可用一个进距内冲裁件的实际面积与毛坯面积的百分比表示：

$$\eta = \frac{S_1}{S_0} \times 100\% = \frac{S_1}{AB} \times 100\% \tag{1-5}$$

式中　S_1——一个进距内冲裁件的实际面积，mm^2；

　　　S_0——一个进距内所需毛坯面积，mm^2；

A——送料进距，mm；

B——条料宽度，mm。

若考虑到料头、带尾和边余料的材料消耗，则一张板料（或带料、条料）上总的材料利用率 $\eta_{总}$ 为：

$$\eta_{总} = \frac{nS}{LB} \times 100\% \tag{1-6}$$

式中　n——一张板料（或带料、条料）上冲裁件的总数目；

　　　S——一个冲裁件的实际面积，mm^2；

　　　L——板料的长度，mm；

　　　B——条料宽度，mm。

从式（1-5）、式（1-6）中可以看出，要提高材料利用率，主要从减少工艺废料入手，合理排样。另外，在不影响设计要求的前提下，改善零件结构也可以减少结构废料。

六、排样图

排样图是排样设计的最终表达形式，是编制冲裁工艺与设计冲裁模具的重要工艺文件。一张完整的冲裁模具装配图，应在其右上角画出冲裁件图形及排样图。排样图上，应注明条料宽度 B 及偏差、送料进距 A 及搭边值 a、a_1，如图1-8所示。对纤维方向有要求时，还应用箭头标明。

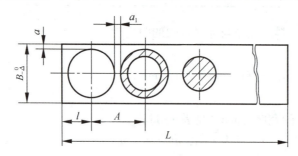

图1-8　排样图

 任务结论

（1）因生产批量大，为了简化冲裁模结构，便于定位，采用单排排样方案，如图1-9所示。

（2）由表1-8查得，最小搭边值 $a_1 = 1.2$ mm；$a = 1.5$ mm；

送料进距：$A = 34 + 1.2 = 35.2$（mm）；

条料宽度：$B = 116 + 2 \times 1.5 = 119$（mm）；

冲裁件面积 S 为 3 190 mm^2；

（3）一个进距的材料利用率：

$\eta = S/(B \times A) \times 100\%$

$= 3\,190/(119 \times 35.2) \times 100\% = 76\%$

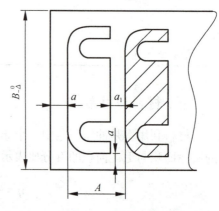

图1-9　排样方案

任务 1.4   挡板模具压力机的选择

【目的要求】掌握冲压力计算的方法。
【教学重点】冲压力计算。
【教学难点】冲压力计算。
【教学内容】挡板压力机的选择。

 知识链接

冲压力是指材料在冲裁过程中完成其分离所需的作用力和其他附加力的总称。它包括冲裁力、卸料力、推件力和顶件力。它是选用压力机和设计模具的重要依据。

一、冲裁力的计算

用平刃口模冲裁时，其冲裁力一般按下式计算：

$$F = KL t \tau \tag{1-7}$$

式中 F——冲裁力，N；

L——冲裁件周边长度，mm；

K——系数，取 $K = 1.3$；

τ——材料抗剪强度，MPa；

t——材料厚度，mm。

有时为计算简便，也可以用下式估算冲裁力：

$$F = L t \sigma_b \tag{1-8}$$

式中 σ_b——材料的抗拉强度，MPa。

二、卸料力、推件力、顶件力的计算

在冲裁结束时，由于材料的弹性变形及摩擦的存在，冲压的制件及废料发生弹性恢复，将使冲落部分的材料梗塞在凹模内，而冲裁剩下的材料则紧箍在凸模上。为了冲裁工作能继续进行，必须将箍在凸模上的料卸下，将卡在凹模内的料推出。从紧箍在凸模上的料卸下所需要的力称卸料力；将梗塞在凹模内的料顺冲裁方向推出所需要的力称推件力；逆冲裁方向将料从凹模内顶出所需要的力称顶件力，如图 1-10 所示。

卸料力、推件力和顶件力是从冲床、卸料装置或顶件装置中获得的。所以在选择设备的公称压力或设计冲压模具时，应分别给予考虑。影响卸料力、推件力、顶件力的因素较多，主要有材料的力学性能、材料的厚度、模具间隙、凹模洞口的结构、搭边大小、润滑情况、制件的结构形状和尺寸等。所以要准确地计算这些力是困难的。

一般常用下列经验公式计算：

卸料力

$$F_{卸} = K_{卸} F \qquad (1-9)$$

推件力

$$F_{推} = n K_{推} F \qquad (1-10)$$

顶件力

$$F_{顶} = K_{顶} F \qquad (1-11)$$

式中　$K_{卸}$——卸料力系数；

　　　$K_{推}$——推件力系数；

　　　$K_{顶}$——顶件力系数；

　　　n——留在凹模洞口内的件数 D。（$n = h/t$，其中：

　　　h——凹模直刃口的高度；t——材料厚度）

卸料力、推件力、顶件力系数值见表1-12。

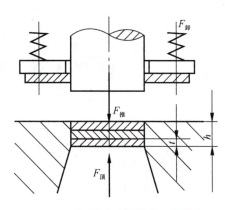

图1-10　卸料力、推件力、顶件力

表1-12　卸料力、推件力、顶件力系数

料厚/mm		$K_{卸}$	$K_{推}$	$K_{顶}$
钢	≤1	0.06~0.09	0.1	0.14
	0.1~0.5	0.04~0.07	0.065	0.08
	0.5~2.5	0.025~0.06	0.05	0.06
	2.5~6.5	0.02~0.05	0.045	0.05
	>6.5	0.015~0.04	0.025	0.03
铝、铝合金		0.03~0.080	0.03~0.07	
纯铜、黄铜		0.02~0.06	0.03~0.09	

三、总冲压力的计算

选择压力机时，要根据不同的模具结构，计算出所需的总冲压力。

（1）采用弹性卸料和上出料方式时，总冲压力为

$$F_{\Sigma} = F + F_{卸} + F_{顶} \qquad (1-12)$$

（2）采用刚性卸料和下出料方式时，总冲压力为

$$F_{\Sigma} = F + F_{推} \qquad (1-13)$$

（3）采用弹性卸料和下出料方式时，总冲压力为

$$F_{\Sigma} = F + F_{卸} + F_{推} \qquad (1-14)$$

在选择压力机吨位时，其值应大于所计算的总冲压力值。

 任务结论

该模具采用弹性卸料和上出料方式。

$$L = (116 - 2 \times 14) + 82 + 6 \times 17 + 2 \times 7\pi + 17\pi = 369.34 \ (mm)$$

$\tau = 470\ MPa,\qquad t = 0.3\ mm,\qquad K = 1.3$

冲裁力 $F = KLt\tau = 1.3 \times 369.34 \times 470 \times 0.3 = 67.7$ （kN）

卸料力 $F_{卸} = K_{卸}F = 0.05 \times 67.7 = 3.39$ （kN）

顶件力 $F_{顶} = K_{顶}F = 0.08 \times 67.7 = 5.42$ （kN）

所需冲床总压力为 $F_{\Sigma} = F + F_{卸} + F_{顶} = 67.7 + 3.39 + 5.42 = 76.51$ （kN）

由表 1-12 可查得，$K_{卸} = 0.05$；$K_{顶} = 0.08$。

$$F_{g} = 1.3F_{\Sigma} = 99.5\ kN$$

根据总压力初选压力机为 J23-100 kN（查压力机规格表）。

任务 1.5　挡板压力中心的计算

【目的要求】掌握压力中心的计算方法。

【教学重点】多凸模压力中心的计算。

【教学难点】多凸模压力中心的计算。

【教学内容】挡板压力中心的选择。

 知识链接

一、确定模具压力中心

冲裁模的压力中心是指冲裁力合力的作用点。在设计冲裁模时，其压力中心要与冲床滑块中心相重合，否则冲压模具在工作中会产生偏弯矩，使冲压模具发生歪斜，从而加速冲压模具导向机构的不均匀磨损，冲裁间隙得不到保证，刃口迅速变钝，将直接影响冲裁件的质量和模具的使用寿命，同时冲床导轨与滑块之间也会发生异常磨损。冲压模具压力中心的确定，对大型复杂冲压模具、无导柱冲压模具、多凸模冲孔及多工序连续模冲裁尤为重要。因此，在设计冲压模具时必须确定模具的压力中心，并使其通过模柄的轴线，从而保证模具压力中心与冲床滑块中心重合。

（1）简单形状的零件，其压力中心的计算可分为两种情况：

① 对称形状的零件，其压力中心位于刃口轮廓图形的几何中心上，如图 1-11 所示。

② 等半径的圆弧段，其压力中心位于任意角 2α 平分线上，且距离圆心为 x_0 的点上，如图 1-12 所示。

$$x_0 = r\sin \alpha / \alpha' \qquad\qquad (1-15)$$

式中　α'——α 的弧度值；

　　　r——圆弧的半径值，mm。

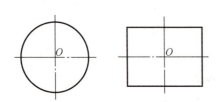

图 1-11　对称制件的压力中心

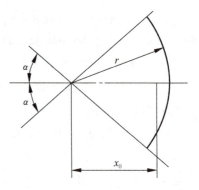

图 1-12　压力中心位于角平分线上

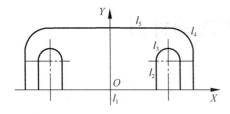

图 1-13　复杂制件或多凸模冲
裁件的压力中心

（2）对于复杂制件或多凸模冲裁件的压力中心，可根据力矩平衡原理进行计算，即各分力对某坐标轴力矩之和等于其合力对该坐标轴的力矩，其计算步骤如下：

① 按比例画出制件的轮廓图，如图 1-13 所示。

② 任意处选取坐标轴 X、Y。

③ 将制件分解成若干直线段或弧度段，l_1、l_2、$\cdots$、l_n，因冲裁力与轮廓线长度成正比关系，故用轮廓线长度代替冲裁力 F。

④ 计算各基本线段的重心到 Y 轴的距离 x_1、x_2、$\cdots$、x_n 和到 X 轴的距离 y_1、y_2、$\cdots$、y_n，则根据力矩原理可得压力中心的计算公式为

$$x_0 = \frac{l_1 x_1 + l_2 x_2 + \cdots + l_n x_n}{l_1 + l_2 + \cdots + l_n} \tag{1-16}$$

$$y_0 = \frac{l_1 y_1 + l_2 y_2 + \cdots + l_n y_n}{l_1 + l_2 + \cdots + l_n} \tag{1-17}$$

 任务结论

按比例画出制件形状，将制件轮廓线分成 l_1、l_2、l_3、l_4、l_5 的基本线段，并选定坐标系 XOY，如图 1-13 所示。因制件对称，其压力中心一定在对称轴 Y 上，即 $x_0 = 0$。故只计算 y_0。

$l_1 = 116 - 2 \times 14 = 88$（mm）；　　$y_1 = 0$

$l_2 = 6 \times (34 - 17) = 102$（mm）；　　$y_2 = 0.5 \times (34 - 17) = 8.5$（mm）

$l_3 = 2 \times 7 \times \pi = 43.96$（mm）；　　$y_3 = 17 + \left(7 \times \sin\frac{\pi}{2}\right) \div \frac{\pi}{2} = 21.4$（mm）

$l_4 = 2 \times 17 \times \pi \div 2 = 53.38$（mm）；

$y_4 = 17 + \left(17 \times \sin\frac{\pi}{4}\right) \div \frac{\pi}{4} \times \cos\frac{\pi}{4} = 27.69$（mm）

$l_5 = 82$（mm）；　　$y_5 = 34$（mm）

$$y_0 = \frac{l_1 y_1 + l_2 y_2 + l_3 y_3 + l_4 y_4 + l_5 y_5}{l_1 + l_2 + l_3 + l_4 + l_5} = 16.44 \text{（mm）}$$

所以，压力中心坐标为（0，16.44）。

任务 1.6　挡板模具凸、凹模刃口尺寸

【目的要求】掌握凸、凹模刃口尺寸计算方法。

【教学重点】凸、凹模刃口尺寸计算原则。

【教学难点】刃口尺寸计算。

【教学内容】挡板模具凸、凹模刃口尺寸。

 知识链接

生产中冲裁件的尺寸精度主要靠凸、凹模刃口尺寸精度决定的。模具的合理间隙也是靠凸、凹模刃口尺寸及其公差来实现和保证的。因此，正确确定凸、凹模刃口尺寸和公差，对冲裁模设计和制造是非常重要的。

一、凸、凹模刃口尺寸的确定原则

冲裁模刃口是尖锐锋利的，多为直角，故冲裁模刃口尺寸是指凸模与凹模的直径（对圆形件而言）尺寸，并按"入体"原则标注。确定凸、凹模刃口尺寸及其公差必须遵循以下原则。

（1）由于剪切面是凸、凹模的侧面与材料接触并挤光而得到的光滑面，所以落料件的外径尺寸等于凹模的内径尺寸，冲孔件的内径尺寸等于凸模的外径尺寸。故落料模应以凹模为设计基准，再按间隙值确定凸模尺寸；冲孔模应以凸模为设计基准，再按间隙值确定凹模尺寸。冲裁模初始双面间隙见表1-13，表1-14。

表1-13　冲裁模初始双面间隙 Z （一）　　　　　　　　　　　　　　mm

材料厚度 t	08、10、35、Q295、Q235A		Q345		40、50		65Mn	
	Z_{min}	Z_{max}	Z_{min}	Z_{max}	Z_{min}	Z_{max}	Z_{min}	Z_{max}
<0.5	极小间隙							
0.5	0.040	0.060	0.040	0.060	0.040	0.060	0.040	0.060
0.6	0.048	0.072	0.048	0.072	0.048	0.072	0.048	0.072
0.7	0.064	0.092	0.064	0.092	0.064	0.092	0.064	0.092

续表

材料厚度 t	08、10、35、Q295、Q235A		Q345		40、50		65Mn	
	Z_{min}	Z_{max}	Z_{min}	Z_{max}	Z_{min}	Z_{max}	Z_{min}	Z_{max}
0.8	0.072	0.104	0.072	0.104	0.072	0.104	0.064	0.092
0.9	0.090	0.126	0.090	0.126	0.090	0.126	0.090	0.126
1.0	0.100	0.140	0.100	0.140	0.100	0.140	0.090	0.126
1.2	0.126	0.180	0.132	0.180	0.132	0.180		
1.5	0.132	0.240	0.170	0.240	0.170	0.240		
1.75	0.220	0.320	0.220	0.320	0.220	0.320		
2.0	0.246	0.360	0.260	0.380	0.260	0.380		
2.1	0.260	0.380	0.280	0.400	0.280	0.400		
2.5	0.360	0.500	0.380	0.540	0.380	0.540		
2.75	0.400	0.560	0.420	0.600	0.420	0.600		
3.0	0.460	0.640	0.480	0.660	0.480	0.660		
3.5	0.540	0.740	0.580	0.780	0.580	0.780		
4.0	0.640	0.880	0.680	0.920	0.680	0.920		
4.5	0.720	1.000	0.680	0.960	0.780	1.040		
5.5	0.940	1.280	0.780	1.100	0.980	1.320		
6.0	1.080	1.440	0.840	1.200	1.140	1.500		
6.5			0.940	1.300				
8.0			1.200	1.680				

表 1-14　冲裁模初始双面间隙 Z（二）　　　　mm

材料厚度 t	软铝		纯铜、黄铜、软钢 $w(C)=0.08\%\sim0.2\%$		杜拉铝、中等硬钢 $w(C)=0.3\%\sim0.4\%$		硬钢 $w(C)=0.5\%\sim0.6\%$	
	Z_{min}	Z_{max}	Z_{min}	Z_{max}	Z_{min}	Z_{max}	Z_{min}	Z_{max}
0.2	0.008	0.012	0.010	0.014	0.012	0.016	0.014	0.018
0.3	0.012	0.018	0.015	0.021	0.018	0.024	0.021	0.027
0.4	0.016	0.024	0.020	0.028	0.024	0.032	0.028	0.036
0.5	0.020	0.030	0.025	0.035	0.030	0.040	0.035	0.045
0.6	0.024	0.036	0.030	0.042	0.036	0.048	0.042	0.054
0.7	0.028	0.042	0.035	0.049	0.042	0.056	0.049	0.063
0.8	0.032	0.048	0.040	0.056	0.048	0.064	0.056	0.072
0.9	0.036	0.054	0.045	0.063	0.054	0.072	0.063	0.081
1.0	0.040	0.060	0.050	0.070	0.060	0.080	0.070	0.090
1.2	0.050	0.084	0.072	0.096	0.084	0.108	0.096	0.120
1.5	0.075	0.105	0.090	0.120	0.105	0.135	0.120	0.150
1.8	0.090	0.126	0.108	0.144	0.126	0.162	0.144	0.180
2.0	0.100	0.140	0.120	0.160	0.140	0.180	0.160	0.200

续表

材料厚度 t	软铝		纯铜、黄铜、软钢 w (C) = 0.08%~0.2%		杜拉铝、中等硬钢 w (C) = 0.3%~0.4%		硬钢 w (C) = 0.5%~0.6%	
	Z_{min}	Z_{max}	Z_{min}	Z_{max}	Z_{min}	Z_{max}	Z_{min}	Z_{max}
2.2	0.132	0.176	0.154	0.198	0.176	0.220	0.198	0.242
2.5	0.150	0.200	0.175	0.225	0.200	0.250	0.225	0.275
2.8	0.168	0.224	0.196	0.252	0.224	0.280	0.252	0.308
3.0	0.180	0.240	0.210	0.270	0.240	0.300	0.270	0.330
3.5	0.245	0.315	0.280	0.350	0.315	0.385	0.350	0.420
4.0	0.280	0.360	0.320	0.400	0.360	0.440	0.400	0.480
4.5	0.315	0.405	0.360	0.450	0.405	0.490	0.450	0.540
5.0	0.350	0.450	0.400	0.500	0.450	0.550	0.500	0.600
6.0	0.480	0.600	0.540	0.660	0.600	0.720	0.660	0.780
7.0	0.560	0.700	0.630	0.770	0.700	0.840	0.770	0.910
8.0	0.720	0.880	0.800	0.960	0.880	1.040	0.960	1.120
9.0	0.870	0.990	0.900	1.080	0.990	1.170	1.080	1.260
10.0	0.900	1.100	1.000	1.200	1.100	1.300	1.200	1.400

注：① 初始间隙的最小值相当于间隙的公称数值。
② 初始间隙的最大值是考虑到凸模和凹模的制造公差所增加的数值。
③ 在使用过程中，由于模具工作部分的磨损，间隙将有所增加，因而间隙的最大使用数值要超过列表数值。
④ w (C) 为碳的质量分数，用其表示钢中的含碳量。

（2）凸、凹模在冲裁过程中有磨损，凸模刃口尺寸磨损使冲孔尺寸减小，凹模刃口尺寸磨损使落料尺寸变大。为了保证冲裁件的尺寸精度要求，并尽可能提高模具使用寿命，设计落料模时，凹模刃口的基本尺寸（设计尺寸）应取接近或等于制件的最小极限尺寸；设计冲孔凸模时，其刃口基本尺寸应取接近或等于制件孔的最大极限尺寸；并按最小合理间隙分别制造，或配作相应的凸模、凹模。这样，才能保证凸、凹模磨损到一定程度后仍能冲裁出合格的零件。

（3）凸、凹模刃口尺寸的精度应以能保证制件的精度要求为准，保证合理的间隙值，保证模具具有一定的使用寿命。一般冲压模具精度较制件精度高2~3级。若零件没有标注公差，则对于非圆形件按IT14级来处理，圆形件一般可按IT10级来处理，制件尺寸公差应按"入体"原则标注为单向公差。冲裁件的精度见表1-15。

表1-15 冲裁件精度

冲压模具 制造精度	材料厚度 t/mm										
	0.5	0.8	1.0	1.5	2	3	4	5	6	8	10	12
IT6~IT7	IT8	IT8	IT9	IT10	IT10	—	—	—	—	—	—	—
IT7~IT8	—	IT9	IT10	IT10	IT12	IT12	IT12	—	—	—	—	—
IT9	—	—	—	IT12	IT12	IT12	IT12	IT12	IT14	IT14	IT14	IT14

二、凸模和凹模刃口尺寸及制造公差的确定

模具刃口尺寸及公差的计算与加工方法有关，基本上可以分为两类：分开加工和配制加工。

1. 互换加工（分开加工）

这种方法主要适用于圆形或简单规则形状的制件，因冲裁此类制件的凸、凹模制造相对简单，精度容易保证，所以采用分开加工。设计时，须在图样上分别标注凸模和凹模刃口尺寸及制造公差。如图 1-14 所示。

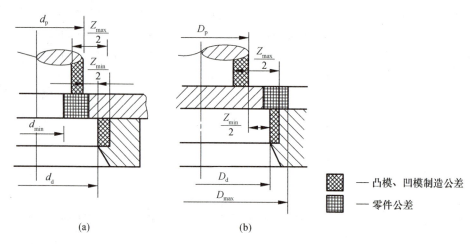

图 1-14　凸模和凹模刃口尺寸及制造公差

（a）冲孔；（b）落料

（1）冲孔。

$$d_{p} = (d_{min} + x\Delta)_{-\delta_p}^{0} \qquad (1-18)$$

$$d_{d} = (d_{p} + Z_{min})_{0}^{+\delta_d} = (d_{min} + x\Delta + Z_{min})_{0}^{+\delta_d} \qquad (1-19)$$

（2）落料。

$$D_{d} = (D_{max} - x\Delta)_{0}^{+\delta_d} \qquad (1-20)$$

$$D_{p} = (D_{d} - Z_{min})_{-\delta_p}^{0} = (D_{max} - x\Delta - Z_{min})_{-\delta_p}^{0} \qquad (1-21)$$

（3）孔中心距。

$$L_{d} = L_{平} \pm \frac{\Delta}{8} \qquad (1-22)$$

式中　d_{p}、d_{d}——冲孔凸、凹模刃口尺寸，mm；

D_{p}、D_{d}——落料凸、凹模刃口尺寸，mm；

Δ——制件公差，mm；

δ_{p}、δ_{d}——凸、凹模制造公差，mm；

x——磨损系数，见表 1-16。

表1-16 磨损系数 x mm

板料厚度 t	非圆形			圆形	
	1	0.75	0.5	0.75	0.5
	制件公差 Δ				
≤1	<0.16	0.17~0.35	≥0.36	<0.16	≥0.16
1~2	<0.20	0.21~0.41	≥0.42	<0.20	≥0.20
2~4	<0.24	0.25~0.49	≥0.50	<0.24	≥0.24
>4	<0.30	0.31~0.59	≥0.60	<0.30	≥0.30

δ_p、δ_d 一般取为（1/4~1/3）Δ；或按 IT6~IT7 级精度选取；或按表1-17选取；还应满足：

$$|\delta_p| + |\delta_d| \leq Z_{max} - Z_{min} \qquad (1-23)$$

若不成立则

$$\delta_d = 0.6(Z_{max} - Z_{min}) \qquad (1-24)$$

$$\delta_p = 0.4(Z_{max} - Z_{min}) \qquad (1-25)$$

表1-17 规则形状（圆形、方形件）冲裁时凸、凹模制造公差   mm

基本尺寸	凸模偏差	凹模偏差
≤18	0.020	0.020
>18~30	0.020	0.025
>30~80	0.020	0.030
>80~120	0.025	0.035
>120~180	0.030	0.040
>180~260	0.030	0.045
>260~360	0.035	0.050
>360~500	0.040	0.060
>500	0.050	0.070

2. 凸模与凹模配制加工

采用凸、凹模分开加工法时，为了保证凸、凹模间一定的间隙值，必须严格限制冲压模具制造公差，因此，造成冲压模具制造困难。对于冲制薄材料（因 Z_{max} 与 Z_{min} 的差值很小）的冲压模具，或冲制复杂形状制件的冲压模具，或单件生产的冲压模具，常常采用凸模与凹模配制的加工方法。

配制法就是先按设计尺寸制出一个基准件（凸模或凹模），然后根据基准件的实际尺寸再按最小合理间隙配制另一件。这种加工方法的特点是模具的间隙由配制保证，工艺比较简单，不必校核 $\delta_d + \delta_p \leq Z_{max} - Z_{min}$ 的条件，并且还可放大基准件的制造公差，使制造容易。目前企业常采用该加工方法。

根据冲裁件结构的不同，刃口尺寸的计算方法如下：

（1）落料。图1-15（a）为制件图；图1-15（b）为冲裁该制件所用落料凹模刃口的轮廓

29

图，图中虚线表示凹模刃口磨损后尺寸的变化情况。落料时应以凹模为基准件来配作凸模。从图 1-15（b）可看出，凹模磨损后刃口尺寸有变大、变小和不变三种情况，故凹模刃口尺寸也应分三种情况进行计算。

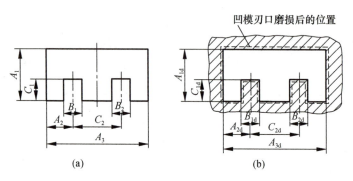

图 1-15　落料凹模刃口磨损后的变化情况

（a）制件尺寸；（b）凹模刃口轮廓

① 凹模磨损后变大的尺寸（图中 A_{1d}、A_{2d}、A_{3d}），按一般落料凹模尺寸公式计算，即

$$A_d = (A_{max} - x\Delta)_0^{+\delta_d} \tag{1-26}$$

② 凹模磨损后变小的尺寸（图中 B_{1d}、B_{2d}），因它在凹模上相当于冲孔凸模尺寸，故按一般冲孔凸模公式计算，即

$$B_d = (B_{min} + x\Delta)_{-\delta_d}^0 \tag{1-27}$$

③ 凹模磨损后无变化的尺寸（图中 C_{1d}、C_{2d}），制件尺寸的标注方法不同，将其分为三种情况：

制件尺寸为 $C_0^{+\Delta'}$ 时

$$C_d = (C + 0.5\Delta) \pm \delta_d \tag{1-28}$$

制件尺寸为 $C_{-\Delta'}^0$ 时

$$C_d = (C - 0.5\Delta) \pm \delta_d \tag{1-29}$$

制件尺寸为 $C \pm \Delta'$ 时

$$C_d = C \pm \delta_d \tag{1-30}$$

式中　A_d、B_d、C_d——凹模刃口尺寸，mm；

A_{max}、B_{min}——制件极限尺寸，mm；

Δ——制件公差，mm；

Δ'——制件偏差，mm；

δ_d——凹模制造偏差，mm（当标注为 $+\delta_d$ 或 $-\delta_d$ 时，取 $\delta_d = \Delta/4$；当标注为 $\pm\delta_d$ 时，取 $\delta_d = \Delta/8 = \Delta'/4$）。

以上是落料凹模刃口尺寸的计算方法。落料用的凸模刃口尺寸，按凹模实际尺寸配制，并保证最小间隙 Z_{min}。故在凸模上只标注基本尺寸，不标注偏差，同时在图样技术要求上注明："凸模刃口尺寸按凹模实际尺寸配制，保证双面间隙值为 $Z_{min} \sim Z_{max}$。"

（2）冲孔。图 1-16（a）为制件孔尺寸；图 1-16（b）为冲孔凸模刃口轮廓，图中虚线表示冲孔凸模刃口磨损后尺寸的变化情况。

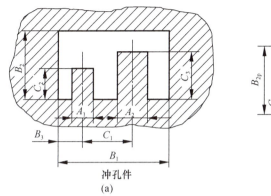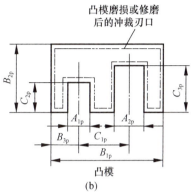

图 1-16　冲孔凸模刃口磨损后的变化情况

（a）制件孔尺寸；（b）冲孔凸模刃口轮廓

冲孔时应以凸模为基准件来配作凹模。凸模刃口尺寸的计算，同样要考虑不同的磨损情况，分别进行计算。

① 凸模磨损后变大的尺寸（图中 A_{1p}、A_{2p}），因它在冲孔凸模上相当于落料凹模尺寸，故按落料凹模尺寸公式计算，即

$$A_p = (A_{max} - x\Delta)_{\ 0}^{+\delta_p} \qquad\qquad (1-31)$$

② 凸模磨损后变小的尺寸（图中 B_{1p}、B_{2p}、B_{3p}），按冲孔凸模尺寸公式计算，即

$$B_p = (B_{min} + x\Delta)_{-\delta_p}^{\ 0} \qquad\qquad (1-32)$$

③ 凸模磨损后无变化的尺寸（图中 C_{1d}、C_{2d}、C_{3d}），随制件尺寸的标注方法不同又可分为三种情况：

制件尺寸为 $C^{+\Delta}$ 时

$$C_p = (C + 0.5\Delta) \pm \delta_p \qquad\qquad (1-33)$$

制件尺寸为 $C_{-\Delta}$ 时

$$C_p = (C - 0.5\Delta) \pm \delta_p \qquad\qquad (1-34)$$

制件尺寸为 $C \pm \Delta'$ 时

$$C_p = C \pm \delta_p \qquad\qquad (1-35)$$

式中　A_p、B_p、C_p——凸模刃口尺寸，mm；

$\quad\quad A_{max}$、B_{min}——制件极限尺寸，mm；

$\quad\quad \Delta$——制件公差，mm；

$\quad\quad \Delta'$——制件偏差，mm；

$\quad\quad \delta_p$——凸模制造偏差，mm（当标注为 $+\delta_p$ 或 $-\delta_p$ 时，取 $\delta_p = \Delta/4$；当标注为 $\pm \delta_p$ 时，
　　　取 $\delta_p = \Delta/8 = \Delta'/4$）。

冲孔用的凹模刃口尺寸应根据凸模的实际尺寸及最小合理间隙 Z_{min} 配制。故在凹模上只标注基本尺寸，不标注偏差，同时在图样技术要求上注明："凹模刃口按凸模实际刃口尺寸配制，保证最小双面合理间隙值 Z_{min}。"

 任务结论

查表 1-13 得，间隙值：$Z_{min} = 0.04$，$Z_{max} = 0.06$

查表 1-16 得，$x = 0.5$

对零件中未注公差的尺寸，按 IT14 级可知：

$$116_{-0.87}^{0}\,mm、14_{0}^{+0.43}\,mm、34_{-0.62}^{0}\,mm、17_{-0.43}^{0}\,mm$$

本例零件因形状比较复杂，且为薄料，为保证凸、凹模之间的间隙值，必须采用凸、凹模配合加工的方法。以凹模为基准件，根据凹模磨损后的尺寸变化情况，将零件图中各尺寸分为：

第一类（A）尺寸：$116_{-0.87}^{0}$、$34_{-0.62}^{0}$、$17_{-0.43}^{0}$

第二类（B）尺寸：$14_{0}^{+0.43}$

第三类（C）尺寸：82 ± 0.2

刃口尺寸计算如下：

$$116_{d} = (116 - 0.5 \times 0.87)_{0}^{+\frac{0.87}{4}} = 115.57_{0}^{+0.22}\,(mm)$$

$$34_{d} = (34 - 0.5 \times 0.62)_{0}^{+\frac{0.62}{4}} = 33.69_{0}^{+0.16}\,(mm)$$

$$17_{d} = (17 - 0.5 \times 0.43)_{0}^{+\frac{0.43}{4}} = 16.79_{0}^{+0.11}\,(mm)$$

$$14_{d} = (14 + 0.5 \times 0.43)_{-\frac{0.43}{4}}^{0} = 14.22_{-0.11}^{0}\,(mm)$$

$$82_{d} = 82 \pm \frac{0.4}{8} = 82 \pm 0.05\,(mm)$$

凸模的刃口尺寸按凹模的实际尺寸配制，并保证双面间隙 $0.04 \sim 0.06$ mm。

任务 1.7 挡板模具凸、凹模结构设计

【目的要求】掌握凸、凹模结构设计方法。

【教学重点】凹模结构确定、模架的选择。

【教学难点】凸、凹模结构选择。

【教学内容】挡板模具凸、凹模结构设计。

知识链接

一、凹模结构设计

凹模类型很多，凹模的外形有圆形和板形；结构有整体式和镶拼式；刃口也有平刃和斜刃。

（一）凹模外形结构及其固定方法

如图1-17（a）、1-17（b）所示，为国家标准中的两种圆形凹模及其固定方法。这两种圆形凹模尺寸都不大，直接装在凹模固定板中，采用H7/m6配合，主要用于冲孔。

如图1-17（c）所示是采用螺钉和销钉直接固定在支承件上的凹模，这种凹模板已经有标准，它与标准固定板、垫板和模座等配合使用。图1-17（d）为快换式冲孔凹模固定方法。

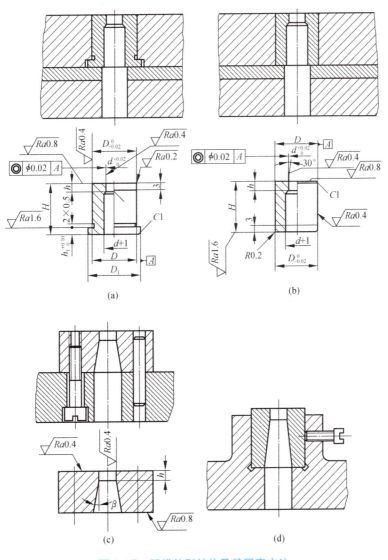

图1-17 凹模外形结构及其固定方法

凹模采用螺钉和销钉定位固定时，要注意螺孔（或沉孔）间、螺孔与销孔间及螺孔、销孔与凹模刃壁间的距离不能太近，否则会降低模具寿命。孔距及螺孔、销孔至刃壁的最小值可参考表 1-18。

表 1-18　螺孔、销孔之间及至刃壁的最小距离

螺孔		M4	M6	M8	M10	M12	M16	M20	M24
s_1/mm	淬火	8	10	12	14	16	20	25	30
	不淬火	6.5	8	10	11	13	16	20	25
s_2/mm	淬火	7	12	14	17	19	24	28	35
s_3/mm	淬火				5				
	不淬火				3				
销孔 d/mm		2	3	4	5	6	8	10	12	16	20	25
s_4/mm	淬火	5	6	7	8	9	11	12	15	16	20	25
	不淬火	3	3.5	4	5	6	7	8	10	13	16	20

（二）凹模的刃口形式

几种常见的凹模刃口形式如图 1-18 所示。

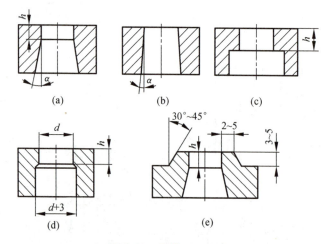

图 1-18　凹模刃口形式

（a）柱形刃口筒形或锥形凹模；（b）锥形刃口凹模；（c）阶梯形刃口凹模；
（d）柱形刃口过渡圆锥台阶凹模；（e）低硬度凹模

图1-18（a）为柱形刃口筒形或锥形凹模。刃口强度较高，修磨后刃口尺寸不变。但孔口容易积存制件或废料，推件力大且磨损大。适用于形状复杂或精度要求较高的制件的冲裁。当 $t < 0.5$ mm 时，$h = 3 \sim 5$ mm；当 $t = 0.5 \sim 5$ mm 时，$h = 5 \sim 10$ mm；当 $t = 5 \sim 10$ mm 时，$h = 10 \sim 15$ mm，$\alpha = 3° \sim 5°$。

图1-18（b）为锥形刃口凹模，冲裁件或废料容易通过，凹模磨损后的修磨量较小。但刃口强度较低，刃口尺寸在修磨后略有增大。适用于形状简单，精度要求不高，材料厚度较薄的制件的冲裁。当 $t < 2.5$ mm 时，$\alpha = 15'$；当 $t = 2.5 \sim 6$ mm 时，$\alpha = 30'$；当采用电火花加工凹模时，$\alpha = 4' \sim 20'$。

图1-18（c）为阶梯形刃口凹模，刃口厚度较大，对推件器的导向性好。它适用于把制件反向推出的形状简单、材料较薄的复合模。也适用于薄料冲裁模。其缺点是工作时推件器和制件均频繁地与刃口壁部摩擦而使刃口尺寸增大。

图1-18（d）为柱形刃口过渡圆锥台阶凹模，刃口强度较高，漏料部位呈圆形使凹模制造方便，这种凹模结构形式主要适用于冲裁尺寸小于 5 mm 的圆形制件。

图1-18（e）为低硬度凹模，硬度一般为40HRC左右，可用手锤敲击刃口外侧斜面，以调整凸、凹模间隙，因此这种结构形式的凹模刃口适用于冲裁软而薄的金属和非金属材料模具。

（三）凹模外形尺寸

如图1-19所示，冲裁时凹模承受冲裁力和侧向力的作用，由于凹模的结构形式不一，受力状态又比较复杂，凹模的外形尺寸还不能仅用理论计算法来确定，在设计模具时，大都采用下列经验公式概略地计算凹模尺寸。

凹模厚度

$$H = Kb \qquad (1-36)$$

凹模壁厚（指凹模刃口与外边缘的距离）的确定见下式：

小凹模

$$c = (1.5 \sim 2)H \qquad (1-37a)$$

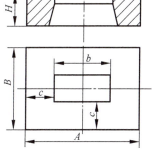

图1-19 凹模外形尺寸的确定

大凹模

$$c = (2 \sim 3)H \qquad (1-37b)$$

式中　b——凹模孔的最大宽度，单位 mm，如图1-19所示；

　　　K——凹模的厚度系数，见表1-19；

　　　H——凹模厚度，其值为 $15 \sim 20$ mm；

　　　c——凹模壁厚，其值为 $26 \sim 40$ mm。

按上式计算的凹模外形尺寸，可以保证凹模有足够的强度和刚度，一般可不再进行强度校核。

表1-19 凹模厚度系数 K 的数值

料厚 t/mm　　　b/mm	0.5	1	2	3	>3
<50	0.3	0.35	0.42	0.50	0.60

续表

b/mm ＼ 料厚 t/mm	0.5	1	2	3	>3
50~100	0.2	0.22	0.28	0.35	0.42
100~200	0.15	0.18	0.20	0.24	0.30
>200	0.10	0.12	0.15	0.18	0.22

二、模架选择

（一）模架

选择模架并确定其他冲压模具零件的主要参数。根据凹模周界尺寸大小，从《冷冲压模具国家标准》GB/T 2871—1981～GB/T 2874—1981（冷冲压模具典型组合）中即可确定模架规格及主要冲压模具零件的规格参数，再查阅冲压模具标准中有关零部件图表，就可以画装配图。

冲压模具主要由固定模板的模架和一定数量的模板组成。依据我国国家标准模架按导向形式不同，有冲压模具滑动导向模架、冲压模具滚动导向模架、冲压模具滑动导向钢板模架、冲压模具滚动导向钢板模架、冲压模具导板模模架。其中滑动式导柱导套的导向装置为最常见的形式。冲压模具滑动导向模架的结构形式，按导柱在模座上固定位置的不同，可分为后侧导柱模架（GB/T 2851.3—1990）、中间导柱模架（GB/T 2851.5—1990）、四导柱模架（GB/T 2852.3—1990）、对角导柱模架（GB/T 2851.1—1990）；模架由上模座、下模座、导柱、导套四个部分组成。常见的滑动导向模架结构形式如图1-20所示。

（二）模座

模座的选择必须十分重视上、下模座的强度和刚度。在选用和设计时应注意如下几点。

（1）尽量选用标准模架，而标准模架的形式和规格就决定了上、下模座的形式和规格。

圆形模座的直径应比凹模板直径大30~70 mm；

矩形模座的长度应比凹模板长度大40~70 mm；

宽度可以略大于或等于凹模板的宽度；

厚度为凹模板厚度的1.0~1.5倍。

（2）所选用或设计的模座必须与所选压力机的工作台和滑块的有关尺寸相适应，并进行必要的校核。

（3）模座材料：HT200、HT250、Q235、Q255、ZG35、ZG45等。

（4）模座的上、下表面的平行度公差一般为4级。

（5）上、下模座的导套、导柱安装孔中心距精度在±0.02 mm以下；安装滑动式导柱和导套时，其轴线与模座的上、下平面垂直度公差为4级。

（6）模座的上、下表面粗糙度为 $Ra3.2~0.8$ μm。

（三）导柱和导套零件导向装置

导柱导套的配合间隙：必须小于冲裁间隙。

冲裁间隙小的一般应按 H6/h5 配合；间隙较大的按 H7/h6 配合。

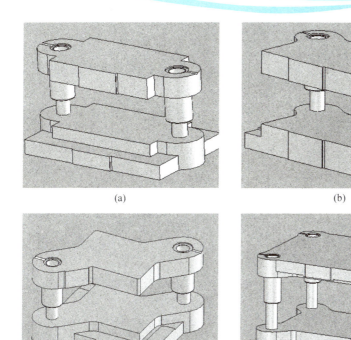

图 1-20　常见滑动导向模架结构形式

（a）中间导柱模架；（b）后侧导柱模架；（c）对角导柱模架；（d）四导柱模架

采用 H7/r6 压入模座的安装孔。

材料：20 钢。

表面渗碳，淬火硬度 58~62HRC。

滚珠导向：无间隙（过盈）导向，精度高，寿命长。

 任务结论

（1）凹模的外形尺寸与立体图如图 1-21（a）、（b）所示。

凹模厚度：$H = 20$ mm

凹模周界：$L \times B = (115.56 + 40 + 40)\,\mathrm{mm} \times (33.7 + 40 + 40)\,\mathrm{mm} \approx 196\,\mathrm{mm} \times 114\,\mathrm{mm}$

（2）凸模选用直通式，尺寸按凹模实际尺寸配制，如图 1-21（c）、（d）所示。凸模长度为 80 mm。

（3）选用后侧导柱导向模架，便于条料的送进，见附表 10-2，如图 1-21（e）所示。

模架规格：$200 \times 125 \times (170 \sim 205)$

上模座：$200 \times 125 \times 40$

下模座：$200 \times 125 \times 50$

导柱：25×160

导套：$25 \times 95 \times 38$

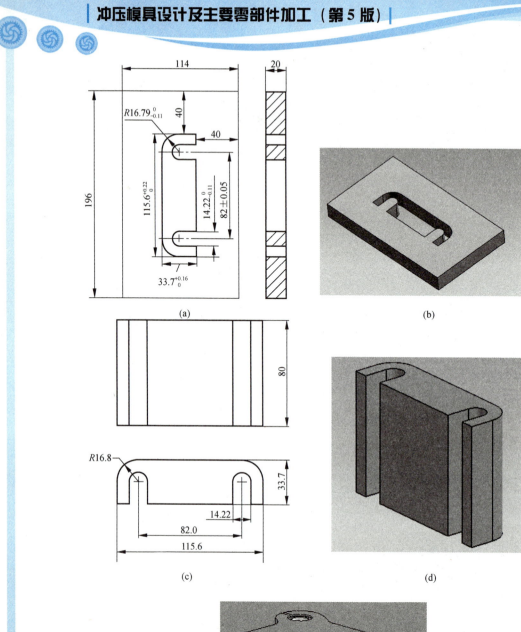

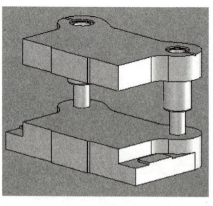

图 1-21　凹、凸模的外形尺寸与立体图

（a）凹模的外形尺寸；（b）凹模的立体图；（c）凸模的外形尺寸；（d）凸模的立体图；（e）后侧模架图

任务 1.8　挡板模具装配图的绘制

【目的要求】掌握模具装配图的绘制方法。

【教学重点】绘制模具装配图。

【教学难点】零部件的选用。

【教学内容】挡板模具装配图的绘制。

知识链接

一、定位零件

模具中的定位指的是板料或工序件在模具工作时能有正确的位置。条料在模具中的正确位置包括两方面内容：

① 条料的横向定位，即导料，也称为送进导向；作用是保证条料沿正确的方向送进和条料的横向搭边值。

② 在送料方向（纵向）上的限位，称为送料定距，也称为挡料；作用是控制条料一次送进的距离（步距），即保证纵向搭边值。

定位零件是用来保证条料或坯料的正确送进及在模具中的正确位置。常见的横向定位零件有导料销（图 1-22）、导料板（图 1-23）和侧压装置（图 1-24）等；常见的纵向定位零件有挡料销（图 1-25，图 1-26）、侧刃、导正销等。

1. 导料销

一般设为两个，并位于条料的同侧。横向送料时，导料销装在后侧；从前向后送料时，导料销装在左侧。导料销有固定式和活动式两种，固定式一般设置于凹模模板板面上，活动式常设置于弹压卸料板上（图 1-22）。

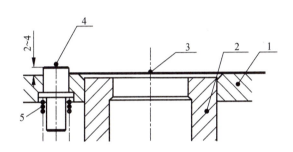

图 1-22　活动导料销

1—弹压卸料板；2—凸凹模；3—板料；4—活动导料销；5—弹簧

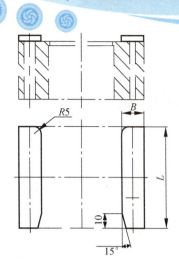

图 1-23　导料板常见结构

2. 导料板

导料板（图 1-23）设置于条料两侧，有两种类型：一种是与卸料板制成一体；另一种结构是与卸料板分开造。导料板间距应比条料宽度大一个间隙值。

3. 侧压装置

为避免条料在导料板中偏摆，保证最小搭边值，可以在导料板一侧装侧压装置，使条料在送进过程中始终靠紧另一侧导料板。图 1-24 画出了常见的侧压装置的类型。其中图 1-24（a）和图 1-24（b）是弹簧式侧压装置，侧压力较大，常用于较厚板料情况下；图 1-24（c）和图 1-24（d）是可调式板式侧压装置，侧压力大且均匀，一般装在送料的进端处，适用于采用侧刃定距的级进模中。

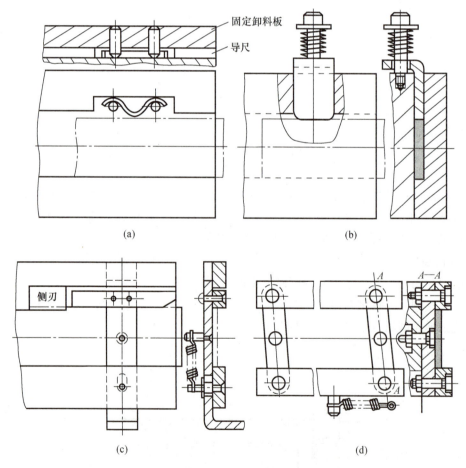

图 1-24　侧压装置

4. 挡料销

挡料销有固定挡料销和活动挡料销两种，图 1-25（a）、（b）所示为固定挡料销的两种类型：图1-25（a）为A型固定挡料销，常用于中、小型制件的模具中，缺点是销孔与凹模型孔口距离过近，削弱了凹模强度；图1-25（b）为钩形挡料销，这种挡料销的销孔轴线与凹模型孔距离较远，且配合定向销防止其钩头在使用过程中发生转动，缺点是制造困难，安装麻烦。图1-25（c）、（d）所示为两种活动挡料销：图1-25（c）为弹簧弹顶式；图1-25（d）为扭簧式，扭簧销距定位螺钉之间的距离为25~35 mm左右，挡料销伸出台面2~4 mm。

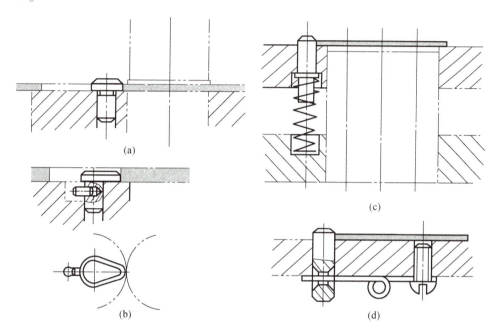

图1-25 挡料销常见形式

（a）A型固定挡料销；（b）钩形挡料销；（c）弹簧弹顶式挡料销；（d）扭簧式挡料销

5. 始用挡料销

在级进模中，还常设置一个始用挡料销。其常见结构如图1-26所示。

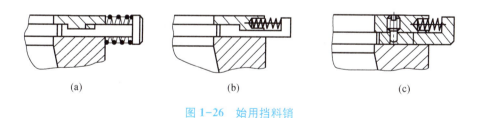

（a）　　　　　　　　　　（b）　　　　　　　　　　（c）

图1-26 始用挡料销

二、卸料方式、推件与顶件装置

1. 卸料方式

模具的卸料方式有刚性卸料和弹性卸料两大类，也称固定卸料装置和弹性卸料装置，其中固定卸料装置一般是将卸料板和导料板做成一体，主要功能是从凸模上卸下条料，常用于板料较厚、较硬、精度要求不高、冲裁力较大的落料模；弹性卸料装置是通过卸料板与弹性元件（弹簧或橡皮）的互相配合作用来进行卸料的，功能是从凸模上卸下条料，弹性卸料装置在冲压时既可以卸料又可压料，特别适于在薄料或制件要求平整的复合模上使用。此种卸料方式常采用卸料螺钉和弹性元件、卸料板组合的方式，如图 1-27 所示。下面就卸料螺钉的特点和尺寸、应用等方面进行介绍。

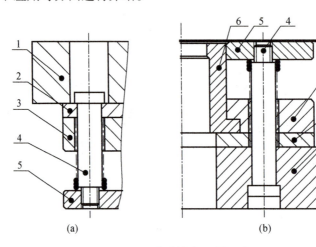

图 1-27　卸料螺钉设置形式

1—模座；2—垫板；3—固定板；4—卸料螺钉；5—卸料板；6—凸凹模

（1）卸料螺钉的特点。冷冲压模具中不使用普通螺钉作为卸料螺钉，而是采用标准件，类型有两种：圆柱头卸料螺钉与圆柱头内六角卸料螺钉。其特点如下：

① 螺纹长度虽短但与光杆段有台阶，可保证旋入弹压卸料板后不易松动。

② 螺钉长度是指光杆段长度且有公差要求，便于保证弹压卸料板工作平面与凹模面平行。

③ 螺钉材料为 45 号钢，热处理硬度为 35～40HRC，可以保证螺钉有足够的强度，能够承受卸料过程中反复作用的拉应力。

（2）卸料螺钉的设置形式。卸料螺钉使用时必须将螺钉头沉入模座内，其结构设置如图 1-27 所示，图（a）中模座内放置螺钉头部的孔为通孔，不仅加工方便，而且也很容易保证卸料板与模座平行，但此种结构在卸料过程中，凸模固定板的连接螺钉将反复承受拉力作用，因此在卸料力很大时不宜采用；图（b）为常采用的形式，模座内加工出沉孔，但是加工时要保证全部沉孔深度 h_1 相等，才能使卸料板工作平面与模座底平面平行。

（3）卸料螺钉尺寸的确定。卸料螺钉均为标准件，在选用时可参考表 1-20 中的数值进行选用，并最终将螺钉长度取为标准长度值。

2. 推件与顶件装置

推件和顶件的目的都是从凹模中卸下冲件或废料。通常把装在上模内的称为推件；装在下模内的称为顶件。

（1）推件装置。如图 1-28 所示为两种推件装置，其中图 1-28（a）的模具带有刚性推件装置，其推件力大，推件可靠，但不起压料作用。

表 1-20　卸料螺钉装配尺寸　　　　　　　　　　　　　　　mm

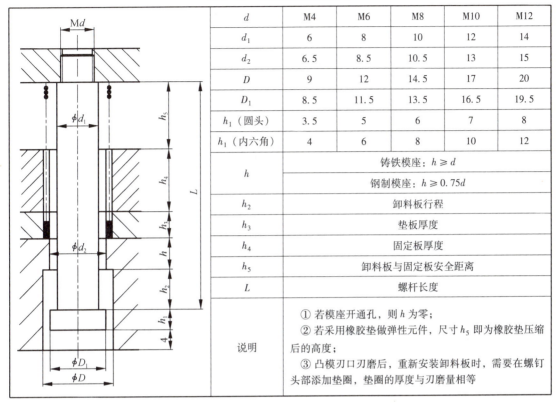

d	M4	M6	M8	M10	M12
d_1	6	8	10	12	14
d_2	6.5	8.5	10.5	13	15
D	9	12	14.5	17	20
D_1	8.5	11.5	13.5	16.5	19.5
h_1（圆头）	3.5	5	6	7	8
h_1（内六角）	4	6	8	10	12
h	铸铁模座：$h \geqslant d$ 钢制模座：$h \geqslant 0.75d$				
h_2	卸料板行程				
h_3	垫板厚度				
h_4	固定板厚度				
h_5	卸料板与固定板安全距离				
L	螺杆长度				
说明	① 若模座开通孔，则 h 为零； ② 若采用橡胶垫做弹性元件，尺寸 h_5 即为橡胶垫压缩后的高度； ③ 凸模刃口刃磨后，重新安装卸料板时，需要在螺钉头部添加垫圈，垫圈的厚度与刃磨量相等				

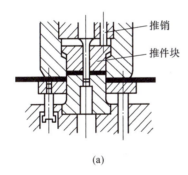

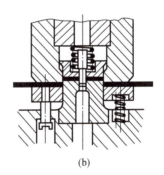

（a）　　　　　　　　　　　　　　　（b）

图 1-28　推件装置

（a）模具带有刚性推件装置；（b）模具带有弹性推件装置

为使刚性推件装置能够正常工作，推力必须均衡。为此，连接推杆需要 2~4 根且分布均匀、长短一致。推板安装在上模座内。在复合模中，为了保证冲孔时凸模的支承刚度和强度，推板的平面形状尺寸只要能够覆盖到连接推杆，本身刚度又足够，不必设计得太大，这样使安装推板的孔不至太大。图 1-29 为标准推板的结构，设计时可根据实际需要选用。

由于刚性推件装置推件力大，工作可靠，所以应用十分广泛，不但用于倒装式冲压模具中的推件，而且也用于正装式冲压模具中的卸件或推出废料，尤其冲裁板料较厚的冲裁模，宜用这种推件装置。

如图 1-28（b）所示的模具带有弹性推件装置，在冲压时能压住制件，冲出的制件质量

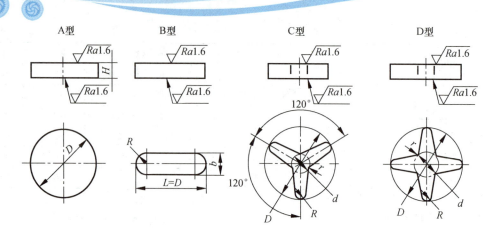

图 1-29 标准推板结构

较高，但弹性元件的压力有限，故在设计时，应选取弹性推件装置中弹力足够的弹性元件，必要时应选取弹力较大的聚氨酯橡胶、碟形弹簧等。

（2）顶件装置。顶件装置一般是弹性的。顶件装置的典型结构如图 1-30 所示，在正装式复合模中，其基本零件是顶杆、顶件块和装在下模底下的弹顶器。这种结构的顶件力容易调节，工作可靠，冲裁件平直度较高。

推板或顶板的外形与落料凹模呈间隙配合。在一般情况下，推板与顶板的外形尺寸按 h8 制造。当零件要求平整时，可按 f7 制造。推板或顶板内孔与凸模呈松动间隙配合。也可以根据板料厚度取适当间隙。

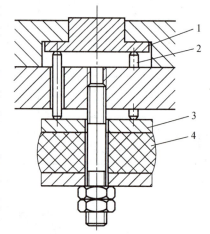

图 1-30 弹性顶件装置
1—顶件块；2—顶杆；3—托板；4—橡胶

三、模柄

模柄的作用是将模具的上模座固定在冲床的滑块上。常用的模柄结构形式如图 1-31 所示。

图 1-31（a）为整体式模柄。模柄与上模座做成整体，用于小型模具上。

图 1-31（b）为带台阶的压入式模柄。它与模座安装孔用 H7/n6 配合，可以保证较高的同轴度和垂直度，适用于各种中小模具。

图 1-31（c）为带螺纹的旋入式模柄。与上模连接后，为防止松动，拧入防转螺钉紧固，垂直度精度较差，主要用于小型模具。

图 1-31（d）为有凸缘的模柄，用螺钉、销钉与上模座紧固在一起，适用于较大的模具。

图 1-31（e）为浮动式模柄。它由模柄、球面垫块和接板组成。这种结构可以通过球面垫块消除冲床导轨误差对冲压模具导向精度的影响。适用于有滚珠导柱、导套导向的精密冲压模具。

在设计模柄时要注意，模柄的长度不得大于冲床滑块里模柄孔的深度，模柄直径应与模柄孔一致。

44

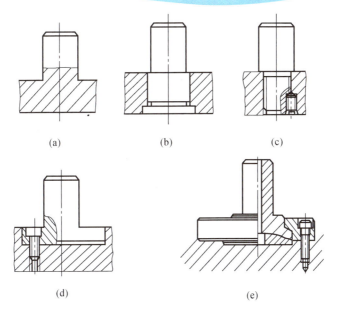

图 1-31 模柄的结构形式

（a）整体式模柄；（b）带台阶的压入式模柄；（c）带螺纹的旋入式模柄；
（d）有凸缘的模柄；（e）浮动式模柄

四、凸模固定板与垫板

凸模固定板的作用是将凸模安装在上模座或下模座的正确位置上。其外形常为矩形或圆形板件，尺寸通常与凹模一致，厚度可为凹模厚度的 60%～80%。

一般固定板与凸模呈 H7/n6 或 H7/m6 配合，压装后应将凸模尾部与固定板一起磨平。对浮动式凸模采用间隙配合。

垫板的作用是防止凸模尾端挤压损伤模座。当凸模尾端单位压力超过模座的许用挤压应力时，就须在凸模支承面上加一淬硬磨平的垫板。模座材料的许用应力见表 1-21。

表 1-21 模座材料的许用应力

模座材料	许用应力 $[\sigma_{许}]$/MPa
铸铁 HT250	90～140
铸钢 ZG310～570	110～150

五、模具的闭合高度

模具的闭合高度 H 是指模具在最低工作位置时，上模座上表面到下模座下表面之间的距离，如图 1-32 所示。在确定模具闭合高度之前，应先了解冲床的闭合高度。冲床的闭合高度是指滑块在下止点时，滑块底平面到工作台（不包括冲床垫板厚度）的距离。冲床的调节螺杆可以上、下调节，当滑块在下止点位置，调节螺杆向上调节，将滑块调整到最上位置时，滑块底面到工作台的距离，称为冲床的最大闭合高度 $H_{最大}$。当滑块在下止点位置，调节螺杆向下调节，将滑块调整到最下位置时，滑块底面到工作台的距离，称为冲床的最小闭合高度 $H_{最小}$。

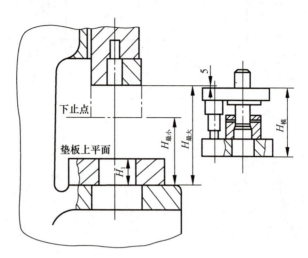

图1-32　模具闭合高度与冲床闭合高度

为使模具正常工作，模具闭合高度必须与冲床的闭合高度相适应，应介于冲床最大和最小闭合高度之间，一般可按下式确定

$$H_{最大} - 5 \geqslant H_{模} \geqslant H_{最小} + 10 \qquad (1-38)$$

如果模具闭合高度小于冲床的最小闭合高度时，可以采用垫板，其厚度为 H_1。则关系式见下式

$$H_{最大} - H_1 - 5 \geqslant H_{模} \geqslant H_{最小} - H_1 + 10 \qquad (1-39)$$

其中，$H_{最大}-H_1$ 和 $H_{最小}-H_1$ 分别为模具安装在冲床垫板上时，冲床的最大和最小装模高度。

六、一般冲裁模总体结构尺寸关系

1. 高度关系

模具各板高度关系如图1-33所示。

2. 配合关系

表1-22给出了常见的模具零件配合要求，在设计时可以参考选用。

表1-22　模具常见配合关系

序号	相关配合零件	配合要求
1	凸模与凸模固定板	H7/m6、H7/n6
2	上模座与模柄	H7/r6、H7/s6
3	上模座与导套	保证0.010 mm间隙，粘结
4	下模座与导柱	H7/r6、H7/s6
5	导柱与导套	滚珠导向，过盈配合
6	卸料板与凸模	保证0.010 mm间隙
7	销钉与固定板、模座定位模板	H7/m6、H7/n6

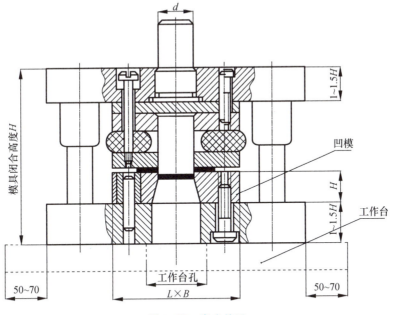

图 1-33 高度关系

 任务结论

（1）模具总体设计如图 1-34 所示，该模具为正装下顶出单工序落料模。

（2）条料的送进，由两个导料销 1 控制方向，由固定挡料销 12 控制其进距。卸料采用弹性卸料装置，将废料从凸模上卸下。同时由装在模座之下的顶出装置实现上推件。由于该弹性顶出装置在冲裁时能压住制件，并及时地将制件从凹模内顶出，因此可使冲出的制件表面平整。适用于较薄的中、小制件的冲裁。

任务 1.9 挡板落料模主要零部件的加工

【目的要求】掌握落料模主要零部件的加工方法。

【教学重点】能够进行落料模主要零部件的加工。

【教学难点】落料模主要零部件的加工。

【教学内容】完成落料模主要零部件的加工工艺过程的制定。

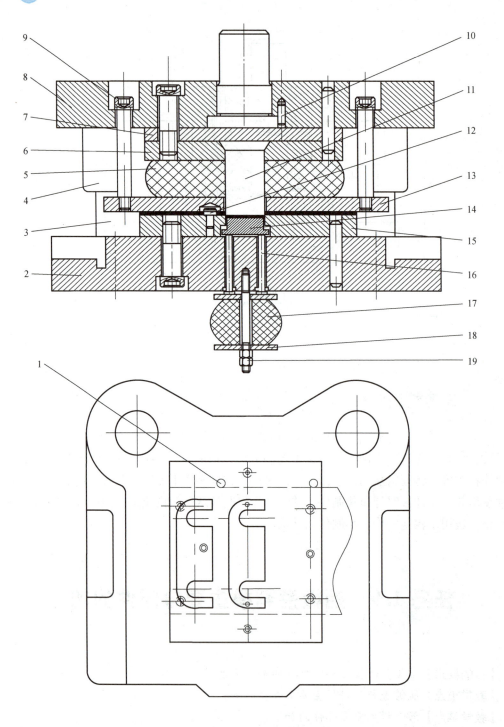

图 1-34 正装下顶出落料模

1—导料销；2—下模座；3—导柱；4—导套；5—橡胶；6—凸模固定板；7—垫板；8—上模座；
9—卸料螺钉；10—防转销；11—凸模；12—挡料销；13—卸料板；14—顶件块；15—凹模；
16—顶杆；17—橡胶；18—托板；19—螺母

知识链接

一、冲裁模凸、凹模技术要求及加工特点

冲裁属于分离工序，冲裁模凸、凹模带有锋利刃口，凸、凹模之间的间隙较小，其加工具有如下特点：

（1）凸、凹模材质一般是工具钢或合金工具钢，热处理后的硬度为 58～62HRC，凹模比凸模稍硬一些；

（2）凸、凹模精度主要根据冲裁件精度决定，一般尺寸精度在 IT6～IT9，工作表面粗糙度在 $Ra = 1.6～0.4\ \mu m$；

（3）凸、凹模工作端带有锋利刃口，刃口平直（斜刃除外），安装固定部分要符合配合要求；

（4）凸、凹模装配后应保证均匀的最小合理间隙；

（5）凸模的加工主要是外形加工，凹模的加工主要是孔（系）加工。凹模型孔加工和直通式凸模加工常用线切割方法。

二、凸、凹模加工

凸模和凹模的加工方案根据其设计计算方案的不同，一般有分开加工和配合加工两种，其加工特点和适用范围见表 1-23。

表 1-23　凸模和凹模两种加工方案比较

加工方案		加工特点	适用范围
分开加工	方案一	凸、凹模分别按图纸加工至尺寸要求，凸模和凹模之间的冲裁间隙是由凸、凹模的实际尺寸之差来保证	① 凸、凹模刃口形状较简单，特别是圆形。直径一般大于 5 mm 时，基本都用此法 ② 要求凸模或凹模具有互换性时 ③ 成批生产时 ④ 加工手段比较先进，分开加工不难保证尺寸精度时
配合加工	方案二	先加工好凸模，然后按此凸模配作凹模，并保证凸模和凹模之间的规定间隙值大小	① 刃口形状比较复杂时。非圆形冲孔模，可采用方案二；非圆形落料模，可采用方案三 ② 凸、凹模间的配合间隙比较小时
	方案三	先加工好凹模，然后按此凹模配作凸模，并保证凹模和凸模之间的规定间隙值大小	

凸模和凹模的加工方法主要根据凸模和凹模的形状和结构特点，并结合企业实际生产条件来决定，常用加工方法见表 1-24、表 1-25。

表 1-24　冲裁凸模常用加工方法

凸模形式	常用加工方法	适用场合
圆形凸模	车削加工毛坯，淬火后，精磨，最后工件表面抛光及刃磨	各种圆形凸模

续表

凸模形式		常用加工方法	适用场合
非圆形凸模	带安装台肩式	方法一：凹模压印修锉法。车、铣或刨削加工毛坯，磨削安装面和基准面，划线铣轮廓，留 0.2~0.3 mm 单边余量，凹模（已加工好）压印后修锉轮廓，淬硬后抛光、磨刃口	无间隙模或设备条件较差的工厂
		方法二：仿形刨削加工。粗加工轮廓，留 0.2~0.3 mm 单边余量，用凹模（已加工好）压印后仿形精刨，最后淬火、抛光、磨刃口	一般要求的凸模
	直通式	方法一：线切割。粗加工毛坯，磨安装面和基准面，划线加工安装孔、穿丝孔，淬硬后磨安装面和基准面，切割成形、抛光、磨刃口	形状较复杂或较小、精度较高的凸模
		方法二：成形磨削。粗加工毛坯，磨安装面和基准面，划线加工安装孔，加工轮廓，留 0.2~0.3 mm 单边余量，淬硬后磨安装面，再成形磨削轮廓	形状不太复杂、精度较高的凸模或镶块

表 1-25   冲裁凹模常用加工方法

型孔形式	常用加工方法	适用场合
圆形孔	方法一：钻铰法。车削加工毛坯上、下底面及外圆，钻、铰工作型孔，淬硬后磨上、下底面和工作型孔、抛光	孔径小于 5 mm 的情况
	方法二：磨削法。车削加工毛坯上、下底面，钻、镗工作型孔，划线加工安装孔，淬硬后磨上、下底面和工作型孔、抛光	孔较大的凹模
圆形孔系	方法一：坐标镗削。粗、精加工毛坯上、下底面和凹模外形，磨上、下底面和定位基面，划线、坐标镗削型孔系列，加工固定孔，淬火后研磨抛光型孔	位置精度要求高的凹模
	方法二：立铣加工。毛坯粗、精加工与坐标镗削方法相同，不同之处为孔系加工用坐标法在立铣机床上加工，后续加工与坐标镗削方法也一样	位置精度要求一般的凹模
非圆形孔	方法一：锉削法。毛坯粗加工后按样板轮廓线，切除中心余料后按样板修锉，淬火后研磨抛光型孔	设备条件较差的工厂加工形状简单的凹模
	方法二：仿形铣。凹模型孔精加工在仿形铣床或立铣床上靠模加工（要求铣刀半径小于型孔圆角半径），钳工锉斜度，淬火后研磨抛光型孔	形状不太复杂、精度不太高、过渡圆角较大的凹模
	方法三：压印加工。毛坯粗加工后，用加工好的凸模或样冲压印后修锉，再淬火研磨抛光型孔	尺寸不太大、形状不复杂的凹模
	方法四：线切割。毛坯外形加工好后，划线加工安装孔，淬火，磨安装基面，割型孔	各种形状、精度高的凹模
	方法五：成形磨削。毛坯按镶拼结构加工好，划线粗加工轮廓，淬火后磨安装面，成形磨削轮廓，研磨抛光	镶拼凹模
	方法六：电火花加工。毛坯外形加工好后，划线加工安装孔，淬火，磨安装基面，作电极或用凸模打凹模型孔，最后研磨抛光	形状复杂，精度高的整体凹模

注：表中加工方法应根据工厂设备情况和模具要求具体选用。

凸、凹模加工的典型工艺路线主要有以下几种形式。

（1）下料→锻造→退火→毛坯外形加工（包括外形粗加工、精加工、基面磨削）→划线→刃口轮廓粗加工→刃口轮廓精加工→螺孔、销孔加工→淬火与回火→研磨或抛光。此工艺路线钳工工作量大，技术要求高，适用于形状简单、热处理变形小的零件。

（2）下料→锻造→退火→毛坯外形加工（包括外形粗加工、精加工、基面磨削）→划线→刃口轮廓粗加工→螺孔、销孔加工→淬火与回火→采用成形磨削进行刃口轮廓精加工→研磨或抛光。此工艺路线能消除热处理变形对模具精度的影响，使凸、凹模的加工精度容易保证，可用于热处理变形大的零件。

（3）下料→锻造→退火→毛坯外形加工→螺孔、销孔、穿丝孔加工→淬火与回火→磨削加工上下面及基准面→线切割加工→钳工修整。此工艺路线主要用于以线切割加工为主要工艺的凸、凹模加工，尤其适用形状复杂、热处理变形大的直通式凸模、凹模零件。

三、其他模具零件的加工

模具零件除工作型面零件外，还有模座、导柱、导套、固定板、卸料板等其他模具零件，它们主要是板类零件、轴类零件和套类零件等。其他模具零件的加工相对于工作型面零件要容易些。

 完成任务

线切割加工在冲压模具零件加工中的应用。

图 1-35（a）、（b）、（c）、（d）分别为挡板落料模凹模、凸模的零件图，根据该零件图分别制定出凹模、凸模的加工工艺过程（见表 1-26，表 1-27）。

表 1-26　落料凹模加工工艺过程

序号	工 序 名	工序内容
1	备料	备 Cr12MoV 块料：202×120×25 mm
2	热处理	退火
3	刨	刨六面，互为直角，留单边余量 0.5 mm
4	磨平面	磨六面，互为直角
5	钳工划线	划出各孔位置线
6	加工螺钉孔、安装孔及穿丝孔	按位置加工螺钉孔、销钉孔及穿丝孔等
7	热处理	按热处理工艺，淬火回火达到 58~62HRC
8	磨平面	精磨上、下平面
9	线切割	按图线切割，轮廓达到尺寸要求
10	钳工精修	全面达到设计要求
11	检验	

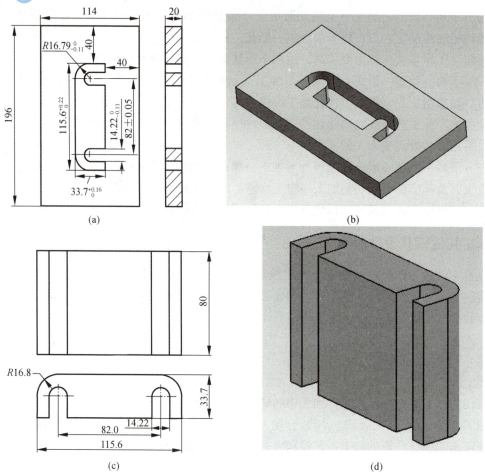

图 1-35 凹、凸模的外形尺寸及立体图

（a）凹模的外形尺寸；（b）凹模的立体图；（c）凸模的外形尺寸；（d）凸模的立体图

表 1-27 落料凸模加工工艺过程

序号	工 序 名	工 序 内 容
1	备料	备 Cr12MoV 块料：120×90×40 mm
2	热处理	退火
3	刨	刨六面，互为直角，留单边余量 0.5 mm
4	磨平面	磨六面，互为直角
5	热处理	按热处理工艺，淬火回火达到 58~62HRC
6	磨平面	精磨上、下平面
7	线切割	按图线切割，轮廓达到尺寸要求
8	钳工精修	与凹模研配间隙达到设计要求
9	检验	

冲压模具的装配与调试

一、冲压模具的装配

模具的装配就是根据模具的结构特点和技术条件，以一定的装配顺序和方法，将符合图纸技术要求的零件，经协调加工，组装成满足使用要求的模具。在装配过程中，既要保证配合零件的配合精度，又要保证零件之间的位置精度，对于具有相对运动的零（部）件，还必须保证它们之间的运动精度。因此，模具装配是最后实现冲压模具设计和冲压工艺意图的过程，是模具制造过程中的关键工序。模具装配的质量直接影响制件的冲压质量、模具的使用和模具寿命。

1. 模具装配特点

模具属单件生产。组成模具实体的零件，有些在制造过程中是按照图纸标注的尺寸和公差独立地进行加工的，如落料凹模、冲孔凸模、导柱和导套、模柄等，这类零件一般都是直接进入装配；有些在制造过程中只有部分尺寸可以按照图纸标注尺寸进行加工，须协调相关尺寸；有的在进入装配前须采用配制或合体加工，有的须在装配过程中通过配制取得协调，图纸上标注的这部分尺寸只作为参考，如模座的导套或导柱固装孔，多凸模固定板上的凸模固装孔，须连接固定在一起的板件螺栓孔、销钉孔等。

因此，模具装配适合于采用集中装配，在装配工艺上多采用修配法和调整装配法来保证装配精度。从而实现能用精度不高的组成零件，达到较高的装配精度，降低零件加工要求。

2. 装配技术要求

冲裁模装配后，应达到下述主要技术要求：

（1）模架精度应符合国家标准（JB/T 8050—1999《冲压模具模架技术条件》、JB/T 8071—1995《冲压模具模架精度检查》）规定。模具的闭合高度应符合图纸的规定要求。

（2）装配好的冲压模具，上模沿导柱上、下滑动应平稳、可靠。

（3）凸、凹模间的间隙应符合图纸规定的要求，分布均匀。凸模或凹模的工作行程符合技术条件的规定。

（4）定位和挡料装置的相对位置应符合图纸要求。冲裁模导料板间距离须与图纸规定一致；导料面应与凹模进料方向的中心线平行；带侧压装置的导料板，其侧压板应滑动灵活，工作可靠。

（5）卸料和顶件装置的相对位置应符合设计要求，超高量在许用规定范围内，工作面不允许有倾斜或单边偏摆，以保证制件或废料能及时卸下和顺利顶出。

（6）紧固件装配应可靠，螺栓螺纹旋入长度在钢件连接时应不小于螺栓的直径，铸件连接时应不小于1.5倍螺栓直径；销钉与每个零件的配合长度应大于1.5倍销钉直径；螺栓和销钉的端面不应露出上、下模座等零件的表面。

（7）落料孔或出料槽应畅通无阻，保证制件或废料能自由排出。

（8）标准件应能互换。紧固螺钉和定位销钉与其孔的配合应正常、良好。

（9）模具在压力机上的安装尺寸须符合选用设备的要求；起吊零件应安全可靠。

（10）模具应在生产的条件下进行试验，冲出的制件应符合设计要求。

3. 冲压模具装配的工艺要点

在模具装配之前，要认真研究模具图纸，根据其结构特点和技术条件，制定合理的装配方案，并对提交的零件进行检查，除了必须符合设计图纸要求外，还应满足装配工序对各类零件提出的要求，检查无误方可按规定步骤进行装配。装配过程中，要合理选择检测方法及测量工具。

冲压模具装配工艺要点是：

（1）选择装配基准件。装配时，先要选择基准件。选择基准件的原则是按照模具主要零件加工时的依赖关系来确定。可以作为装配基准件的主要有凸模、凹模、凸凹模、导向板及固定板等。

（2）组件装配。组件装配是指模具在总装前，将两个以上的零件按照规定的技术要求连接成一个组件的装配工作。如模架的组装，凸模和凹模与固定板的组装，卸料与推件机构各零件的组装等。这些组件，应按照各零件所具有的功能进行组装，这将会对整副模具的装配精度起到一定的保证作用。

（3）总体装配。总装是将零件和组件结合成一副完整的模具的过程。在总装前，应选好装配的基准件和安排好上、下模的装配顺序。

（4）调整凸、凹模间隙。在装配模具时，必须严格控制及调整凸、凹模间隙的均匀性。间隙调整后，才能紧固螺钉及销钉。

调整凸、凹模间隙的方法主要有透光法、测量法、垫片法、涂层法、镀铜法等。

（5）检验、调试。模具装配完毕后。必须保证装配精度，满足规定的各项技术要求，并要按照模具验收技术条件，检验模具各部分的功能。在实际生产条件下进行试模，并按试模生产制件情况调整、修正模具，当试模合格后，模具加工、装配才算基本完成。

4. 冲压模具装配顺序确定

为了便于对模，总装前应合理确定上、下模的装配顺序，以防出现调整不便的情况。上、下模的装配顺序与模具的结构有关。一般先装基准件，再装其他件并调整间隙均匀。

不同结构的模具装配顺序说明如下。

（1）无导向装置的冲压模具。这类模具的上、下模，其间的相对位置是在压力机上安装时调整的，工作过程中由压力机的导轨精度保证，因此装配时，上、下模可以独立进行，彼此基本无关。

（2）有导柱的单工序模。这类模具装配相对简单。如果模具结构是凹模安装在下模座上，则一般先将凹模安装在下模上，再将凸模与凸模固定板装在一起，然后依据下模配装上模。

（3）有导柱的连续模。通常导柱导向的连续模都以凹模作为装配基准件（如果凹模是镶拼式结构，应先组装镶拼式凹模），先将凹模装配在下模座上，凸模与凸模固定板装在一起，再以凹模为基准，调整好间隙，将凸模固定板安装在上模座上，经试冲合格后，钻铰定位销孔。

有导柱的单工序模装配路线：

导套装配→模柄装配↘

模架→装配下模部分→装配上模部分→试模

导柱装配↗

（4）有导柱的复合模。复合模结构紧凑，模具零件加工精度较高，模具装配的难度较大，特别是装配对内孔、外形有同轴度要求的模具，更是如此。

复合模属于单工位模具。复合模的装配程序和装配方法相当于在同一工位上先装配冲孔模，然后以冲孔模为基准，再装配落料模。基于此原理，装配复合模应遵循如下原则：

① 复合模装配应以凸凹模作装配基准件。先将装有凸凹模的固定板用螺栓和销钉安装、固定在指定模座的相应位置上；再按凸凹模的内孔装配、调整冲孔凸模固定板的相对位置，使冲孔凸、凹模间的间隙趋于均匀，用螺栓固定；然后再以凸凹模的外形为基准，装配、调整落料凹模相对凸凹模的位置，调整间隙，用螺栓固定。

② 试冲无误后，将冲孔凸模固定板和落料凹模分别用定位销，在同一模座经钻铰和配钻、配铰销孔后，打入定位。

二、冲压模具的调试

模具按图纸技术要求加工与装配后，必须在符合实际生产条件的环境中进行试冲压生产，通过试冲可以发现模具设计与制造的缺陷，找出产生原因，对模具进行适当的调整和修理后再进行试冲，直到模具能正常工作，才能将模具正式交付生产使用。

1. 模具调试的目的

模具试冲、调整简称调试，调试的目的在于：

（1）鉴定模具的质量。验证该模具生产的产品质量是否符合要求，确定该模具能否交付生产使用。

（2）帮助确定产品的成形条件和工艺规程。模具通过试冲与调整，生产出合格产品后，可以在试冲过程中，掌握和了解模具使用性能、产品成形条件、方法和规律，从而对产品批量生产时的工艺规程制定提供帮助。

（3）帮助确定成形零件毛坯形状、尺寸及用料标准。在冷冲压模具设计中，有些形状复杂或精度要求较高的冲压成形零件，很难在设计时，精确地计算出变形前毛坯的尺寸和形状。为了要得到较准确的毛坯形状、尺寸及用料标准，只有通过反复试冲才能确定。

（4）帮助确定工艺和模具设计中的某些尺寸。对于形状复杂或精度要求较高的冲压成形零件，在工艺和模具设计中，有个别难以用计算方法确定的尺寸，如拉深模的凸、凹模圆角半径等，必须经过试冲，才能准确确定。

（5）通过调试，发现问题，解决问题，积累经验，有助于进一步提高模具设计和制造水平。

由此可见，模具调试过程十分重要，是必不可少的。但调试的时间和试冲次数应尽可能少，这就要求模具设计与制造质量过硬，最好一次调试成功。在调试过程中，合格冲压件数的取样一般应在 20~1 000 件之间。

2. 冲裁模的调试

模具调试，因模具类型不同、结构不同，可能出现的问题也不同，调试的内容也随之变化。

冲裁模调试要点：

（1）模具闭合高度调试。模具应与冲压设备配合好，保证模具应有的闭合高度和开启高度。

（2）导向机构的调试。导柱、导套要有好的配合精度，保证模具运动平稳、可靠。

（3）凸、凹模刃口及间隙调试。刃口锋利，间隙要均匀。

（4）定位装置的调试。定位要准确、可靠。

（5）卸料及出件装置的调试。卸料及出件要通畅，不能出现卡住现象。

冲裁模试冲时出现的问题和调整方法见表1-28。

表1-28 冲裁模试冲时出现的问题和调整方法

存在问题	产生原因	调整方法
送料不畅通或料被卡住	① 两导料板之间的尺寸过小或有斜度 ② 凸模与卸料板之间间隙过大，使搭边翻扭 ③ 用侧刃定距的级进模，导料板的工作面与侧刃不平行，或侧刃与侧刃挡块不密合，形成方毛刺	① 根据情况锉修或磨或重装 ② 减小凸模与卸料板之间间隙 ③ 重装导料板，修整侧刃挡块，消除间隙
制件有毛刺	① 刃口不锋利或淬火硬度低 ② 配合间隙过大或过小 ③ 间隙不均匀使冲件的一边有显著的带斜角的毛刺	刃磨刀口，使其锋利；调整凸、凹模之间间隙，使其均匀一致
制件不平	① 凹模有倒锥度 ② 顶料杆和工件接触面过小 ③ 导正销与预冲孔配合过紧，将冲件压出凹陷	① 修正凹模 ② 更换顶料杆，增加与工件接触面积 ③ 修正导正销，保持与导入孔成动配
内孔与外形位置不正，成偏立情况	① 挡料钉位置不正 ② 落料凸模上导正销尺寸过小 ③ 导料板与凹模送料中心线不平行，使孔偏斜 ④ 侧刃定距不准	① 修正挡料钉 ② 更换导正销 ③ 修正导料板 ④ 修磨或更换侧刃
刃口相啃（咬）	① 上模座、下模座、固定板、凹模、垫板等零件安装面不平行 ② 凸模、导柱等零件安装不垂直 ③ 卸料板的孔位不正确或歪斜，使冲孔凸模移位 ④ 凸、凹模相对位置没有对正 ⑤ 导柱、导套配合间隙过大，使导向不正	① 修正有关零件，重新装上模或下模 ② 重装凸模或导柱，保持垂直 ③ 修正或更换卸料板 ④ 调整凸，凹模，使其对正并保持间隙均匀 ⑤ 更换导柱或导套
卸料不正常	① 弹簧或橡皮的弹力不足 ② 凹模和下模座的漏料孔没有对正，料被堵死而排不出来 ③ 由于装配不正确，使卸料机构不能动作，如卸料板与凸模配合过紧或卸料板装配后有倾斜现象而卡紧凸模	① 更换弹簧或橡皮 ② 修正漏料孔 ③ 修正卸料板
凹模被胀裂	凹模孔有倒锥现象，即上口大，下口小。或凹模刃口深度太长，积存的件数太多，胀力太大	修正凹模刃口，消除倒锥现象或减小凹模刃口长度，使冲下的件尽快漏下

项目小结

➢ **核心概念**

通过本项目的学习可以进行简单件的工艺计算、工艺方案制定和单工序模具设计。熟练掌握刃口尺寸计算原则和方法；排样设计；冲压力与压力中心计算。

➢ **双基训练**

1. 什么是冲裁间隙？冲裁间隙对冲裁有哪些影响？

2. 冲孔工序与落料工序中，凸、凹模的刃口尺寸计算应如何区别对待？

3. 为何要计算压力中心？

4. 冲裁模主要包括哪些零件？

5. 定位零件的作用及基本形式是什么？

6. 模架有几种形式？结构特点如何？

7. 凹模镶块结构的固定方法有几种？

➢ **实训演练**

8. 如习题图1.1所示零件，材料为Q235，料厚为2 mm。试确定冲裁凸、凹模的刃口尺寸。并计算冲压力，确定压力机公称压力。

9. 如习题图1.2所示零件，材料为D42硅钢板，料厚为0.35 mm，用配作加工方法，试确定落料凸、凹模的刃口尺寸。

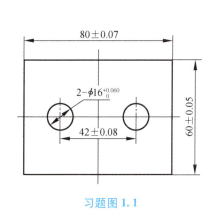

习题图 1.1

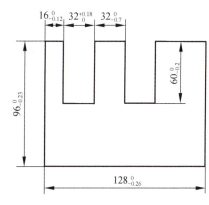

习题图 1.2

➢ **双基训练参考答案**

1. 答：冲裁模凸、凹模刃口部分尺寸之差称为冲裁间隙。

冲裁间隙的大小对冲裁件的断面质量、冲裁力、模具寿命等影响很大，所以冲裁间隙是冲裁模设计中一个很重要的工艺参数。

2. 答：落料件的外径尺寸等于凹模的内径尺寸，冲孔件的内径尺寸等于凸模的外径尺寸。故落料模应以凹模为设计基准，再按间隙值确定凸模尺寸；冲孔模应以凸模为设计基准，再按间隙值确定凹模尺寸。

3. 答：在设计冲裁模时，其压力中心要与冲床滑块中心相重合，否则冲压模具在工作中就会产生偏弯矩，使冲压模具发生歪斜，从而会加速冲压模具导向机构的不均匀磨损，冲裁间隙得不到保证，刃口迅速变钝，将直接影响冲裁件的质量和模具的使用寿命，同时冲床导轨与滑块之间也会发生异常磨损。冲压模具压力中心的确定，对大型复杂冲压模具、无导柱冲压模具、多凸模冲孔及多工序连续模冲裁尤为重要。因此，在设计冲压模具时必须确定模具的压力中心，并使其通过模柄的轴线，从而保证模具压力中心与冲床滑块中心重合。

4. 答：各种结构的冲裁模，一般都是由工作零件（包括凸模、凹模）、定位零件（包括挡料销、导尺等）、卸料零件（如卸料板）、导向零件（如导柱、导套）和安装固定零件（包括上下模座、垫板、凸凹模固定板）、紧固件及其他（螺钉和定位销）等6种基本零件组成。

5. 答：模具上定位零件的作用是使毛坯在模具上能够正确定位。毛坯在模具中的定位有两个内容：一是在送料方向上的定位，用来控制送料的进距，通常称为挡料；二是在与送料方向垂直方向上的定位，通常称为送进导向。

6. 答：后侧导柱模座、对角导柱模座、中间导柱模座、四导柱模座、后导柱窄形模座、三导柱模座。

后侧导柱模座。两个导柱装在后侧，可以三面送料，操作方便，但冲压时容易引起偏心矩而使模具歪斜。因此，适用于冲压中等精度的较小尺寸冲压件的模具，大型冲压模具不宜采用此种形式。

对角导柱模座。两个导柱装在对角线上，便于纵向或横向送料。由于导柱装在模具中心对称位置，冲压时可防止由于偏心力矩而引起的模具歪斜。适用于在快速行程的冲床上，冲制一般精度冲压件的冲裁模或级进模。

中间导柱模座。适用于横向送料和由单个毛坯冲制的较精密的冲压件。

四导柱模座。四个导柱冲压模具的导向性能最好，适用于冲制比较精密的冲压件。

后导柱窄形模座。用于冲制中等尺寸冲压件的各种模具。

三导柱模座。用于冲制大尺寸冲压件。

7. 答：有三种，即：平面固定式、嵌入固定式、压入固定式。

项目 2

防尘罩冲孔模设计及
主要零部件加工

能力目标

1. 具备简单件工艺计算能力
2. 熟悉冲压单工序模具典型结构
3. 具备冲孔件冲压工艺与模具设计的能力
4. 具备简单模具零件的加工能力

知识目标

1. 模具结构选择
2. 压力机选择
3. 刃口尺寸计算原则和方法
4. 零部件选择与设计
5. 绘制模具图
6. 零部件的工艺编制及加工方法

教师需要的能力

1. 能根据教学法设计教学情境
2. 能按照设计的教学情境实施教学
3. 能够正确、及时处理学生出现的问题
4. 具有实际操作和指导能力
5. 设计、组织加工全过程的能力

学生的基础

1. 具有识图及绘图能力
2. 通用机床零件加工能力
3. 能够为模具的不同零部件选择合适的模具材料
4. 能够正确标注模具的零件图和装配图能力
5. 具有模具结构基本知识
6. 能够完成简单零部件的加工能力

教学方法建议

1. 宏观：项目教学法
2. 微观："教、学、做"一体化

设计准备

1. 设计前应预先准备好设计资料、手册、图册、绘图用具、图纸、说明书用纸

2. 认真研究任务书及指导书，分析设计题目的原始图样、零件的工作条件，明确设计要求及内容

设计任务单

任务名称	防尘罩冲孔模设计
任务描述	零件名称：防尘罩 生产批量：大批量 材料：08钢 材料厚度：2 mm 工作简图：如右图所示 防尘罩
设计内容	冲压工艺性分析，工艺方案制定，冲压力计算及压力中心的确定，刃口尺寸计算，凸模、凹模或凸凹模结构设计，绘制模具装配图和工作零件图，编写设计说明书。

续表

任务名称	防尘罩冲孔模设计		
设计要求	1. 单独加工法计算凸、凹模刃口尺寸 2. 计算冲压力，选择压力机 3. 绘制模具总装图，凸、凹模零件图等		
任务评价表	考核项目	评价标准	分数
	考勤	无迟到、旷课或缺勤现象	10
	零件图	零部件设计合理	20
	装配草图	装配图结构合理	10
	正式装配图	图纸绘制符合国家标准	30
	设计说明书	工艺分析全面，工艺方案合理，工艺计算正确	20
	设计过程表现	团队协作精神，创新意识，敬业精神	10
	总分		100

本项目为进程性考核，设计结束后学生上交整套设计资料。

任务 2.1　防尘罩工艺性分析及工艺方案确定

【目的要求】掌握冲压工艺性分析，工艺方案确定。

【教学重点】能够进行简单件工艺性分析。

【教学难点】尺寸精度分析。

【教学内容】防尘罩的工艺分析。

　知识链接

一、零件工艺性分析

结构：该制件为无特殊要求的一般圆形简单冲孔件。

材料：08 碳素结构钢，具有良好冲压性能，抗剪强度 $\tau_b = 255 \sim 353$ MPa，取 $\tau_b = 300$ MPa。

尺寸精度：对于所冲小孔 $\phi 5$ mm，按表 1-2 查得，一般冲孔模对该种材料可以冲压的最小孔径为 $d \geqslant t$，$t = 2$ mm，因而 $\phi 5$ mm 孔符合工艺要求。

对于孔心距 35 mm ± 0.15 mm，按表 1-4 查得，一般精度模具可达到的两孔中心距离公差为 ± 0.12 mm，因而符合尺寸精度工艺要求。

由设计任务单中防尘罩设计图可知，最小孔边距为：$b \geqslant 3$ mm，$b_1 \geqslant 2$ mm。零件上各孔的孔边距均大于最小孔边距。

以上各项分析，均符合冲裁工艺要求，故可采用多孔冲裁模进行加工。由于尺寸未注公差，属于自由尺寸，按 IT14 级确定工件的公差。

二、工艺方案的确定

制定工艺方案，首先在工艺分析的基础上，确定冲压件的总体工艺方案，然后确定冲压加工工艺方案。它是制定冲压件工艺过程的核心。

在确定冲压加工工艺方案时，先决定制件所需要的基本工序性质、数目、顺序，再将其排列组合成若干种方案，最后对各种可能的工艺方案分析比较，综合其优缺点，选出一种最佳方案。

在进行方案分析比较时，应考虑制件精度、生产批量、工厂条件、模具加工水平及工人操作水平等诸方面因素，有时还需要进行一些必要的工艺计算。

冲裁工序的组合：

（1）根据生产批量来确定。

（2）根据冲裁件尺寸和精度等级来确定。

（3）根据对冲裁件尺寸形状的适应性来确定。

（4）根据模具制造、安装、调整的难易和成本的高低来确定。

（5）根据操作是否方便与安全来确定。

 任务结论

（1）工序性质：落料，拉深，冲孔。根据变形特点，对于带孔的拉深件，尤其是 $\phi5$ mm 孔到直壁的距离较近，一般应先拉深后冲孔。因此，本例所设计的模具为在落料和拉深之后使用的冲孔模。

（2）组合程度：

① 单序模：先落料，后拉深再冲孔。

② 复合模：落料—拉深复合冲压，最后冲孔。

③ 级进模：落料—拉深级进模，最后冲孔，切断。

方案① 模具结构简单，但需三道工序，三副模具，生产率太低。

方案② 只需两副模具，冲压件的形位精度和尺寸精度容易保证，模具制造并不困难，因为该制件的几何形状简单。

方案③ 也只需要两副模具，生产率也很高，但零件的冲压精度差，由于制件有孔心距的要求，故该模具较复合模复杂。

通过对上述三种方案的比较，该件的生产采用第二种方案为佳，落料拉深复合模，多凸模冲孔单序模。

任务 2.2　防尘罩模具结构及压力中心确定

【目的要求】具备冲压力计算及确定压力中心的能力。

【教学重点】能够确定压力中心。

【教学难点】压力中心计算。

【教学内容】防尘罩模具结构压力中心确定。

　知识链接

为了实现小设备冲裁大制件，或使冲裁过程平稳以减少压力机振动，降低冲裁力是必要的，目前常用下列方法来降低冲裁力。

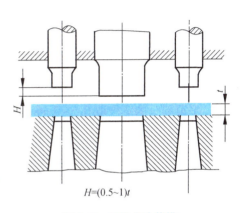

图 2-1　阶梯式冲裁模

1. 阶梯凸模冲裁

在多凸模的冲压模具中，将凸模设计成不同高度，采用工作端面呈阶梯式布置，如图 2-1 所示，这样，各凸模冲裁力的最大峰值不同时出现，以此降低总的冲裁力。

在几个凸模直径相差较大、相距又很近的情况下，为避免小直径凸模由于承受材料流动的侧压力而产生折断或倾斜现象，应该采用阶梯布置，即将小凸模做短一些。

凸模间的高度差 H 与板料厚度有关，即

$$t < 3 \text{ mm 时} \quad H = t$$

$$t > 3 \text{ mm 时} \quad H = 0.5t$$

阶梯凸模冲裁的冲裁力，一般只按产生最大冲裁力的那一个阶梯进行计算。

2. 斜刃冲裁

采用平刃口模具冲裁，沿刃口整个周边同时冲切材料，所以冲裁力较大。若将凸模（或凹模）刃口做成斜刃，则冲裁时整个刃口不是与冲裁件周边同时切入，而是逐步地将材料切离，使剪切的断面面积减少，因而能显著降低冲裁力。

各种斜刃的形式如图 2-2 所示。斜刃配置的原则是：必须保证制件平整，只允许废料发生弯曲变形。因此，落料时凸模应为平刃，将凹模作成斜刃，如图 2-2（a）、（b）所示。冲孔时则凹模应为平刃，凸模为斜刃，如图 2-2（c）、（d）、（e）所示。斜刃还应当对称布置，以免冲裁时模具承受单向侧压力而发生偏移，啃伤刃口，如图 2-2（a）~（e）所示。向一边斜的斜刃，只能用于切舌或切开，如图 2-2（f）所示。斜刃模具用于大型制件冲裁时，一般把斜刃布置成多个波峰的形式。

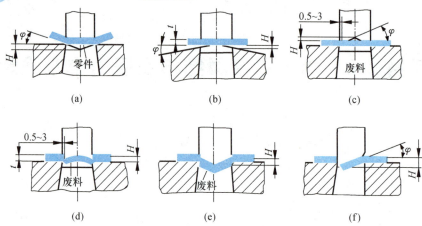

图 2-2　各种斜刃的形式

（a）、（b）落料模；（c）、（d）、（e）冲孔模；（f）切舌模

斜刃主要参数的设计：斜刃角 φ 值和斜刃高度 H 与板料厚度有关，一般可按表 2-1 选用，平刃部分的宽度取 0.5~3 mm，如图 2-2 所示。

表 2-1　斜刃高度 H 和斜刃角 φ 值

板料厚度 t/mm	H	φ/（°）
<3	$2t$	<5
3~10	t	<8

斜刃冲裁力可用下列简化公式计算：

$$F_{斜} = K_{斜} Lt\tau_0 \tag{2-1}$$

式中　$K_{斜}$——降低冲裁力系数，与斜刃高度 H 有关。当 $H = t$ 时，$K_{斜} = 0.4~0.6$；当 $H = 2t$ 时，$K_{斜} = 0.2~0.4$。

斜刃冲裁的优点是降低冲裁力，使冲裁过程平稳。其缺点是模具制造难度大，刃口易磨损，修磨也困难，冲件易翘曲，所以不适于冲裁外形复杂的冲件，因此在一般情况下尽量不用，只适用于大型冲压件或厚板料的冲裁。广泛应用于汽车、拖拉机行业中大型覆盖件的落料、切边工序中。

应当指出的是，斜刃冲裁或阶梯凸模冲裁，冲裁力虽然降低了，但所做的冲裁功并没减少，因为冲裁力降低的同时，冲裁行程却增长了。

3. 加热冲裁

材料加热后，抗剪强度大大地降低，从而使冲裁力降低。冲裁力的计算和平刃冲裁力计算一样，但材料的抗剪强度 τ_0 应取冲裁温度时的数值，冲裁温度一般比加热温度低150 ℃~200 ℃。表 2-2 所示为钢在加热状态时的抗剪强度。

表 2-2　钢在加热状态时的抗剪强度 τ_0

材料　＼　加热温度/℃	200	500	600	700	800	900
Q195、Q215、10、15/MPa	360	320	200	110	60	30

加热温度/℃ 材料	200	500	600	700	800	900
Q235、255、20、25/MPa	450	450	240	130	90	60
Q275、30、35/MPa	530	520	330	160	90	70
40、45、50/MPa	600	580	380	190	90	70

采用加热冲裁编制工艺时，条料不宜太长，搭边应适当放大，特别要注意冲裁材料的氧化、脱碳以及冲件冷却时的变形等问题，制定合理的加热规范和冷却规范。

设计模具时，凸、凹模等工作零件应选用热冲压模具材料，受热部分不能放置橡皮等，刃口尺寸应考虑冲裁件的冷缩，应适当减少冲裁间隙。

加热冲裁一般只适用于厚板或表面质量及精度要求不高的零件。

 任务结论

1. 确定模具结构

导向：导柱、导套式　　　　滑动式→中间导柱模架

卸料：弹性卸料　　　　冲孔出料：下出料

定位：定位圈

2. 计算冲裁力，初选压力机规格

该制件采用弹性卸料装置和下出料方式的冲裁模。

（1）冲裁力。

为降低冲裁力，提高模具寿命，将多凸模做阶梯形布置，小孔 $4 \times \phi 5$ mm 做得短些，大孔 $3 \times \phi 18$ mm 和 25 mm $\times R5$ mm 长槽做得长些。其小孔层和大孔层的高度差 $H = t = 2$ mm。

小孔层：　　　　$F_1 = Lt\sigma_b = 62.8$ mm $\times 2$ mm $\times 380$ MPa $= 47.7 \times 10^3$ N

大孔层：　　　　　$L = 3\pi \times 18 + 2 \times (\pi \times 5 + 25) = 251$ （mm）

$$F_2 = 251 \text{ mm} \times 2 \text{ mm} \times 380 \text{ MPa} = 191 \times 10^3 \text{ N}$$

$$F = F_1 + F_2 = 238.7 \times 10^3 \text{ N}$$

因为　　　　　　　　　　　　$F_2 > F_1$

所以，选择冲床时的冲裁力为 F_2。

（2）卸料力。

$$F_{卸} = K_{卸} F$$

查表 1-12，取 $K_{卸} = 0.05$。

故　　　　　　　$F_{卸} = 0.05 \times 238.7 \times 10^3 = 11.9 \times 10^3$ （N）

选择图 1-18（d）的凹模刃口形式，取 $h = 6$ mm，则 $n = h/t = 6$ mm/2 mm $= 3$ 个

查表 1-11，取 $K_{推} = 0.05$。

故　　　　　　　$F_{推} = 3 \times 0.05 \times 238.7 \times 10^3 = 35.8 \times 10^3$ （N）

选择冲床时的总冲压力为：

$$F_{总} = F_2 + F_{卸} + F_{推} = 238.7 \text{ kN}$$

$$F_{公称压力} = 1.3F_{总} = 310.31\ kN$$

③ 确定模具压力中心。确定多凸模模具的压力中心，是将各凸模的压力中心确定后，再计算模具的压力中心。

画出工件形状，把冲裁周边分成基本线段，并选定工件几何中心为坐标原点，计算如下：

$l_1 = 5\pi = 15.7$	$x_1 = -29$	$y_1 = -16$
$l_2 = 15.7$	$x_2 = 20$	$y_2 = -23$
$l_3 = 15.7$	$x_3 = 24$	$y_3 = 23$
$l_4 = 15.7$	$x_4 = -20$	$y_4 = 23$
$l_5 = 18\pi = 56.52$	$x_5 = 0$	$y_5 = 25$
$l_6 = 56.52$	$x_6 = -17.5$	$y_6 = 3$
$l_7 = 56.52$	$x_7 = 17.5$	$y_7 = 3$
$l_8 = 81.4$	$x_8 = 0$	$y_8 = -15$

$$x_e = \frac{l_1x_1 + l_2x_2 + \cdots + l_8x_8}{l_1 + l_2 + \cdots + l_8} = -0.25\ mm$$

$$y_c = \frac{l_1y_1 + l_2y_2 + \cdots + l_8y_8}{l_1 + l_2 + \cdots + l_8} = 2.04\ mm$$

初选压力机型号 J23-100 公称压力 1 000 kN。

任务 2.3　防尘罩模具刃口尺寸计算及模具图绘制

【目的要求】具备用分开加工法计算刃口尺寸的能力。

【教学重点】计算刃口尺寸。

【教学难点】计算刃口尺寸。

【教学内容】防尘罩模具刃口尺寸计算及模具图绘制。

　知识链接

计算凸、凹模刃口尺寸重要性：凸模和凹模的刃口尺寸和公差，直接影响冲裁件的尺寸精度。模具的合理间隙值也靠凸、凹模刃口尺寸及其公差来保证。

一、凸模结构形式与固定方法

凸模的结构形式，主要根据冲裁件的形状和尺寸而定。并结合加工及装配工艺等生产实际确定。虽然生产中实际使用的凸模结构形式很多，但按其截面形状可分为圆形和非圆形；

按其刃口形状可分为平刃凸模和斜刃凸模；根据其结构可分为整体式、镶拼式、阶梯式、直通式和带护套式等。

凸模在上模板的正确固定应该是既要保证凸模生产时可靠和良好的稳定性，还要使凸模的更换和维修方便。常用的固定方法有台肩固定、铆拉、螺钉和销钉固定、浇注固定法。

1. 圆形凸模

根据国家标准规定，圆形凸模包括以下三种形式，如图 2-3 所示：图 2-3（a）为较大直径的凸模；图 2-3（b）为较小直径的凸模，它们适用于冲裁力和卸料力大的场合；图 2-3（c）为快换式的小凸模，维修更换方便。台阶式的凸模装配、修磨方便，强度、刚性较好，工作部分的尺寸由计算求得；与凸模固定板按过渡配合（M6）；最大直径的作用是形成台肩，以便固定，保证工作时凸模不被拉出。

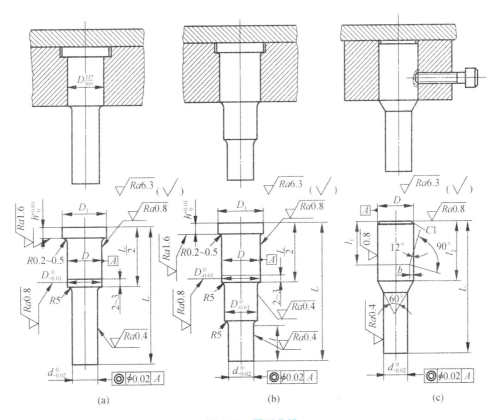

图 2-3 圆形凸模

（a）较大直径的凸模；（b）较小直径的凸模；（c）快换式的小凸模

2. 非圆形凸模

非圆形凸模在实际生产中应用广泛，如图 2-4 所示。与凸模固定板配合的固定部分可做成圆形或矩形，如图 2-3（a）、（b）所示。如图 2-4（c）所示，是直通式凸模。如采用线切割加工或成形设备加工时，固定部分和工作部分的尺寸应一致，可做成截面形状复杂的凸模，此种结构应用广泛。

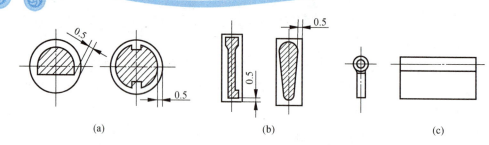

图 2-4　非圆形凸模

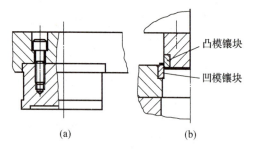

图 2-5　大、中形凸模

（a）大、中形整体式凸模；（b）大、中形镶拼式凸模

3. 大、中形凸模

如图 2-5 所示，大、中形冲裁凸模可分为整体式和镶拼式两种，图 2-5（a）所示凸模属于大、中形整体式，直接采用螺钉、销钉固定；图 2-5（b）所示凸模属于镶拼式，既可以节省模具材料的用量，又便于锻造、热处理和机加工，因此，大型凸模多采用这种结构形式。

4. 冲小孔凸模

小孔一般是指孔径 d 小于被冲板料厚度或直径 $d<1$ mm 的圆孔和面积 $A<1$ mm^2 的异型孔。其结构工艺性要求远远超过了一般冲孔零件。

冲小孔所用凸模一般强度、刚度差，易于弯曲和折断，为提高其使用寿命，就必须采取一定措施提高它的强度和刚度。其方法如图 2-6 所示。

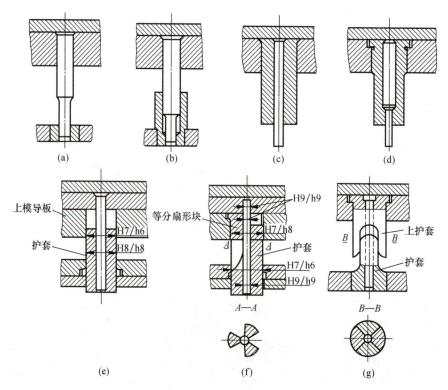

图 2-6　冲小孔凸模

冲小孔凸模及其导向结构形式有两种，即局部导向和全长导向。如图 2-6（a）、（b）所示为局部导向结构，用于导板模和利用弹性卸料板对凸模进行导向的模具上，其导向效果不如全长导向结构。图 2-6（c）、（d）所示实际上也是局部导向结构，它们是以一种简单的凸模护套保护凸模。图 2-6（e）～（g）所示基本上是全长导向，其护套装在卸料板或导板上。在工作过程中始终不离上模导板、等分扇形块或上护套。模具处于闭合状态，护套上端也不碰到凸模固定板。当上模下压时，护套相对上滑，凸模从护套中相对伸出进行冲孔。这种结构避免了卸料板的水平方向摆动，从而避免了凸模受到侧压力，防止凸模的弯曲和折断。图 2-6（f）所示为具有三个等分扇形槽的护套，可在固定的三个等分扇形块中滑动，使凸模始终处于三向导向与保护之中，导向保护效果较图 2-6（e）好，但结构较复杂，制造困难。而图 2-6（g）结构较简单，导向效果也较好。

5. 凸模的长度

对采用弹性卸料板的冲裁模，其凸模的长度应根据模具的具体结构确定；采用固定卸料板的冲裁模，基本结构如图 2-7 所示。

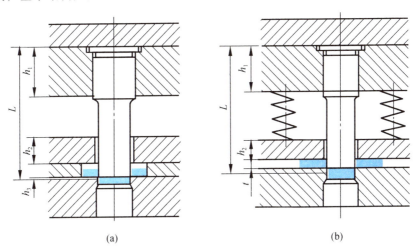

(a)　　　　　　　　(b)

图 2-7　凸模长度

（a）采用固定卸料板的冲裁模；（b）采用弹性卸料板的冲裁模

当采用固定卸料板和导料板时，其凸模长度按下式计算：

$$L = h_1 + h_2 + h_3 + h \tag{2-2a}$$

当采用弹性卸料板时，其凸模长度按下式计算：

$$L = h_1 + h_2 + t + h \tag{2-2b}$$

式中　h_1——凸模固定板厚度，mm；

　　　h_2——卸料板的厚度，mm；

　　　h_3——导尺的厚度，mm。

式中 h 为 15~20 mm，包括凸模进入凹模的深度、凸模修磨量、冲压模具在闭合状态下卸料板到凸模固定板间的距离。一般应根据具体结构再加以修正。

二、凸模强度与刚度的校核

在一般情况下，凸模的强度与刚度是足够的，所以不用进行强度与刚度计算。但是对于特别细长的凸模或板料厚度较大的情况下，应进行压应力和弯曲应力的校核，检查其危险断面尺寸和自由长度是否满足强度与刚度的要求。

1. 应力的校核

凸模承压能力按下式校核：

$$\sigma = \frac{F_\text{压}}{S_\text{min}} \leqslant [\sigma_\text{压}] \qquad (2-3)$$

式中　σ——凸模最小截面的压应力，MPa。

　　　$F_\text{压}$——凸模纵向所承受的压力，它包括冲裁力和推件力（或顶件力），N；

　　　$[\sigma_\text{压}]$——凸模材料的许用抗压强度，MPa；

　　　S_min——凸模最小截面的面积，mm^2。

$[\sigma_\text{压}]$的大小取决于凸模材料、热处理和模具的结构。对于T8A、T10A、Cr12MoV、GCr15等工具钢，淬火硬度为58~62HRC时，可取$[\sigma_\text{压}] = (1.0 \sim 1.6) \times 10^3$ MPa；如果凸模有特殊导向，可取$[\sigma_\text{压}] = (2 \sim 3) \times 10^3$ MPa。

由式（2-3）可得

$$S_\text{min} \geqslant \frac{F_\text{压}}{[\sigma_\text{压}]} \qquad (2-4)$$

对于圆形凸模，当推件力或顶件力为零时

$$d_\text{min} \geqslant \frac{4t\tau_\text{b}}{[\sigma_\text{压}]} \qquad (2-5)$$

式中　d_min——凸模最小直径，mm；

　　　t——料厚，mm；

　　　τ_b——材料的抗剪强度，MPa。

设计时可按式（2-4）或式（2-5）校核，也可查表2-3。表2-3所示为当$[\sigma_\text{压}] = (1.0 \sim 1.6) \times 10^3$ MPa时计算得到的最小相对直径$(d/t)_\text{min}$。

表2-3　凸模允许的最小相对直径$(d/t)_\text{min}$

冲压材料	抗剪强度 τ_b/MPa	$(d/t)_\text{min}$	冲压材料	抗剪强度 τ_b/MPa	$(d/t)_\text{min}$
低碳钢	300	0.75~1.20	不锈钢	500	1.25~2.00
中碳钢	450	1.13~1.80	硅钢片	190	0.48~0.76
黄铜	260	0.65~1.04			

注：表值为按理论冲裁力计算结果，若考虑实际冲裁力应增加30%时，则用1.3乘表值。

2. 弯曲应力的校核

根据凸模在冲裁过程中的受力情况，可以把凸模看作压杆（见图2-7），所以，凸模不发生失稳纵弯曲的最大冲裁力可以用欧拉极限力公式确定。根据欧拉公式并考虑安全系数，可得凸模允许的最大压力为：

$$F_{max} = \frac{\pi^2 E I_{min}}{n\mu^2 l_{max}^2} \qquad (2-6)$$

凸模纵向实际总压力应小于允许的最大压力，即

$$F_{压} \leqslant F_{max} \qquad (2-7)$$

由式（2-6）和式（2-7）可得，凸模不发生纵弯曲的最大长度为：

$$l_{max} \leqslant \sqrt{\frac{\pi^2 E I_{min}}{n\mu^2 F_{压}}} \qquad (2-8)$$

式中　F_{max}——凸模允许的最大压力，N；

　　　$F_{压}$——凸模所受的总压力，N；

　　　E——凸模材料的弹性模量，对于模具钢，$E = 2.2 \times 10^5$，MPa；

　　　I_{min}——凸模最小截面（即刃口直径截面）的惯性矩，对于圆形凸模，$I_{min} = \pi d^4 / 64$，mm^4；

　　　n——安全系数，淬火钢取 $n = 2 \sim 3$；

　　　l_{max}——凸模最大允许长度，mm；

　　　μ——支承系数。

当凸模无导向时，如图 2-8（a）、（b）所示，可视为一端固定一端自由的压杆，取 $\mu = 2$；当凸模有导向时，如图 2-8（c）、（d）所示，可视为一端固定另一端绞支的压杆，取 $\mu = 0.70$。

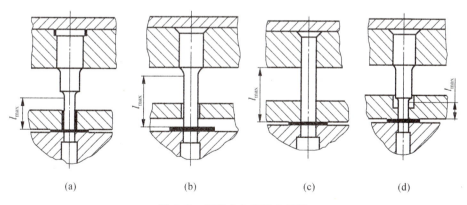

（a）　　　　　　（b）　　　　　　（c）　　　　　　（d）

图 2-8　无导向与有导向凸模

（a）、（b）无导向凸模；（c）、（d）有导向凸模

把上述 n、μ、E 值代入式（2-8），可以得到一般截面形状的凸模不发生失稳纵弯曲的最大允许长度如下：

有导向的凸模

$$l_{max} \leqslant 1\,200 \sqrt{\frac{I_{min}}{F_{压}}} \ (mm) \qquad\qquad (2-9)$$

无导向的凸模

$$l_{max} \leqslant 425 \sqrt{\frac{I_{min}}{F_{压}}} \ (mm) \qquad\qquad (2-10)$$

把圆形凸模刃口直径的惯性矩代入式（2-9）和式（2-10），可得圆形截面的凸模不发生失稳纵弯曲的极限长度为：

有导向的凸模

$$l_{max} \leqslant 270 \frac{d^2}{\sqrt{F_{压}}} \ (mm) \qquad\qquad (2-11)$$

无导向的凸模

$$l_{max} \leqslant 95 \frac{d^2}{\sqrt{F_{压}}} \ (mm) \qquad\qquad (2-12)$$

上述各式中单位：I 为 mm^4；d 为 mm；$F_{压}$ 为 N；l_{max} 为 mm。

如果由于模具结构的需要，凸模的长度大于极限长度，或凸模工作部分直径小于允许的最小值，就应采用凸模加护套等办法加以保护。实际生产中考虑到模具制造、刃口利钝、偏载等因素的影响，即使凸模长度不大于极限长度，为保证冲裁工作的正常进行，有的也采取保护措施。

 任务结论

1. 凸、凹模刃口尺寸及公差

据表 1-13 查得间隙值 $Z_{min} = 0.246$，$Z_{max} = 0.36$

据表 1-17 查得凸、凹模的制造公差 $\delta_{凸} = 0.02$，$\delta_{凹} = 0.02$

校核：$Z_{max} - Z_{min} = 0.114$　$\delta_{凸} + \delta_{凹} = 0.04$

满足 $Z_{max} - Z_{min} \geqslant \delta_{凸} + \delta_{凹}$ 的条件，可采用凸、凹模分开加工的方法。

对零件图中未注公差的尺寸，由书末附录查出其极限偏差：$\phi5^{+0.3}_{0}$，$\phi18^{+0.43}_{0}$，$R5^{+0.3}_{0}$。

查表 1-16 得因数 x：

$\phi5\,mm$ 孔　$x = 0.5$

$\phi18\,mm$ 孔　$x = 0.5$

$R5\,mm$ 槽　$x = 0.75$

凸模刃口尺寸的计算：

$$d_{凸} = (d_{min} + x\Delta)^{0}_{-\delta_{凸}}$$
$$\phi5_{凸} = (5 + 0.5 \times 0.3)^{0}_{-0.02}\,mm = 5.15^{0}_{-0.02}\,mm$$
$$\phi18_{凸} = (18 + 0.5 \times 0.43)^{0}_{-0.02}\,mm = 18.22^{0}_{-0.02}\,mm$$

$$R5_{凸} = (5 + 0.75 \times 0.3)_{-0.02}^{0}\,mm = 5.23_{-0.02}^{0}\,mm$$

凹模刃口尺寸的计算：

$$d_{凹} = (d_{凸} + Z_{min})_{0}^{+\delta_{凹}}$$

$$\phi5_{凹} = (5.12 + 0.22)_{0}^{+0.02}\,mm = 5.366_{0}^{+0.02}\,mm$$

$$\phi18_{凹} = (18.22 + 0.22)_{0}^{+0.02}\,mm = 18.366_{0}^{+0.02}\,mm$$

$$R5_{凹} = (5.23 + 0.246)_{0}^{+0.02}\,mm = 5.476_{0}^{+0.02}\,mm$$

2. 凸模和凹模的结构设计

凸模 $\phi5.15_{-0.02}^{0}$ 比较细长，应进行压应力和弯曲应力校核，检查危险断面尺寸和自由长度是否满足强度要求。即：

按式（2-5）

$$d_{min} \geqslant \frac{4t\tau}{[\sigma_{压}]} = \frac{4 \times 2 \times 300}{1\,400} \approx 1.7(mm)$$

最小凸模直径 5.12 > 1.7，故满足强度要求。

按式（2-12）

$$l_{max} \leqslant 95\frac{d^2}{\sqrt{F}} = 95 \times \frac{5^2}{\sqrt{11\,932}} \approx 22(mm)$$

可见，允许的凸模最大自由长度 22 mm 满足不了模具的结构尺寸要求，故利用卸料板对凸模加以保护。

按式（2-11）

$$l_{max} \leqslant 270\frac{d^2}{\sqrt{F}} = 270 \times \frac{5^2}{\sqrt{11\,932}}\,mm \approx 62\,mm$$

当模具总体设计使该凸模的自由长度小于 62 mm 时，即可满足其弯曲强度要求。

凹模的外形尺寸：由于冲压件的 $\phi5$ mm 孔边与拉深侧壁的距离较近，为了保证凹模有足够的强度，而采用拉深件口部朝上放置，因此凹模的外形尺寸仍可按常规进行设计。参考式（1-36）和式（1-37）并根据模具结构，取凹模厚度 $H = 25$ mm，凹模壁厚 $c = 50$ mm。凹模上各孔中心距的制造公差应比工件精度高 2~3 级（零件图中未注公差的孔中心距由书末附录查其极限偏差），凹模的零件简图如图 2-9 所示。

3. 模具总体设计及主要零部件设计

定位板 5 对冲压件起定位作用。弹性卸料板 7 上有与 $\phi5$ mm 凸模相配合的导向孔，并在卸料板两侧装有两导套 6 与导柱 9 配合，因此该卸料板除了起卸料作用外，在冲孔时还对压件和小凸模起到保护作用。冲出的废料可通过凹模的内孔从冲床台面孔漏下。

卸料橡胶的设计计算：橡胶的自由高度为

$$H_{自由} = (3.5 \sim 4)s_{工作}$$

其中，$s_{工作} = t + 1 + 修磨量 = 2\,mm + 1\,mm + 5\,mm = 8\,mm$。

故 $H_{自由} = 28 \sim 32$ mm

橡胶的装配高度为

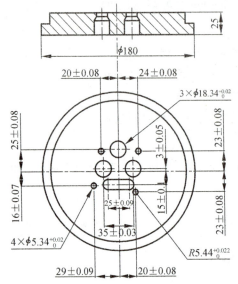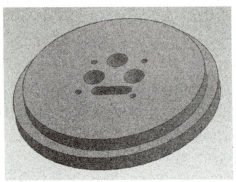

图 2-9　凹模零件图

$$H_2 = (0.85 \sim 0.9)H_{自由} \approx 25 \text{ mm}$$

本模具选用适合于单个毛坯冲裁的中间导柱标准模架。这种模架的导柱装在模具中心对称位置，冲压时可防止由于偏心力矩而引起的模具歪斜，并且便于在卸料板上安装导套。

上模座 $L/\text{mm} \times B/\text{mm} \times H/\text{mm} = 200 \times 200 \times 45$

下模座 $L/\text{mm} \times B/\text{mm} \times H/\text{mm} = 200 \times 200 \times 50$

导柱 $d/\text{mm} \times L/\text{mm} = 35 \times 160$

导套 $d/\text{mm} \times L/\text{mm} \times D/\text{mm} = 35 \times 105 \times 43$

模架闭合高度：$170 \sim 210 \text{ mm}$

垫板厚度取 10 mm

凸模固定板厚度取 18 mm

橡胶的装配高度为 25 mm

卸料板厚度取 28 mm

模具的闭合高度为

$$H_{模} = 45 + 10 + 18 + 25 + 28 + 2 + 25 + 50 = 203(\text{mm})$$

凸模的自由长度为

$$L = 25 + 28 + 2 + 1 + 5 = 61(\text{mm})$$

其中，凸模进入凹模的深度为 1 mm；凸模的修磨量为 5 mm。凸模的零件简图如图 2-10 所示。

因为 $L < l_{max} = 62 \text{ mm}$，故满足弯曲强度要求。

4. 冲压设备的选择

选择开式双柱可倾压力机：J23-40

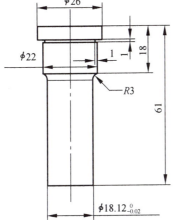
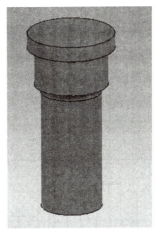

图 2-10　凸模零件图

公称压力：400 kN

滑块行程：80 mm

最大闭合高度：330 mm

连杆调节长度：65 mm

滑块中心线至床身距离：250 mm

工作台尺寸（前后×左右）：460 mm×700 mm

垫板尺寸（厚度×孔径）：65 mm×ϕ150 mm

模柄孔尺寸（直径×深度）：ϕ50 mm×70 mm

最大倾角：30°

5. 绘制模具装配图

如图 2-11 所示。

任务 2.4　防尘罩冲孔模主要零部件的加工

【目的要求】掌握冲孔模主要零部件的加工方法。

【教学重点】能够进行冲孔模主要零部件的加工。

【教学难点】冲孔模主要零部件的加工。

【教学内容】完成冲孔模主要零部件的加工工艺过程的制定。

【完成任务】

图 2-12、图 2-13 分别为防尘罩冲孔模凹模、凸模的零件图，根据该零件图分别制定出凹模、凹模的加工工艺过程如表 2-4，表 2-5 所示。

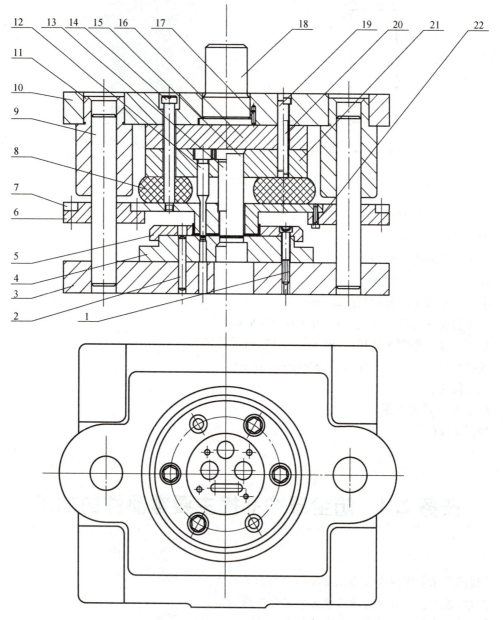

图 2-11　模具装配图

1—螺栓；2—圆柱销；3—下模座；4—凹模；5—定位板；6—卸料板导套；
7—卸料板；8—橡胶；9—导柱；10—上模座；11—导套；12—凸模（ϕ5 mm）；
13—凸模（ϕ18 mm）；14—卸料螺栓；15—凸模；16—垫板；17，19—圆柱销；
18—模柄；20—螺钉；21—凸模固定板；22—螺栓

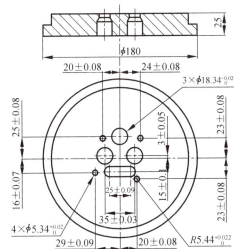
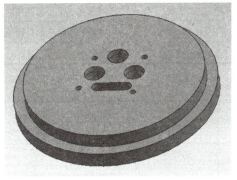

图 2-12　凹模零件图

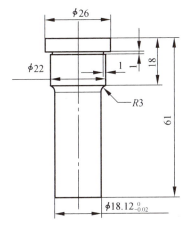
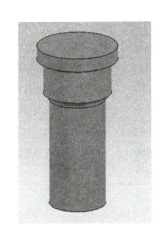

图 2-13　凸模零件图

表 2-4　冲孔凹模加工工艺过程

序号	工序名	工序内容
1	备料	备 Cr12MoV 锻件：$\phi200$ mm×30 mm
2	热处理	退火
3	车外形及端面	车外圆到尺寸 $\phi180.6$ mm，两平面 26 mm，留磨削余量 1 mm，其余达设计尺寸
4	平磨	磨光两大平面厚度达 25.6 mm，保证垂直度 0.02/100 mm
5	钳工	① 划线；② 钻穿丝孔、钻铣漏料孔；③ 钻螺纹孔、钻铰销钉孔
6	检验	用游标卡尺、千分尺检验
7	热处理	按热处理工艺进行，保证硬度 60~64HRC
8	万能磨	磨光两大平面，使厚度达尺寸 25.3 mm，留余量 0.3 mm；磨外形至尺寸
9	线切割	按图加工刃口到尺寸，留 0.01 mm 研磨余量
10	钳工	用垫片法保证与凸模研配，保证冲孔间隙均匀后，用凹模销钉孔与下模座配作销钉

77

序号	工序名	工序内容	
11	平磨	磨凹模上、下平面厚度达要求	
12	检验	用卡尺、内径千分尺检验	
13	钳工	总装配	

表2-5　冲孔凸模加工工艺规程

序号	工序名	工序内容
1	备料	备 T10A 锻件或棒料：按尺寸 $\phi30$ mm×75 mm 备料
2	热处理	退火
3	车外圆及端面	车外圆到尺寸 $\phi26$ mm，外圆 22 mm、$\phi18.5$ mm，留磨削余量 0.4 mm，两平面 71.6 mm + 0.1 mm，留磨削余量 0.6 mm，其余达设计尺寸
4	检验	用游标卡尺检验
5	热处理、表面处理	按热处理工艺进行，保证硬度 60~64HRC；煮黑
6	检验	洛氏硬度计
7-1	万能磨	磨外圆 $\phi22$ mm 靠 $\phi22$ 端面、外圆 $\phi18.12$ mm 达到设计尺寸，保证粗糙度 $Ra0.8$ μm
7-2	线切割	线切割保证总高尺寸 61.6 mm
8	平磨	与固定板装后同磨平，保证长度尺寸 61 mm
9	研磨或抛光	研磨刃口，与冲孔凹模配间隙，保证双面间隙值 0.08~0.12 mm
10	检验	用内、外径千分尺检验
11	钳工	总装配

项目 3

支架弯曲模设计及
主要零部件加工

能力目标

1. 具备简单弯曲件工艺性分析的能力
2. 具备简单弯曲件毛坯尺寸计算的能力
3. 熟悉单工序弯曲模具的典型结构
4. 具备设计简单弯曲件模具的能力
5. 具备简单模具零件的加工能力

知识目标

1. 弯曲件工艺性分析模具结构选择
2. 毛坯尺寸计算
3. 弯曲力计算
4. U 形弯曲模工作部分尺寸计算
5. 绘制弯曲模装配图
6. 零部件的工艺编制及加工方法

教师需要的能力

1. 能根据教学法设计教学情境
2. 能按照设计的教学情境实施教学
3. 能够正确、及时处理学生出现的问题
4. 具有实际操作和指导能力

5. 设计、组织加工全过程的能力

学生的基础

1. 具有识图及绘图能力
2. 通用机床零件加工能力
3. 能够为模具的不同零部件选择合适的模具材料
4. 能够正确标注模具的零件图和装配图能力
5. 具备简单模具设计能力
6. 能够完成简单零部件的加工能力

教学方法建议

1. 宏观：项目教学法
2. 微观："教、学、做"一体化

设计准备

1. 设计前应预先准备好设计资料、手册、图册、绘图用具、图纸、说明书用纸
2. 认真研究任务书及指导书，分析设计题目的原始图样、零件的工作条件，明确设计要求及内容

设计任务单

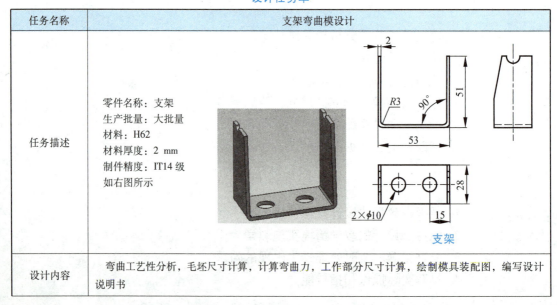

任务名称	支架弯曲模设计		
任务描述	零件名称：支架 生产批量：大批量 材料：H62 材料厚度：2 mm 制件精度：IT14 级 如右图所示		支架
设计内容	弯曲工艺性分析，毛坯尺寸计算，计算弯曲力，工作部分尺寸计算，绘制模具装配图，编写设计说明书		

续表

任务名称	支架弯曲模设计		
设计要求	1. 计算毛坯展开尺寸 2. 计算弯曲力，选择压力机 3. 绘制模具总装图		
任务评价表	考核项目	评价标准	分数
	考勤	无迟到、旷课或缺勤现象	10
	零件图	零部件设计合理	20
	装配草图	装配图结构合理	10
	正式装配图	图纸绘制符合国家标准	30
	设计说明书	工艺分析全面，工艺方案合理，工艺计算正确	20
	设计过程表现	团队协作精神，创新意识，敬业精神	10
	总分		100

本项目为进程性考核，设计结束后学生上交整套设计资料。

任务 3.1　支架工艺性分析及工艺方案的确定

【目的要求】掌握弯曲件的工艺性分析，工艺方案确定。

【教学重点】能够进行弯曲件的工艺性分析。

【教学难点】工艺分析及工艺方案确定。

【教学内容】支架工艺分析及工艺方案的确定。

 知识链接

设计弯曲件，必须满足使用上的要求，同时考虑工艺上的可能性与合理性。在一般情况下，对弯曲件工艺性影响最大的除弯曲半径外，还有弯曲件的几何形状、材料及尺寸精度等。

一、对弯曲件形状的要求

（1）为防止弯曲时材料滑移，要求弯曲件的形状尽量对称。如图 3-1 所示的弯曲件如采用一次弯曲，则要求 $r_1 = r_2 = (2.5 \sim 3)t$，$r_3 = r_4$。

（2）当弯曲件的弯曲处于宽窄交界处时，为使弯曲时易于变形，防止交界处开裂，弯曲线的位置应满足 $l \geqslant r$，如图 3-2（a）所示，或在宽窄交界处开槽，如图 3-2（b）、（c）所示。

81

（3）边缘有缺口的弯曲件，若在坯料上将缺口冲出，弯曲时会出现叉口现象，严重时无法弯曲成形。这时可在缺口处留出连接带，待弯曲成形后，再把它切除，如图 3-3 所示。

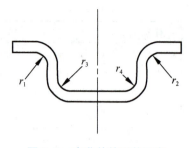

二、对弯曲件尺寸的要求

1. 弯曲件孔到弯边的距离

弯曲有孔的坯件时，为防止孔发生变形，使孔的边缘与弯曲线有一定距离 a 或 a_1，如图 3-4 所示。

图 3-1　弯曲件的形状要求

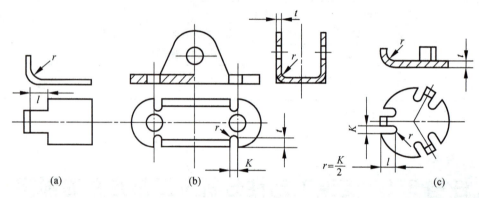

图 3-2　对弯曲件不同宽度交界处的要求

当 $t < 2$ mm 时，$a \geqslant t$；当 $t \geqslant 2$ mm 时，$a \leqslant 1.5t$。当 $b < 25$ mm 时，$a_1 > 2.5t$；当 $b > 50$ mm 时，$a_1 \geqslant 3t$。

2. 弯曲件的直边高度

在弯曲角为 90° 时，为使弯边有一定的变形稳定性，需使弯边高度 $h \geqslant 2t$。若 $h < 2t$，则需压槽，或增加弯边高度，弯曲后再将其切掉，如图 3-5 所示。

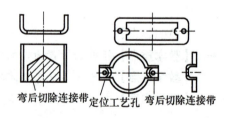

弯后切除连接带　定位工艺孔　弯后切除连接带

图 3-3　增添连接带的弯曲件

三、弯曲件的工序安排

弯曲件的工序安排应根据工件形状的复杂程度、精度要求、生产批量及材料机械性能等因素综合考虑。合理安排弯曲工序，既可减少工序，又能简化模具结构，提高制件的质量和产量。

1. 形状简单的弯曲件

在图 3-6 中，V 形、U 形、Z 形等制件，可一次弯曲成形。

2. 形状复杂的弯曲件

如图 3-7 和图 3-8 所示的弯曲件，需要采用二次或多次弯曲成形。但对于某些尺寸小、材料厚度薄、形状较复杂的弹性接触件，应采用一次复合弯曲成形，使之定位准确，操作方便。

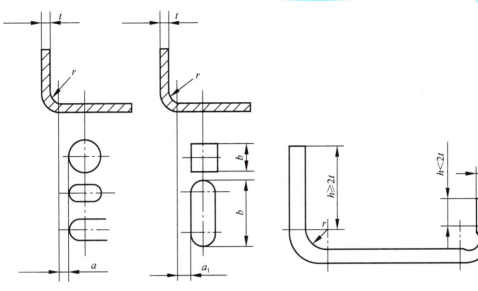

图 3-4 弯曲件的最小孔边距　　　　　图 3-5 弯曲件的直边高度

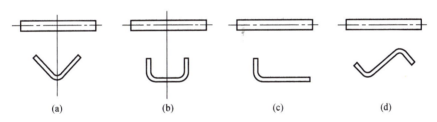

图 3-6 一道工序弯曲成形

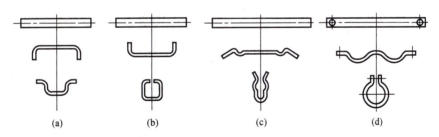

图 3-7 二道工序弯曲成形

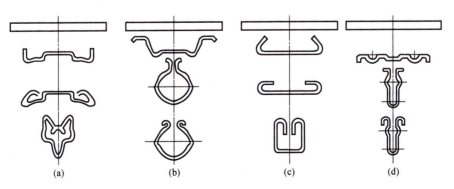

图 3-8 三道工序弯曲成形

3. 非对称弯曲件

图 3-9 所示非对称弯曲件，应采用对称弯曲成形，弯曲后再切开。

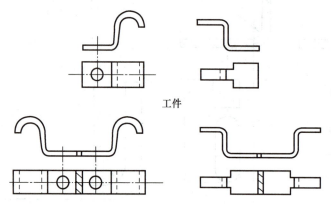

工件

图 3-9　对称弯曲成形

4. 批量大、尺寸较小的弯曲件

为提高生产率，应采用冲裁、弯曲、切断等连续工艺成形，如图 3-10 所示。

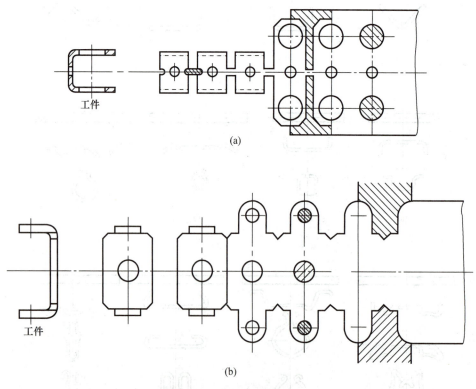

工件

(a)

工件

(b)

图 3-10　连续工艺成形

任务结论

（1）支架的形状对称符合工艺要求。

（2）支架的直边高度 51 mm，弯曲角为 90°，弯边高度 $h \geqslant 2t$，能够保证弯边有一定的变形稳定性。

（3）尺寸精度符合工艺要求。

（4）支架所需工序：落料、冲孔、弯曲。落料、冲孔工序可以采用复合模完成，弯曲形状为 U 形，所以弯曲可一次完成。

任务 3.2　支架毛坯展开尺寸计算

【目的要求】计算毛坯展开尺寸。

【教学重点】毛坯展开尺寸计算公式。

【教学难点】中性层位置确定。

【教学内容】支架毛坯展开尺寸计算。

 知识链接

一、弯曲件中性层位置的确定

在计算弯曲件的毛坯尺寸时，必须首先确定中性层的位置，中性层位置可用其弯曲半径 ρ 表示，如图 3-11 所示。ρ 可按以下经验公式计算：

$$\rho = r + xt \tag{3-1}$$

式中　ρ——中性层弯曲半径，mm；

　　　r——内弯曲半径，mm；

　　　t——材料厚度，mm；

　　　x——中性层位移系数，见表 3-1。

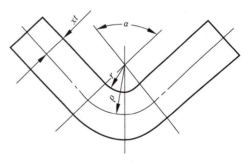

图 3-11　弯曲件中性层

表 3-1　中性层位移系数

r/t	0.1	0.2	0.3	0.4	0.5	0.6	0.7	0.8	1.0	1.2
x/mm	0.21	0.22	0.23	0.23	0.25	0.26	0.28	0.30	0.32	0.33
r/t	1.3	1.5	2.0	2.5	3.0	4.0	5.0	6.0	7.0	≥8.0
x/mm	0.34	0.36	0.38	0.39	0.40	0.42	0.44	0.46	0.48	0.50

二、弯曲件毛坯尺寸计算

中性层位置确定后，对于形状简单、尺寸精度要求不高的弯曲件，可直接采用下面的方法计算毛坯长度。而对于形状比较复杂或精度要求较高的弯曲件，在利用下面公式计算毛坯长度后，还需反复试弯不断修正，才能最后确定毛坯的形状及尺寸。这是因为很多因素没有考虑，可能产生较大误差，故在生产中宜先制造弯曲模，后制造落料模（如果需要落料模时）。

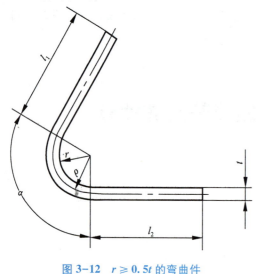

图 3-12 $r \geqslant 0.5t$ 的弯曲件

1. $r \geqslant 0.5t$ 的弯曲件

$r \geqslant 0.5t$ 的弯曲件由于变薄不严重，按中性层展开的原理，毛坯总长度应等于弯曲件直线部分和圆弧部分长度之和，如图 3-12 所示。

$$L_z = l_1 + l_2 + \frac{\pi\alpha}{180}\rho = l_1 + l_2 + \frac{\pi\alpha}{180}(r + xt)$$

$$(3-2)$$

式中　L_z——坯料展开总长度，mm；

　　　α——弯曲中心角，(°)。

2. $r < 0.5t$ 的弯曲件

对于 $r < 0.5t$ 的弯曲件，由于弯曲变形时不仅制件的圆角变形区产生严重变薄，而且与其相邻的直边部分也产生变薄，故应按变形前后体积不变条件确定坯料长度。通常采用表 3-2 所列经验公式计算。

表 3-2　$r < 0.5t$ 的弯曲件毛坯长度计算公式

简　图	计算公式	简　图	计算公式
	$L_z = l_1 + l_2 + 0.4t$		$L_z = l_1 + l_2 + l_3 + 0.6t$ （一次同时弯曲两个角）
	$L_z = l_1 + l_2 - 0.43t$		$L_z = l_1 + 2l_2 + 2l_3 + t$ （一次同时弯曲四个角） $L_z = l_1 + 2l_2 + 2l_3 + 1.2t$ （分为两次弯曲四个角）

3. 铰链式弯曲件

对于 $r = (0.6 \sim 3.5)t$ 的铰链件，如图 3-13 所示。通常采用推圆的方法成形，在卷圆

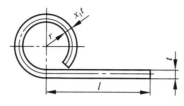

图 3-13 铰链式弯曲件

过程中板料增厚，中性层外移，其坯料长度 L_z，可按下式近似计算：

$$L_z = l + 1.5\pi(r + x_1 t) + r \approx l + 5.7r + 4.7x_1 t \tag{3-3}$$

式中 l——直线段长度；

r——铰链内半径；

x_1——中性层位移系数，查表 3-3。

表 3-3 卷边时中性层位移系数 x_1 值

r/t	0.5~0.6	0.6~0.8	0.8~1	1~1.2	1.2~1.5	1.5~1.8	1.8~2	2~2.2	>2.2
x_1/mm	0.76	0.73	0.7	0.67	0.64	0.61	0.58	0.54	0.5

 任务结论

（1）毛坯展开尺寸计算。

$$L_0 = \sum L_{直} + \sum L_{弯}$$

$$\sum L_{直} = (51 - 3 - 2) \times 2 + (53 - 2 \times 3 - 2 \times 2) = 135(\text{mm})$$

$$\sum L_{弯} = 2 \times \frac{180° - \alpha}{180°}\pi(R + Xt), \quad \frac{R}{t} = \frac{3}{2} = 1.5$$

查表 3-1，$X = 0.36$

$$\sum L_{弯} = 2 \times \frac{90°}{180°}\pi(3 + 0.36 \times 2) = 11.68(\text{mm})$$

$$L_0 = 147\ \text{mm}$$

（2）毛坯展开图见图 3-14。

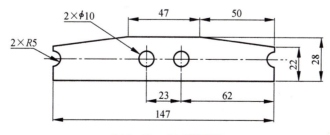

图 3-14 毛坯展开图

任务 3.3 支架弯曲力计算

【目的要求】计算支架弯曲力。

【教学重点】选择弯曲压力机吨位。

【教学难点】弯曲力计算。

【教学内容】支架弯曲力计算。

 知识链接

弯曲力是选择压力机和设计模具的重要依据之一。由于弯曲力受材料性能、零件形状、弯曲方法、模具结构等多种因素的影响，很难用理论分析的方法进行准确计算，所以在生产中常采用经验公式来计算。

一、自由弯曲的弯曲力

V 形件弯曲力

$$F_{自} = \frac{0.6KBt^2\sigma_{b}}{r+t} \tag{3-4}$$

U 形件弯曲力

$$F_{自} = \frac{0.7KBt^2\sigma_{b}}{r+t} \tag{3-5}$$

式中　$F_{自}$——自由弯曲在冲压行程结束时的弯曲力；

　　　B——弯曲件的宽度；

　　　t——弯曲件材料厚度；

　　　r——弯曲件的内弯曲半径；

　　　σ_{b}——材料的抗拉强度；

　　　K——安全系数，一般取 $K = 1.3$。

二、校正弯曲的弯曲力

$$F_{校} = Ap \tag{3-6}$$

式中　$F_{校}$——校正弯曲力；

　　　A——校正部分投影面积；

　　　p——单位面积校正力，其值见表3-4。

表3-4　单位面积校正力 p

材料 \ 板料厚度/mm	<1	1~3	3~6	6~10
铝/MPa	10~20	20~30	30~40	40~50
黄铜/MPa	20~30	30~40	40~60	60~80
10、15、20 钢/MPa	30~40	40~60	60~80	80~100
25、30 钢/MPa	40~50	50~70	70~100	100~120

三、顶件力和压料力

如果弯曲模没有顶件装置或压料装置，其顶件力（或压料力）F_D（或 F_Y）可近似取自由弯曲力的30%~80%。

$$F_D = (0.3 \sim 0.8) F_{自} \qquad (3-7)$$

四、弯曲时压力机吨位的确定

自由弯曲时：

$$F_{压力机} \geqslant (1.2 \sim 1.3)(F_{自} + F_D) \qquad (3-8)$$

校正弯曲时，由于校正力比压料力或顶件力大得多，所以 F_D 可以忽略。即

$$F_{压力机} \geqslant (1.2 \sim 1.3) F_{校正} \qquad (3-9)$$

 任务结论

（1）计算弯曲力。

$$F_{校} = Ap$$
$$A = 28 \times (53 - 2 \times 2) = 1\,372(mm^2) = 1\,372 \times 10^{-6}(m^2)$$

查表3-4，$p = 60$ MPa

$$F_{校} = 1\,372 \times 60 = 82\,320(N) \approx 82(kN)$$

（2）选用压力机规格为：JA23-16。

任务 3.4　支架弯曲模工作部分设计

【目的要求】能够计算弯曲模的工作部分尺寸。

【教学重点】工作部分尺寸计算。

【教学难点】工作部分尺寸计算。

【教学内容】支架弯曲模工作部分设计。

知识链接

一、凸、凹模间隙

弯曲模凸、凹模之间的间隙指单边间隙，用 $Z/2$ 表示，如图 3-15 所示。

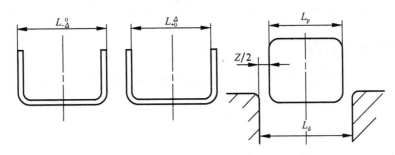

图 3-15　弯曲模间隙

对于 V 形弯曲件，凸、凹模之间的间隙是靠调节压力机的装模高度来控制的。

对于 U 形弯曲件，凸、凹模之间的间隙值对弯曲件回弹、表面质量和弯曲力均有很大的影响，间隙越大，回弹越大，工件的精度也越低；间隙越小，会使零件壁部厚度减薄，降低模具寿命。U 形件弯曲模的凸、凹模单边间隙 $Z/2$ 一般可根据工件料厚 t 按下式计算：

$$Z/2 = t_{max} + ct = t + \Delta_1 + ct \qquad (3-10)$$

式中　c——间隙系数，可查表 3-5；

　　　Δ_1——材料厚度的正偏差。

表 3-5　U 形件弯曲凸、凹模的间隙系数 c 值

弯曲高度 H/mm	材料厚度 t/mm								
	弯曲件宽度 $B \leqslant 2H$				弯曲件宽度 $B > 2H$				
	$\leqslant 0.5$	$0.6 \sim 2$	$2.1 \sim 4$	$4.1 \sim 5$	$\leqslant 0.5$	$0.6 \sim 2$	$2.1 \sim 4$	$4.1 \sim 7.5$	$7.6 \sim 12$
10	0.05	0.05	0.04	—	0.10	0.10	0.08	—	—
20	0.05	0.05	0.04	0.03	0.10	0.10	0.08	0.06	0.06
35	0.07	0.05	0.04	0.03	0.15	0.10	0.08	0.06	0.06
50	0.10	0.07	0.05	0.04	0.20	0.15	0.06	0.06	0.06
70	0.10	0.07	0.05	0.05	0.20	0.15	0.10	0.06	0.08
100	—	0.07	0.05	0.05	—	0.15	0.10	0.10	0.80
150	—	0.10	0.07	0.05		0.20	0.15	0.10	0.10
200	—	0.10	0.07	0.07	—	0.20	0.15	0.15	0.10

当工件精度要求较高时，其间隙应适当缩小，取 $Z/2 = t$。

二、凸、凹模宽度尺寸

弯曲工序中，凸、凹模的宽度尺寸根据弯曲工件的标注方式不同，可根据下列情况分别计算。决定原则：

工件标注外形尺寸时，应以凹模为基准件，间隙取在凸模上。

工件标注内形尺寸时，应以凸模为基准件，间隙取在凹模上。

1. 工件标注外形尺寸

工件标注外形尺寸时，根据工件宽度偏差的分布又可分为对称偏差和单向偏差两种情况。

（1）工件标注外形尺寸 $L \pm \Delta$，即对称偏差时，如图 3–16（a）所示。

凹模宽度

$$L_{\mathrm{d}} = (L - 0.5\Delta)^{+\delta_{\mathrm{d}}}_{0} \qquad (3-11)$$

（2）工件标注外形尺寸 $L^{0}_{-\Delta}$，即单向偏差时，如图 3–16（b）所示。

凹模宽度

$$L_{\mathrm{d}} = (L - 0.75\Delta)^{+\delta_{\mathrm{d}}}_{0} \qquad (3-12)$$

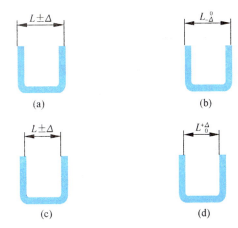

图 3-16　工件尺寸不同标注

在工件标注外形尺寸的情况下，凸模应按凹模宽度尺寸配制，并保证单面间隙为 $Z/2$，即

$$L_{\mathrm{p}} = (L_{\mathrm{d}} - Z)^{0}_{-\delta_{\mathrm{p}}} \qquad (3-13)$$

2. 工件标注内形尺寸

工件标注内形尺寸时，根据工件宽度偏差的分布也可分为对称偏差和单向偏差两种情况。

（1）工件标注内形尺寸 $L \pm \Delta$，即对称偏差，如图 3–16（c）所示。

凸模宽度

$$L_{\mathrm{p}} = (L + 0.5\Delta)^{0}_{-\delta_{\mathrm{p}}} \qquad (3-14)$$

（2）工件标注内形尺寸 $L^{+\Delta}_{0}$，即单向偏差，如图 3–16（d）所示。

凸模宽度

$$L_{\mathrm{p}} = (L + 0.75\Delta)^{0}_{-\delta_{\mathrm{p}}} \qquad (3-15)$$

在工件标注内形尺寸的情况下，凹模应按凸模宽度尺寸配制，并保证单面间隙为 $Z/2$，即

$$L_{\mathrm{d}} = (L_{\mathrm{p}} + Z)^{+\delta_{\mathrm{d}}}_{0} \qquad (3-16)$$

式中　L_{p}、L_{d}——弯曲凸模、凹模宽度尺寸，mm；

　　　L——弯曲件外形或内形基本尺寸，mm；

　　　$Z/2$——弯曲模单边间隙，mm；

　　　Δ——弯曲件尺寸偏差，mm；

　　　δ_{p}、δ_{d}——弯曲凸模、凹模制造公差，采用 IT7～IT9。

三、凸、凹模圆角半径和凹模深度

1. 凸模圆角半径

当弯曲件的内侧弯曲半径为 r 时，凸模圆角半径应等于弯曲件的弯曲半径，即 $r_p = r$，但必须使 r 大于允许的最小弯曲圆角半径。若因结构需要，必须使 r 小于最小弯曲圆角半径时，则可先弯成较大的圆角半径，然后再采用整形工序进行整形。

若弯曲件的相对弯曲半径 r/t 较大、精度要求较高时，凸模圆角半径应根据回弹值作相应的修正。

2. 弯曲凹模的圆角半径及其工作部分的深度

弯曲凹模的圆角半径一般不应小于 3 mm，以免弯曲时毛坯表面出现裂痕。凹模两侧圆角半径应保持一致，否则弯曲过程中毛坯会发生偏移。

过小的凹模深度会使毛坯两边自由部分过大，造成弯曲件回弹量大，工件不平直；过大的凹模深度增大了凹模尺寸，浪费模具材料，并且需要大行程的压力机，因此模具设计中要保持适当的凹模深度。凹模圆角半径及凹模深度，可按表3-6查取。

表3-6　弯曲凹模圆角半径与深度 mm

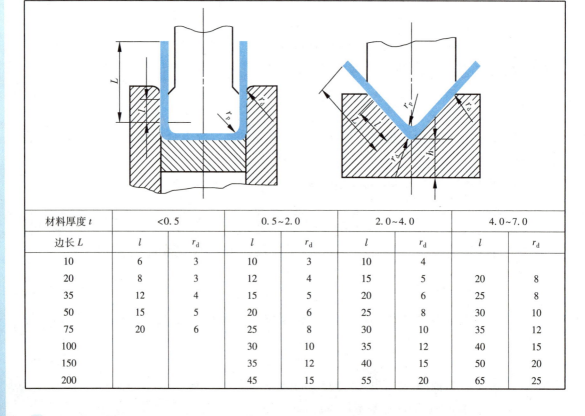

材料厚度 t	<0.5		0.5~2.0		2.0~4.0		4.0~7.0	
边长 L	l	r_d	l	r_d	l	r_d	l	r_d
10	6	3	10	3	10	4		
20	8	3	12	4	15	5	20	8
35	12	4	15	5	20	6	25	8
50	15	5	20	6	25	8	30	10
75	20	6	25	8	30	10	35	12
100			30	10	35	12	40	15
150			35	12	40	15	50	20
200			45	15	55	20	65	25

 任务结论

工作部分尺寸：

（1）凹模圆角半径：有 $t = 2 \text{ mm}$，$R_{\text{d}} = (2 \sim 3) \; t$，可取 $R_{\text{d}} = 2.5t = 5 \text{ mm}$。

（2）凹模深度：查表 3-6，$L_1 = 25 \text{ mm}$。

（3）凸、凹模间隙 $Z/2 = t_{\text{max}} + ct = t + \Delta_1 + ct$。

若板料厚度标注为 $t_{-\Delta_1}^{0}$，则

$$Z = t + ct$$

Δ_1 为材料厚度的正偏差，由有关手册查得

$$\Delta_1 = 0.15 \text{ mm}$$

查表 3-5，$c = 0.07$。

$$Z/2 = 2 + 0.15 + 0.07 \times 2 = 2.29 \, (\text{mm})$$

凹模宽度

$$A_{\text{d}} = (A - 0.75\Delta)_{\;\;0}^{+\delta_{\text{d}}}$$

制件未标注尺寸公差，仅按外形尺寸标注。

按 IT14 级，$\Delta = 0.74 \text{ mm}$。

查公差表，$\delta_{\text{d}} = 74 \; \mu\text{m} = 0.074 \text{ mm}$，则

$$A_{\text{d}} = (53 - 0.75 \times 0.74)_{\;\;0}^{+0.074} = 52.445_{\;\;0}^{+0.074} \, (\text{mm})$$

$$A_{\text{p}} = 52.63 - 2 \times 2.29 = 48.05 \approx 48.1 \, (\text{mm})$$

任务 3.5 支架模具结构设计

【目的要求】设计弯曲模的结构。

【教学重点】弯曲模结构图设计。

【教学难点】弯曲模结构图。

【教学内容】支架模具结构设计。

 知识链接

由于弯曲工序安排不同，弯曲模具的结构也有很大的区别。针对弯曲工艺的特点，在设计弯曲模具结构时，应考虑以下要点：

（1）毛坯放置在模具上的定位要准确可靠。

（2）毛坯在弯曲过程中要防止偏移。

（3）毛坯与弯曲成形件应取放方便、安全。

（4）校正弯曲时，要考虑好校正的部位，使之在模具中得到校正。

（5）模具要便于调整、修理、装配。

（6）回弹较大的材料弯曲时，模具结构在调试和维修后，能修正和弥补回弹。

一、V形件弯曲模

如图3-17（a）所示，为简单的V形件弯曲模，其特点是结构简单、通用性好。但弯曲时坯料容易偏移，影响工件精度。

如图3-17（b）~（d）所示分别为带有定位尖、顶杆、V形顶板的模具结构，可以防止坯料滑动，提高工件精度。

如图3-17（e）所示的V形件弯曲模，由于有顶板及定料销，可以有效防止弯曲时坯料的偏移，得到边长偏差为±0.1 mm的工件。反侧压块的作用是克服上、下模之间水平方向的错移力，同时也为顶板导向，防止其窜动。

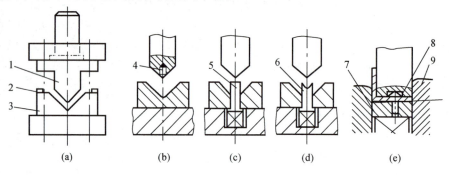

图3-17　V形件弯曲模的一般结构形式

1—凸模；2—定位板；3—凹模；4—定位尖；5—顶杆；6—V形顶板；7—顶板；8—定料销；9—反侧压块

二、U形件弯曲模

根据弯曲件的要求，常用的U形弯曲模，如图3-18所示。3-18（a）所示为开底凹模，用于底部不要求平整的弯曲件。图3-18（b）用于底部要求平整的弯曲件。图3-18（c）用于料厚公差较大而外侧尺寸要求较高的弯曲件，其凸模为活动结构，可随料厚自动调整凸模横向尺寸。图3-18（d）用于料厚公差较大而内侧尺寸要求较高的弯曲件，凹模两侧为活动结构，可随料厚自动调整凹模横向尺寸。

图3-18（e）为U形精弯模，两侧的凹模活动镶块用转轴分别与顶板铰接。弯曲前顶杆将顶板顶出凹模面，同时顶板与凹模活动镶块成一平面，镶块上有定位销供工件定位之用。弯曲时工件与凹模活动镶块一起运动，这样就保证两侧孔的同轴。图3-18（f）为弯曲件两侧壁厚变薄的弯曲模。

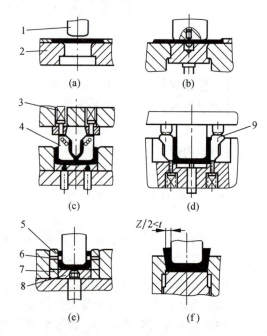

图3-18　U形件弯曲模

1—凸模；2—凹模；3—弹簧；4—凸模活动镶块；

5，9—凹模活动镶块；6—定位销；7—转轴；8—顶板

三、Z 形件弯曲模

Z 形件一次弯曲即可成形，图 3-19（a）结构简单，但由于没有压料装置，压弯时坯料容易滑动，只适用于精度要求不高的零件。

图 3-19（b）为有顶板和定位销的 Z 形件弯曲模，能有效防止坯料的偏移。反侧压块的作用是克服上、下模之间水平方向的错移力，同时也为顶板导向，防止其窜动。

图 3-19（c）所示的 Z 形件弯曲模，在冲压前活动凸模 10 在橡皮 8 的作用下与凸模 4 端面齐平。冲压时活动凸模 10 与顶板 1 将坯料夹紧，并由于橡皮 8 的弹力较大，推动顶板 1 下移使坯料左端弯曲。当顶板 1 接触下模座 11 后，橡皮 8 压缩，则凸模 4 相对于活动凸模 10 下移将坯料右端弯曲成形。当压块 7 与上模座 6 相碰时，整个工件得到校正。

四、圆形件弯曲模

圆形件的尺寸大小不同，其弯曲方法也不同，一般按直径分为小圆和大圆两种。

（1）直径 $d \leqslant 5$ mm 的小圆形件弯小圆的方法是先弯成 U 形，再将 U 形弯成圆形。用两套简单模弯圆的方法，如图 3-20（a）所示。由于工件小，分两次弯曲操作不便，故可将两道工序合并。图 3-20（b）为有侧楔的一次弯曲模，上模下行，芯棒将坯料弯成 U 形，上模继续下行，侧楔推动活动凹模将 U 形弯成圆形。图 3-20（c）所示的也是一次弯曲模。上模下行时，压板将滑块往下压，滑块带动芯棒将坯料弯成 U 形。上模继续下行，凸模再将 U 形弯成圆形。如果工件精度要求高，可以旋转工件连冲几次，以获得较好的圆度。工件由垂直图

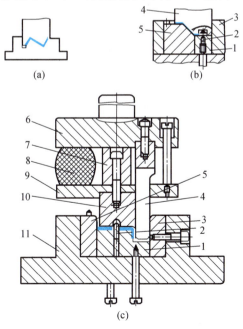

图 3-19 Z 形件弯曲模

1—顶板；2—定位销；3—反侧压块；4—凸模；
5—凹模；6—上模座；7—压块；8—橡皮；
9—凸模托板；10—活动凸模；11—下模座

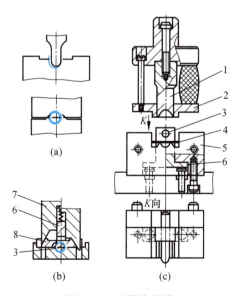

图 3-20 小圆弯曲模

1—凸模；2—压板；3—芯棒；4—坯料；
5—凹模；6—滑块；7—侧楔；8—活动凹模

面方向从芯棒上取下。

（2）直径 $d \geqslant 20 \text{ mm}$ 的大圆形件，如图 3-21（a）所示是带摆动凹模的一次弯曲成形模，凸模下行先将坯料压成 U 形，凸模继续下行，摆动凹模将 U 形弯成圆形，工件顺凸模轴线方向推开支撑取下。这种模具生产率较高，但由于回弹在工件接缝处留有缝隙和少量直边，工件精度差、模具结构也较复杂。图 3-21（b）是坯料绕芯棒卷制圆形件的方法。反侧压块的作用是为凸模导向，并平衡上、下模圆度，但需要行程较大的压力机。

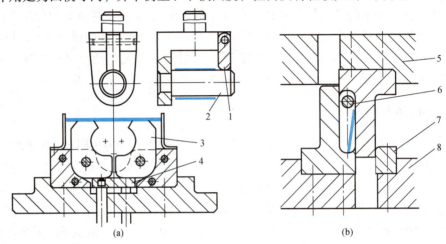

图 3-21　大圆一次弯曲成形模

1—支撑；2—凸模；3—摆动凹模；4—顶板；5—上模座；6—芯棒；7—反侧压块；8—下模座

五、铰链件弯曲模

铰链弯曲，一般先预弯头部，然后卷圆成形。预弯模结构如图 3-22 所示。

卷圆的原理通常采用推圆法，其过程如图 3-23 所示。卷圆模分为立式和卧式两种，如图 3-24 所示。图 3-24（a）为立式卷圆模，结构简单，适用于工件短或材料厚的铰链。图 3-24（b）为卧式卷圆模，有压料装置，工件质量好。

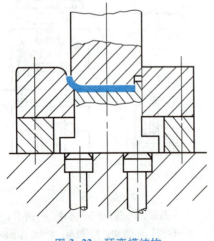

图 3-22　预弯模结构

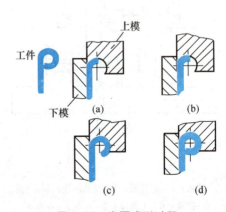

图 3-23　卷圆成形过程

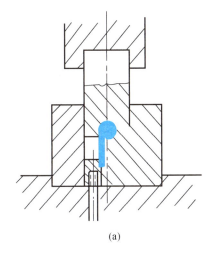
(a)

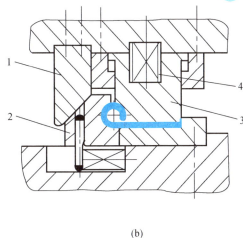
(b)

图 3-24　铰链件弯曲模

（a）立式卷圆模；（b）卧式卷圆模
1—斜楔；2—凹模；3—凸模；4—弹簧

任务结论

支架模具结构如图 3-25 所示。

任务 3.6　支架弯曲模主要零部件的加工

【目的要求】掌握弯曲模主要零部件的加工方法。
【教学重点】能够进行弯曲模主要零部件的加工。
【教学难点】弯曲模主要零部件的加工。
【教学内容】完成弯曲模主要零部件的加工工艺过程的制定。

知识链接

弯曲模制造过程与冲裁模是类似的，差别主要体现在凸、凹模上，而其他零件（如板类零件）与冲裁模相似。

一、弯曲模凸、凹模技术要求及加工特点

弯曲模不同于冲裁模，凸、凹模不带有锋利刃口，而带有圆角半径和型面，表面质量要求更加高，凸、凹模之间的间隙也要大些（单边间隙略大于坯料厚度）。弯曲模凸、凹模技术要求及加工特点如表 3-7 所示。

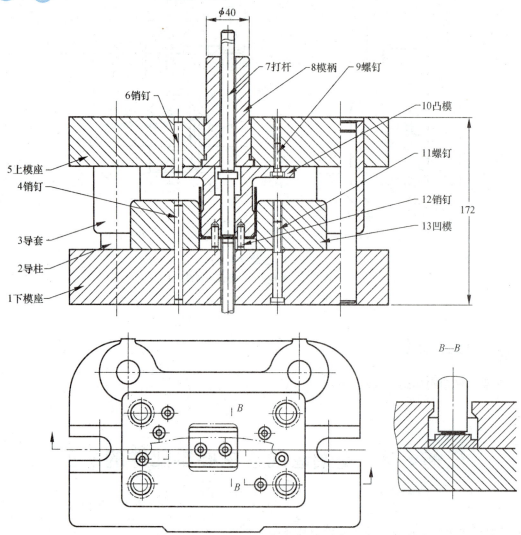

图 3-25　支架模具结构图

表 3-7　弯曲模凸、凹模技术要求及加工特点

模具类型	凸、凹模技术要求及加工特点
弯曲模	（1）凸、凹模材质应具有高硬性、高耐磨性、高淬透性，热处理变形小，形状简单的凸、凹模一般用 T10A、CrWMn 等，形状复杂的凸、凹模一般用 Cr12、Cr12MoV、W18Cr4V 等，热处理后的硬度为 58~62HRC
	（2）凸、凹模精度主要根据弯曲件精度决定，一般尺寸精度在 IT6~IT9，工作表面质量一般要求很高，尤其是凹模圆角处（表面粗糙度 $Ra0.8~0.2~\mu m$）
	（3）由于回弹等因素在设计时难以准确考虑，导致凸、凹模尺寸的计算值与实际要求值往往存在误差。因此凸、凹模工作部分的形状和尺寸设计应合理，要留有试模后的修模余地，一般先设计和加工弯曲模，后设计和加工冲裁模
	（4）凸、凹模淬火有时在试模后进行，以便试模后的修模
	（5）凸、凹模圆角半径和间隙的大小、分布要均匀
	（6）凸、凹模一般是外形加工

二、凸、凹模加工

弯曲模凸、凹模加工与冲裁模凸、凹模加工不同之处主要在于前者有圆角半径和型面的加工，而且表面质量要求高。

弯曲模凸、凹模工作面一般是敞开面，其加工一般属于外形加工。对于圆形凸、凹模加工一般采用车削和磨削即可，比较简单。非圆形凸、凹模加工则有多种方法，如表 3-8 所示。

表 3-8　非圆形弯曲模凸、凹模常用加工方法

常用加工方法	加工过程	适用场合
刨削加工	毛坯准备后粗加工，磨削安装面、基准面，划线，粗、精刨型面，精修后淬火，研磨刨光	大中型弯曲模型面
铣削加工	毛坯准备后粗加工，磨削基面，划线，粗、精铣型面，精修后淬火，研磨抛光	中小型弯曲模
成形磨削加工	毛坯加工后磨基面，划线粗加工型面，安装孔加工后淬火，磨削型面，抛光	精度要求较高，不太复杂的凸、凹模
线切割加工	毛坯加工后淬火，磨安装面和基准面，线切割加工型面，抛光	小型凸、凹模（型面长小于 100 mm）

 完成任务

图 3-26 为弯曲模凸模的零件图，根据该零件图制定出凸模的加工工艺过程如表 3-9 所示。

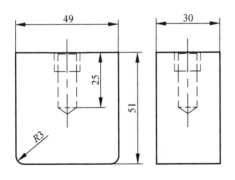

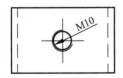

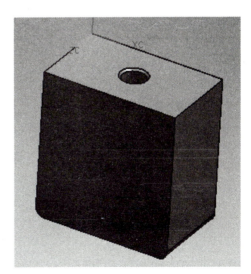

图 3-26　弯曲模凸模

表 3-9　弯曲模凸模加工工艺过程

序号	工 序 名	工 序 内 容
1	备料	备锻件：53 mm×35 mm×55 mm
2	热处理	退火
3	平磨	与固定板装后同磨平，保证长度尺寸 55 mm
4	钳工划线	划出孔位置线
5	加工螺钉孔	按位置加工螺钉孔等
6	热处理	淬火
7	线切割	按图线切割，轮廓达到尺寸要求
8	钳工精修	研磨，全面达到设计要求
9	检验	按图纸检验

 拓展知识

弯曲模的装配、调试与设计实例

一、弯曲模的装配与调试

弯曲模的装配与调试过程和冲裁模基本类似。只是由于塑性成形工序比分离工序复杂，难以准确控制的因素多，所以其调试过程要复杂些，试模、修模反复次数多。弯曲模在试冲过程中常见问题及调整方法，见表 3-10。

表 3-10　弯曲模试冲时出现的问题和调整方法

存在问题	产生原因	调整方法
制件产生回弹	弹性变形的存在	① 改变凸模的形状和角度大小 ② 增加凹模型槽的深度 ③ 减小凸、凹模之间间隙 ④ 增加校正力或使校正力集中在角部变形区
制件底部平面不平	① 压料力不足 ② 顶件用顶杆的着力点分布不均匀，将制件底面顶变形	① 增大压料力，最好校正一下 ② 将顶杆位置分布均匀，顶杆面积不可太小
制件左右高度不一致	① 定位不稳定或定位位置不准 ② 凹模的圆角半径左、右两边加工得不一致 ③ 压料不牢 ④ 凸、凹模左右两边间隙不均匀	① 调整定位装置 ② 修正圆角半径使左右一致 ③ 增加压料块（力） ④ 调整凸、凹模之间的间隙
弯曲角变形部分有裂纹	① 弯曲半径太小 ② 材料的纹向与弯曲线平行 ③ 毛坯有毛刺的一面向外 ④ 材料的塑性差	① 加大弯曲半径 ② 将板料退火后再弯形或改变落料的排样 ③ 使毛刺在弯曲的内侧 ④ 将板料进行退火处理或改用材料

续表

存在问题	产生原因	调整方法
制件表面 有擦伤	① 凹模的内壁和圆角处表面不光，太粗糙 ② 板料被黏附在凹模表面	① 将凹模内壁与圆角修光 ② 在凸模或凹模的工作表面镀硬铬厚 0.01～0.03 mm ③ 将凹模进行化学热处理，如氮化处理、氮化钛涂层，或进行激光表面强化热处理
制件尺寸 过长或不足	① 间隙过小，将材料挤长 ② 压料装置的力过大，将料挤长 ③ 计算错误	① 加大间隙 ② 减小压料装置的压力 ③ 落料尺寸应在弯曲模试冲后确定

二、弯曲模设计实例

零件名称：保持架；

生产批量：中批量；

材料：20 钢，板厚 0.5 mm；

零件简图如图 3-27 所示。

（一）弯曲零件工艺分析

保持架采用单工序冲压，需要三道工序，如图 3-28 所示。三道工序依次为落料、异向弯曲、最终弯曲。

每道工序各用一套模具。现将第二道工序的异向弯曲模介绍如下。

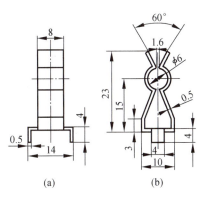

(a)　　　(b)

图 3-27　保持架零件图
（a）主视图；（b）左视图

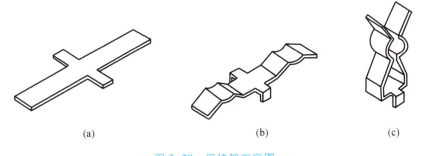

(a)　　　　　　　(b)　　　　　　　(c)

图 3-28　保持架工序图
（a）落料；（b）异向弯曲；（c）最终弯曲

异向弯曲工序的工件，如图 3-29 所示。工件左右对称，在 b、c、d 各有两处弯曲。bc 弧段的半径为 R3，其余各段是直线。中间部位为对称的向下弯曲。通过上述分析可知，其共有八条弯曲线。

（二）模具结构

坯料在弯曲过程中极易滑动，必须采取定位措施。本工件中部有两个突耳，在凹模的对应部位设置沟槽，冲压时突耳始终处于沟槽内，用这种方法实现坯料的定位。

模具总体结构如图 3-30 所示。上模座采用带柄矩形模座，凸模用凸模固定板固定；下模部分由凹模、凹模固定板、垫板和下模座组成。模座下面装有弹顶器，弹顶力通过两细杆传递到顶件块上。

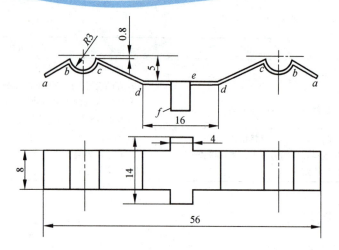

图 3-29 异向弯曲件

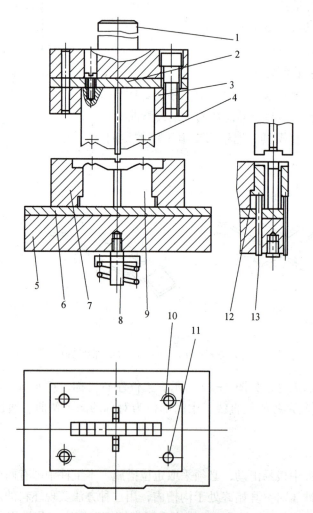

图 3-30 保持架弯曲模结构图

1—带柄矩形上模座；2，6—垫板手；3—凸模固定板；4—凸模；5—模座；7—凹模固定板；
8—弹顶器；9—凹模；10—螺栓；11—销钉；12—顶件块；13—推杆

模具工作过程：将落料后的坯料放在凹模上，并使中部的两个突耳进入凹模固定板的槽中。当模具下行时，凸模中部和顶件块压住坯料的突耳，使坯料准确定位在槽内。模具继续下行，使各部弯曲逐渐成形。上模回程时，弹顶器通过顶件块将工件顶出。

（三）主要计算

1. 弯曲力计算

八条弯曲线均按自由弯曲计算。图 3-29 中的 b、c、d 各处弯曲按式（3-4）计算，当弯曲内半径 r 取 $0.1t$ 时，则每处的弯曲力为

$$F_{自} = \frac{0.6KBt^2\sigma_b}{r+t} = \frac{0.6 \times 1.3 \times 8 \times 0.5^2 \times 450}{0.1 \times 0.5 + 0.5} = 1\,276.36(\text{N})$$

工件共有六处弯曲，六处总的弯曲力为：$1\,276.36 \times 6 = 7\,658.16$（N）。

图 3-29 中的 e 处弯曲与上述计算类似，只是弯曲件宽度为 4 mm，则 e 处单侧弯曲力为 638.18N，而两侧的弯曲力应再乘以 2，即 1 276.36N。总的弯曲力为

$$F_{总} = 7\,658.16 + 1\,276.36 = 8\,934.52(\text{N})$$

2. 校正弯曲力的计算

$$F_{校} = Ap$$

式中：p 查表 3-4 取值为 30 MPa，面积 A 按水平面的投影面积计算（见图 3-29 俯视图）。

$$A = 56 \times 8 + 4 \times (14 - 8) = 472(\text{mm}^2)$$

所以，

$$F_{校} = 30 \times 10^6 \times 472 \times 10^{-6} = 14\,160(\text{N})$$

自由弯曲力和校正弯曲力的和为 $F = 8\,934.52 + 14\,160 = 23\,094.2$（N）

3. 弹顶力的计算

弹顶器的作用是将弯曲后的工件顶出凹模，由于所需的顶出力很小，在突耳的弯曲过程中，弹顶器的力不宜太大，应当小于单边的弯曲力，否则弹顶器将压弯工件使工件在直边部位出现变形。

选用圆柱螺旋压缩弹簧，从冲压设计资料中选取弹簧，其中直径 $D_2 = 14$ mm，钢丝直径 $d = 1.2$ mm，最大工作负荷 $F_N = 41.3$N，最大单圈变形量 $f_n = 5.575$ mm，节距 $t = 7.44$ mm。

如图 3-29 主视图所示，顶件块位于上止点时应和 b、c 点等高，上模压下时与 f 点等高，弹顶器的工作行程 $f_x = 4.2 + 6 = 10.2$（mm），弹簧有效圈数 $n = 3$ 圈，最大变形量为

$$f_1 = n \times f_n = 3 \times 5.575 \approx 16.73(\text{mm})$$

弹簧预先压缩量选为 $f_0 = 8$ mm。弹簧的弹性系数 K 可按下式估算

$$K = \frac{F_N}{f_n} = \frac{41.3}{3 \times 5.575} \approx 2.47(\text{N})$$

则弹簧预紧力为

$$F_0 = Kf_0 = 2.47 \times 8 = 19.76(\text{N})$$

下止点时弹簧弹顶力为

$$F_1 = Kf_x = 2.47 \times 10.2 = 25.2(\text{N})$$

此值远小于 e 处的弯曲力，故符合要求。

4. 回弹量的计算

影响回弹值的因素很多，各因素又互相影响，理论计算出来的数值往往不准确，所以在

实际中，是根据经验来初定回弹角，然后试模修正。本例题采用补偿法来消除回弹。

（四）主要零部件设计

1. 凸模

凸模是由两部分组成的镶拼结构，如图 3-31 所示。这样的结构便于线切割机床加工。图 3-31 中凸模 B 部位的尺寸按回弹补偿角度设计。A 部位在弯曲工件的两突耳时起凹模作用。凸模用凸模固定板和螺钉固定。

它与该部位的凸模间隙由式（3-10）计算，则单边间隙

$$Z/2 = (1.05 \sim 1.15)t = 0.5 \times (1.05 \sim 1.15) = 0.525 \sim 0.575 \text{(mm)}$$

取单边间隙为 $Z/2 = 0.575$ （mm）。

2. 凹模

凹模采用镶拼结构，与凸模结构类同，如图 3-32 所示。凹模下部设计有凸台，用于凹模的固定。凹模工作部位的几何形状，可对照凸模的几何形状并考虑工件厚度进行设计。凸模和凹模均采用 Cr12 制造，热处理硬度为 62~64HRC。

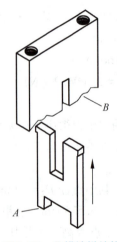

图 3-31　凸模镶拼结构

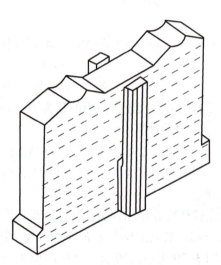

图 3-32　凹模镶拼示意图

项目小结

本项目重点讲述了弯曲工艺和弯曲模具的结构与设计。弯曲工序的设计是本章的重点，也是难点。

➤ **双基训练**

1. 弯曲件设计对工艺性有哪些要求？
2. 怎样计算弯曲件的展开长度？

3. 弯曲产生回弹的原因是什么？

4. 怎样减小弯曲回弹量？

➤ **实训演练**

5. 已知弯曲件尺寸如图 3-33 所示，材料为 10 号钢，厚度为 1.2 mm，中批量生产。试完成该零件弯曲工序设计，并画出模具结构示意图。

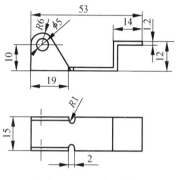

图 3-33 零件简图

➤ **双基训练参考答案**

1. 答：(1) 对弯曲件形状的要求。

① 为防止弯曲时材料滑移，要求弯曲件的形状尽量对称。② 当弯曲件的弯曲处于宽窄交界处时，为使弯曲时易于变形，防止交界处开裂，弯曲线的位置应满足 $l \geqslant r$。③ 边缘有缺口的弯曲件，若在坯料上将缺口冲出，弯曲时会出现叉口现象，严重时无法弯曲成形。这时可在缺口处留出连接带，待弯曲成形后，再把它切除。

(2) 对弯曲件尺寸的要求。

① 弯曲件孔到弯边的距离。弯曲有孔的坯件时，为防止孔发生变形，使孔的边缘与弯曲线有一定距离。② 弯曲件的直边高度。在弯曲角为 90° 时，为使弯边有一定的变形稳定性，需使弯边高度 $H \geqslant 2t$。若 $H < 2t$，则需压槽，或增加弯边高度，弯曲后再将其切掉。

(3) 弯曲件的精度。

弯曲件的精度与很多因素有关，如弯曲件材料的机械性能和材料厚度，模具结构和模具精度，工序的多少和顺序，弯曲模的安装和调整情况，以及弯曲件本身的形状及尺寸等。精度要求较高的弯曲件必须严格控制材料厚度公差。弯曲件的公差等级和弯曲件角度公差值已经标准化，可查阅有关设计资料。

2. 答：利用弯曲中性层来计算各类弯曲件的展开长度。

3. 答：材料在弯曲过程中伴随着塑性变形总存在着弹性变形，因此会产生回弹。影响因素如下：

(1) 材料的力学性能；

(2) 材料相对弯曲半径 r/t；

(3) 弯曲工件的形状；

(4) 模具间隙；

(5) 弯曲校正力。

4. 答：常用补偿法和校正法。

(1) 补偿法。补偿法即预先估算或试验出工件弯曲后的回弹量，在设计模具时，使弯曲工件的变形超过原设计的变形，工件回弹后得到所需要的形状。

(2) 校正法。校正法是在模具结构上采取措施，让校正压力集中在弯角处，使其产生一定塑性变形，克服回弹。

项目 4

轴碗拉深模设计及
主要零部件加工

能力目标

1. 掌握圆筒形拉深件拉深工艺与拉深模具设计方法
2. 具备圆筒形拉深件工艺计算能力
3. 熟悉圆筒形拉深工序模具典型结构
4. 具备圆筒形拉深件拉深工艺与模具设计的能力
5. 具备简单模具零件的加工能力

知识目标

1. 拉深件工艺性分析及拉深工艺方案确定
2. 拉深模具结构选择
3. 压力机选择
4. 拉深凸、凹模尺寸计算原则和方法
5. 零部件选择与设计
6. 绘制模具图
7. 零部件的工艺编制及加工方法

教师需要的能力

1. 能根据教学法设计教学情境
2. 能按照设计的教学情境实施教学
3. 能够正确、及时处理学生出现的问题

4. 具有实际操作和指导能力

5. 设计、组织加工全过程的能力

学生的基础

1. 具有识图及绘图能力
2. 通用机床零件加工能力
3. 能够为模具的不同零部件选择合适的模具材料
4. 能够正确标注模具的零件图和装配图能力
5. 工艺编制与模具设计能力
6. 能够完成简单零部件的加工能力

教学方法建议

1. 宏观：项目教学法
2. 微观："教、学、做"一体化

设计准备

1. 设计前应预先准备好设计资料、手册、图册、绘图用具、图纸、说明书用纸

2. 认真研究任务书及指导书，分析设计题目的原始图样、零件的工作条件，明确设计要求及内容

设计任务单

任务名称	轴碗拉深模设计		
任务描述	零件名称：轴碗 生产批量：大批量 材料：10 钢 材料厚度：0.8 mm 制件精度：IT13 级 如右图所示 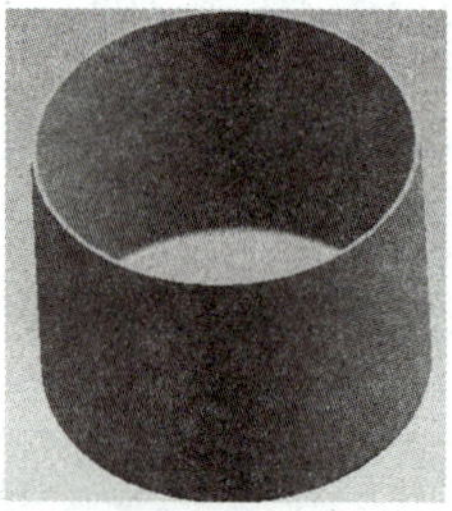	轴碗 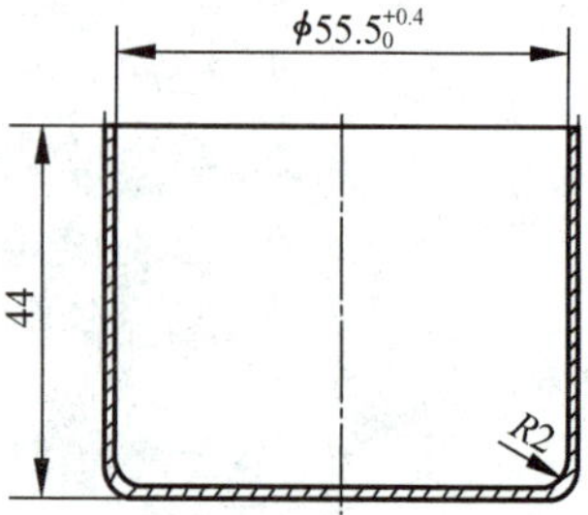	$\phi 55.5_0^{+0.4}$ 44 R2 无凸缘高圆筒形工件图
设计内容	拉深工艺性分析，拉深工艺方案制定，拉深力计算，画出拉深工序图，凸模、凹模工作部位尺寸计算，凸模、凹模或凸凹模结构设计，绘制模具装配图和工作零件图，编写设计说明书		

续表

任务名称	轴碗拉深模设计		
设计要求	1. 计算凸、凹模工作部位尺寸 2. 选择压力机，画出拉深工序图 3. 绘制模具总装图，凸、凹模零件图等		
任务评价表	考核项目	评价标准	分数
	考勤	无迟到、旷课或缺勤现象	10
	零件图	零部件设计合理	20
	装配草图	装配图结构合理	10
	正式装配图	图纸绘制符合国家标准	30
	设计说明书	工艺分析全面，工艺方案合理，工艺计算正确	20
	设计过程表现	团队协作精神，创新意识，敬业精神	10
	总分		100

本项目为进程性考核，设计结束后学生上交整套设计资料。

任务 4.1　轴碗拉深工艺性分析

【目的要求】掌握拉深件的公差等级，拉深件的结构工艺性，拉深件的材料。

【教学重点】能够判断拉深件工艺性。

【教学难点】拉深件的结构工艺性。

【教学内容】轴碗拉深工艺性分析。

 知识链接

拉深工艺性分析：在明确了设计任务、收集了有关资料的基础上，分析制件的技术要求、结构工艺性及经济性是否符合冲压工艺要求。若不合适，应提出修改意见，经指导教师同意后修改或更换设计任务书。

一、拉深件的公差等级

一般拉深件的尺寸精度应在 IT13 级以下，不宜高于 IT11 级。

拉深件壁厚公差要求一般不应超出拉深工艺壁厚变化规律。

据统计，不变薄拉深，壁的最大增厚量为（0.2~0.3）t；最大变薄量为（0.10~0.18）t（t 为板料厚度）。

二、拉深件的结构工艺性

（1）拉深件形状应尽量简单、对称，尽可能一次拉深成形。

（2）需多次拉深的零件，在保证必要的表面质量前提下，应允许内、外表面存在拉深过程中可能产生的痕迹。

（3）在保证装配要求的前提下，应允许拉深件侧壁有一定的斜度。

（4）拉深件的底或凸缘上的孔边到侧壁的距离应满足：

$$a \geqslant R + 0.5t \quad （或 \; r_d + 0.5t）$$

（5）拉深件的底与壁、凸缘与壁、矩形件四角的圆角半径应满足：

$$r_d \geqslant t, \quad R \geqslant 2t, \quad r \geqslant 3t$$

其中 r_d——拉深件的底与壁的圆角半径；

R——凸缘与壁的圆角半径；

r——矩形件的圆角半径。

（6）拉深件不能同时标注内外形尺寸；带台阶的拉深件，其高度方向的尺寸标注一般应以底部为基准。

三、拉深件的材料

用于拉深的材料一般要求具有较好的塑性、低的屈强比、大的板厚方向性系数和小的板平面方向性。

 任务结论

此工件为无凸缘圆筒形件，要求内形尺寸，没有厚度不变的要求。此工件的形状满足拉深工艺要求，可用拉深工序加工。

工件底部圆角半径 $r = r_{工件} = 2 \, mm \geqslant t$，满足再次拉深对圆角半径的要求。尺寸 $\phi 55.5^{+0.4}_{0} \, mm$ 为 IT13 级，满足拉深工序对工件的公差等级要求。

10 钢的拉深性能较好。

此工件的拉深工艺性较好，需计算工序尺寸。

综上，该工件的拉深工艺性较好，需进行如下的工序计算，来判断拉深次数。

任务 4.2 轴碗拉深工艺计算

【目的要求】 掌握确定毛坯尺寸原则，了解拉深系数与极限拉深系数的概念，确定拉深次数与工序件尺寸，计算圆筒形件拉深的压料力与拉深力，选取压力机。

【教学重点】能够确定拉深次数与工序件尺寸，计算圆筒形件拉深的压料力与拉深力，选取压力机。

【教学难点】确定拉深次数与工序件尺寸。

【教学内容】轴碗拉深工艺计算。

 知识链接

一、确定毛坯尺寸原则

（1）截面形状相似原则。

（2）表面积相等原则。

（3）体积不变原则。

（4）增加修边余量原则。

圆筒形件拉深成筒形件后，上口出现不平齐现象，称为"突耳"。为制成规则工件，拉深后需要修边，所以在计算毛坯尺寸之前，要加修边余量 Δh。修边余量可以参考表 4-1 和表 4-2。

表 4-1　无凸缘圆筒形拉深件的修边余量 Δh

工件高度 h/mm	工件的相对高度 h/d				附　图
	0.5~0.8	0.8~1.6	1.6~2.5	2.5~4	
≤10	1.0	1.2	1.5	2	
10~20	1.2	1.6	2	2.5	
20~50	2	2.5	3.3	4	
50~100	3	3.8	5	6	
100~150	4	5	6.5	8	
150~200	5	6.3	8	10	
200~250	6	7.5	9	11	
>250	7	8.5	10	12	

表 4-2　有凸缘圆筒形拉深件的修边余量 Δh

凸缘直径 d_1/mm	凸缘的相对直径 d_t/d				附　图
	1.5 以下	1.5~2	2~2.5	2.5~3	
≤25	1.6	1.4	1.2	1.0	
25~50	2.5	2.0	1.8	1.6	
50~100	3.5	3.0	2.5	2.2	
100~150	4.3	3.6	3.0	2.5	
150~200	5.0	4.2	3.5	2.7	
200~250	5.5	4.6	3.8	2.8	
>250	6	5	4	3	

当零件的相对高度 h/d 很小，并且高度尺寸要求不高时，也可以不用切边工序。

二、简单旋转体拉深件的毛坯尺寸

毛坯尺寸 D 计算公式：

$$D = \sqrt{d^2 + 4d(H + \Delta h) - 1.72dr - 0.56r^2} \qquad (4-1)$$

常用旋转体零件坯料直径计算公式见表4-3。

表4-3　常用旋转体零件坯料直径计算公式

序号	零件形状	坯料直径 D
1		$\sqrt{d_1^2 + 2l(d_1 + d_2)}$
2		$\sqrt{d_1^2 + 2r(\pi d_1 + 4r)}$
3		或 $\sqrt{d_1^2 + 4d_2 h + 6.28 r d_1 + 8r^2}$　$\sqrt{d_2^2 + 4d_2 H - 1.72 r d_2 - 0.56 r^2}$
4		当 $r \neq R$ 时 $\sqrt{d_1^2 + 6.28 r d_1 + 8r^2 + 4d_2 h + 6.28 R d_2 + 4.56 R^2 + d_4^2 - d_3^2}$　当 $r = R$ 时 $\sqrt{d_4^2 + 4d_2 H - 3.44 r d_2}$
5		或 $\sqrt{8rh}$　$\sqrt{s^2 + 4h^2}$
6		$\sqrt{2d^2} = 1.414d$

续表

序号	零件形状	坯料直径 D
7		$\sqrt{d_1^2 + 4h^2 + 2l\,(d_1 + d_2)}$
8		$\sqrt{8r_1\left[x - b\left(\arcsin \dfrac{x}{r_1}\right)\right] + 4d + 8rh_1}$
9		$\sqrt{8r^2 + 4dH - 4dr - 1.72dR + 0.56R^2 + d_4^2 - d^2}$
10		$\sqrt{4dh_1\,(2r_1 - d) + (d - 2r)\,(0.069\ 6r\alpha - 4h_2) + 4dH}$ $\sin\alpha = \dfrac{\sqrt{r_1^2 - r\,(2r_1 - d)}\ - 0.25d^2}{r_1 - r}$ $h_1 = r_1\,(1 - \sin\alpha)$ $h_1 = r\sin\alpha$

注：① 尺寸按工件材料厚度中心尺寸计算。
　　② 对厚度小于 1 mm 的拉深件，可不按工件材料厚度中心层尺寸计算，而根据工件外壁尺寸计算。
　　③ 对于部分未考虑工件圆角半径的计算公式，在计算有圆角半径的工件时计算结果要偏大，故在此情形下，可不考虑或少考虑修边余量。

三、拉深系数与极限拉深系数

1. 拉深系数的定义

拉深系数 m：是以拉深后的直径 d 与拉深前的坯料 D（工序件 d_n）直径之比表示，如图 4-1 所示。

第一次拉深系数：$m_1 = \dfrac{d_1}{D}$

第二次拉深系数：$m_2 = \dfrac{d_2}{d_1}$

第 n 次拉深系数：$m_n = \dfrac{d_n}{d_{n-1}}$

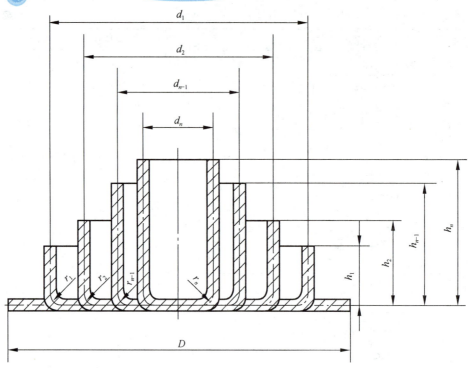

图 4-1　圆筒形件的多次拉深

拉深系数 m 表示拉深前后坯料（工序件）直径的变化率。m 越小，说明拉深变形程度越大，相反，变形程度越小。

拉深件的总拉深系数等于各次拉深系数的乘积，即

$$m = \frac{d_n}{D} = \frac{d_1}{D} \frac{d_2}{d_1} \frac{d_3}{d_2} \cdot \cdots \cdot \frac{d_{n-1}}{d_{n-2}} \frac{d_n}{d_{n-1}} = m_1 m_2 m_3 \cdot \cdots \cdot m_{n-1} m_n \qquad (4-2)$$

如果 m 取得过小，会使拉深件起皱、断裂或严重变薄超差。

极限拉深系数 $[m]$：从工艺的角度来看，$[m]$ 越小越有利于减少工序数。

2. 影响极限拉深系数的因素

（1）材料方面：① 材料的组织与力学性能；② 板料的相对厚度。

（2）拉深工作条件。

① 模具的几何参数；② 摩擦润滑；③ 压料圈的压料力；④ 拉深次数。

（3）其他因素：拉深方法、拉深速度、拉深件的形状等。

3. 极限拉深系数的确定

表 4-4 和表 4-5 是圆筒形件在不同条件下各次拉深的极限拉深系数。

表 4-4　圆筒形件的极限拉深系数（带压边圈）

极限拉深系数	坯料相对厚度 $(t/D) \times 100$					
	2.0~1.5	1.5~1.0	1.0~0.6	0.6~0.3	0.3~0.15	0.15~0.08
m_1	0.48~0.50	0.50~0.53	0.53~0.55	0.55~0.58	0.58~0.60	0.60~0.63

极限拉深系数	坯料相对厚度 $(t/D) \times 100$					
	2.0~1.5	1.5~1.0	1.0~0.6	0.6~0.3	0.3~0.15	0.15~0.08
m_2	0.73~0.75	0.75~0.76	0.76~0.78	0.78~0.79	0.79~0.80	0.80~0.82
m_3	0.76~0.78	0.78~0.79	0.79~0.80	0.80~0.81	0.81~0.82	0.82~0.84
m_4	0.78~0.80	0.80~0.81	0.81~0.82	0.82~0.83	0.83~0.85	0.85~0.86
m_5	0.80~0.82	0.82~0.84	0.84~0.85	0.85~0.86	0.86~0.87	0.87~0.88

注：① 表中拉深数据适用于08钢、10钢和15Mn钢等普通拉深碳钢及黄铜H62。对拉深性能较差的材料，如20钢、25钢、Q215钢、Q235钢、硬铝等应比表中数值大1.5%~2.0%。
② 表中数据适用于未经中间退火的拉深。若采用中间退火工序时，则取值应比表中数值小2%~3%。
③ 表中较小值适用于大的凹模圆角半径 $[r_A = (8~15)\ t]$，较大值适用于小的凹模圆角半径 $[r_A = (4~8)\ t]$。

表4-5　圆筒形件的极限拉深系数（不带压边圈）

极限拉深系数	坯料的相对厚度 $(t/D) \times 100$				
	1.5	2.0	2.5	3.0	>3
m_1	0.65	0.60	0.55	0.53	0.50
m_2	0.80	0.75	0.75	0.75	0.70
m_3	0.84	0.80	0.80	0.80	0.75
m_4	0.87	0.84	0.84	0.84	0.78
m_5	0.90	0.87	0.87	0.87	0.82
m_6	—	0.90	0.90	0.90	0.85

注：此表适用于08钢、10钢及15Mn钢等材料。其余各项同表4-4中注① 。

为了提高工艺稳定性和零件质量，适宜采用稍大于极限拉深系数 $[m]$ 的值。

四、拉深次数与工序件尺寸确定

1. 拉深次数的确定

当 $m_总 > [m_1]$ 时，拉深件可一次拉成，否则需要多次拉深。

其拉深次数的确定有以下几种方法：① 查表法（见表4-6）；② 推算方法；③ 计算方法。

表4-6　拉深相对高度 H/d 与拉深系数的关系（无凸缘筒形件）

H/d 拉深次数	坯料的相对厚度 $(t/D) \times 100$					
	2~1.5	1.5~1.0	1.0~0.6	0.6~0.3	0.3~0.15	0.15~0.08
1	0.94~0.77	0.84~0.65	0.71~0.57	0.62~0.5	0.52~0.45	0.46~0.38
2	1.88~1.54	1.60~1.32	1.36~1.1	1.13~0.94	0.96~0.83	0.9~0.7
3	3.5~2.7	2.8~2.2	2.3~1.8	1.9~1.5	1.6~1.3	1.3~1.1
4	5.6~4.3	4.3~3.5	3.6~2.9	2.9~2.4	2.4~2.0	2.0~1.5

续表

拉深次数 H/d	坯料的相对厚度 $(t/D) \times 100$					
	2~1.5	1.5~1.0	1.0~0.6	0.6~0.3	0.3~0.15	0.15~0.08
5	8.9~6.6	6.6~5.1	5.2~4.1	4.1~3.3	3.3~2.7	2.7~2.0

注：① 大的 H/d 值适用于第一道工序的大凹模圆角 $[r_A \approx (8{\sim}15)\,t]$；

② 小的 H/d 值适用于第一道工序的小凹模圆角 $[r_A \approx (4{\sim}8)\,t]$；

③ 表中数据适用材料为 08F 钢、10F 钢。

（1）由表4-4或表4-5查得各次的极限拉深系数；

极限拉深系数：指拉深时既能使材料的塑性得到充分发挥，同时又不致使拉深件破裂的最小拉深系数。

（2）依次计算出各次拉深直径，即

$$d_1 = m_1 D; \quad d_2 = m_2 d_1; \quad \cdots; \quad d_n = m_n d_{n-1};$$

（3）当 $d_n \le d$ 时，计算的次数即为拉深次数。

2. 各次拉深工序件尺寸的确定

（1）工序件直径的确定。确定拉深次数以后，由表4-4或表4-5查得各次拉深的极限拉深系数，适当放大，并加以调整，其原则是：

① 保证 $m_1 m_2 \cdot \cdots \cdot m_n = \dfrac{d}{D}$。

② 使 $m_1 < m_2 < \cdots < m_n$。

最后按调整后的拉深系数计算各次工序件直径：

$$
\begin{aligned}
d_1 &= m_1 D \\
d_2 &= m_2 d_1 \\
&\vdots \\
d_n &= m_n d_{n-1}
\end{aligned}
\tag{4-3}
$$

（2）工序件高度的计算。根据拉深后工序件表面积与坯料表面积相等的原则，可得到如下工序件高度计算公式。计算前应先定出各工序件的底部圆角半径。

$$
\begin{aligned}
h_1 &= 0.25\left(\frac{D^2}{d_1} - d_1\right) + 0.43\,\frac{r_1}{d_1}(d_1 + 0.32 r_1) \\
h_2 &= 0.25\left(\frac{D^2}{d_2} - d_2\right) + 0.43\,\frac{r_2}{d_2}(d_2 + 0.32 r_2) \\
&\vdots \\
h_n &= 0.25\left(\frac{D^2}{d_n} - d_n\right) + 0.43\,\frac{r_n}{d_n}(d_n + 0.32 r_n)
\end{aligned}
\tag{4-4}
$$

式中　$r_1 \sim r_n$ 为工序件底部圆角半径。

3. 拉深件工艺计算

圆筒形件拉深工艺计算程序。

（1）确定修边余量。

（2）计算毛坯尺寸。

（3）确定拉深次数。

（4）计算各次拉深直径。

（5）选取凸、凹模的圆角半径。

（6）画出工序件简图。

例4.1 求图4-2所示筒形件的坯料尺寸及拉深各工序件尺寸。材料为10钢，板料厚度$t = 2$ mm。

解：因$t > 1$ mm，故按板厚中径尺寸计算。

（1）计算坯料直径。

根据零件尺寸，其相对高度为

$$\frac{H}{d} = \frac{76 - 1}{30 - 2} = \frac{75}{28} \approx 2.7$$

查表4-1得，切边量$\Delta h = 6$ mm。

坯料直径为

$$D = \sqrt{d^2 + 4d(H + \Delta h) - 1.72dr - 0.56r^2}$$

将已知条件代入上式，得$D = 98.2$ mm

（2）确定拉深次数。

坯料相对厚度为

$$\frac{t}{D} = \frac{2}{98.2} \times 100\% \approx 2.03\% > 2\%$$

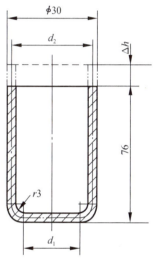

图4-2 筒形坯件

按表4-7可不用压料圈，但为了保险，首次拉深仍采用压料圈。

表4-7 采用或不采用压料装置的条件

拉深方法	第一次拉深		以后各次拉深	
	$(t/D) \times 100$	m_1	$(t/d_{n-1} \times 100)$	m_n
用压料装置	< 1.5	< 0.6	< 1	< 0.8
可用可不用	1.5 ~ 2.0	0.6	1 ~ 1.5	0.8
不用压料装置	> 2.0	> 0.6	> 1.5	> 0.8

根据$t/D = 2.03\%$，查表4-4得各次极限拉深系数$m_1 = 0.50$，$m_2 = 0.75$，$m_3 = 0.78$，$m_4 = 0.80$，……

故 $d_1 = m_1 D = 0.50 \times 98.2 = 49.1$（mm）

$d_2 = m_2 d_1 = 0.75 \times 49.1 = 36.8$（mm）

$d_3 = m_3 d_2 = 0.78 \times 36.8 \approx 28.7$（mm）

$d_4 = m_4 d_3 = 0.8 \times 28.7 \approx 23$（mm）

此时$d_4 = 23$ mm < 28 mm，所以应该用4次拉深成形。

（3）各次拉深工序件尺寸的确定。

经调整后的各次拉深系数为：

$$m_1 = 0.52, \quad m_2 = 0.78$$
$$m_3 = 0.83, \quad m_4 = 0.846$$

各次工序件直径为

$$d_1 = m_1 D = 0.52 \times 98.2 = 51.06 \ (\text{mm})$$
$$d_2 = m_2 d_1 = 0.78 \times 51.06 = 39.83 \ (\text{mm})$$
$$d_3 = m_3 d_2 = 0.83 \times 39.83 = 33.06 \ (\text{mm})$$
$$d_4 = m_4 d_3 = 28 \ (\text{mm})$$

各次工序件底部圆角半径取以下数值：

$$r_1 = 8 \ \text{mm}, \quad r_2 = 5 \ \text{mm}, \quad r_3 = 4 \ \text{mm}$$

各次工序件高度为（按公式4-4）：

$$h_1 = 0.25\left(\frac{D^2}{d_1} - d_1\right) + 0.43\frac{r_1}{d_1}(d_1 + 0.32r_1)$$

$$h_2 = 0.25\left(\frac{D^2}{d_2} - d_2\right) + 0.43\frac{r_2}{d_2}(d_2 + 0.32r_2)$$

$$\cdots$$

$$h_n = 0.25\left(\frac{D^2}{d_n} - d_n\right) + 0.43\frac{r_n}{d_n}(d_n + 0.32r_n)$$

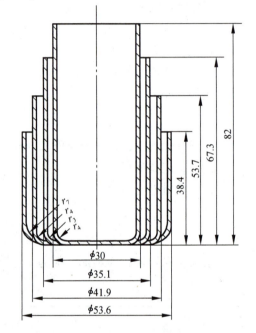

图4-3　工序件草图

计算得出：

$$h_1 = 37.4 \ \text{mm}, \quad h_2 = 52.7 \ \text{mm},$$
$$h_3 = 66.3 \ \text{mm}, \quad h_4 = 81 \ \text{mm}$$

（4）工序件草图如图4-3所示。

五、圆筒形件拉深的压料力与拉深力

1. 压料装置与压料力

压料装置产生的压料力 F_Y 大小应适当：在保证变形区不起皱的前提下，尽量选用小的压料力。

理想的压料力是随起皱可能性变化而变化。

任何形状的拉深件：

$$F_Y = Ap \tag{4-5}$$

式中　A——压料圈下坯料的投影面积，mm^2；

　　　p——单位面积压料力，MPa，p 值可查表4-8。

表4-8　单位面积压料力

材料名称	p/MPa
铝	0.8~1.2
纯铜、硬铝（已退火）	1.2~1.8

材料名称		p/MPa
黄铜		1.5~2.0
软铜	$t \le 0.5$ mm	2.5~3.0
	$t > 0.5$ mm	2.0~2.5
镀锡钢板		2.5~3.0
耐热钢（软化状态）		2.8~3.5
高合金钢、高锰钢、不锈钢		3.0~4.5

圆筒形件首次拉深

$$F_Y = \frac{\pi}{4}\left[D^2 - (d_1 + 2r_{A1})^2\right]p \tag{4-6}$$

圆筒形件以后各次拉深

$$F_Y = \frac{\pi}{4}\left[d_{i-1}^2 - (d_i + 2r_{Ai})^2\right]p \quad (i = 2, 3, \cdots, n) \tag{4-7}$$

2. 拉深力与压力机公称压力

（1）拉深力。

采用压料圈拉深时：

首次拉深

$$F = \pi d_1 t \sigma_b K_1 \tag{4-8}$$

以后各次拉深

$$F = \pi d_i t \sigma_b K_2 \quad (i = 2, 3, \cdots, n) \tag{4-9}$$

不采用压料圈拉深时：

首次拉深

$$F = 1.25\pi(D - d_1)t\sigma_b \tag{4-10}$$

以后各次拉深

$$F = 1.3\pi(d_{i-1} - d_i)t\sigma_b \quad (i = 2, 3, \cdots, n) \tag{4-11}$$

式中　K_1、K_2——修正系数，其值见表4-9。

表4-9　修正系数 K_1 及 K_2 值

m_1	0.55	0.57	0.60	0.62	0.65	0.67	0.70	0.72	0.75	0.77	0.80	—	—	—
K_1	1.0	0.93	0.86	0.79	0.72	0.66	0.60	0.55	0.5	0.45	0.40	—	—	—
$m_2, m_3, \cdots, m_n$	—	—	—	—	—	—	0.70	0.72	0.75	0.77	0.80	0.85	0.90	0.95
K_2	—	—	—	—	—	—	1.0	0.95	0.90	0.85	0.80	0.70	0.60	0.50

（2）压力机公称压力。

单动压力机，其公称压力应大于工艺总压力。

工艺总压力为

$$F_{总} = F + F_Y \tag{4-12}$$

选择压力机公称压力时必须注意，当拉深工作行程较大，尤其落料拉深复合时，应使工艺压力曲线位于压力机滑块的许用压力曲线下。

在实际生产中可以按下式确定压力机的公称压力：

浅拉深

$$F_g \geq (1.6 \sim 1.8)F_{总} \qquad (4-13)$$

深拉深

$$F_g \geq (1.8 \sim 2.0)F_{总} \qquad (4-14)$$

式中　F_g——压力机公称压力。

 任务结论

（1）计算毛坯尺寸。

如图4-1所示，$h = 44 - 0.4 = 43.6$（mm），$d = 55.5 + 0.8 = 56.3$（mm）。

根据相对高度 $h/d = 43.6 \text{ mm}/56.3 \text{ mm} \approx 0.77$，由表4-1查得，修边余量 $\Delta h = 2$ mm。

将 $d = 56.3$ mm，$H = h + \Delta h = 43.6 + 2 = 45.6$（mm），$r = 2 + 0.4 = 2.4$（mm），代入公式(4-1)，毛坯直径为：

$$D = \sqrt{d^2 + 4dH - 1.72rd - 0.56r^2}$$
$$= \sqrt{56.3^2 + 4 \times 56.3 \times 45.6 - 1.72 \times 2.4 \times 56.3 - 0.56 \times 2.4^2} = 115(\text{mm})$$

（2）判断拉深次数。

工件总的拉深系数 $m_{总} = d/D = 56.3 \text{ mm}/115 \text{ mm} \approx 0.49$。

毛坯的相对厚度 $(t/D) \times 100 = (0.8 \text{ mm}/115 \text{ mm}) \times 100 \approx 0.7$。按毛坯的相对厚度，并假定用压边圈，从表4-4中查得极限拉深系数 $m_1 = 0.54$，$m_2 = 0.77$。由于 $m_{总} < m_1$，故工件不能被一次拉深成形。

第一次拉深半成品的直径为：

$$d_1 = m_1 D = 0.54 \times 115 = 62.1(\text{mm})(调整 d_1 = 65 \text{ mm})$$

第二次拉深半成品的直径为

$$d_2 = m_2 d_1 = 0.77 \times 65 = 50.05 < 56.3(\text{mm})(调整 d_2 = d = 56.3 \text{ mm})$$

因此，工件需要二次拉深。

根据表4-10拉深凹模圆角半径系数 C_2 及式（4-15），可算得

$$r_{A1} = 6t = 5 \text{ mm}; \qquad r_{T1} = r_{A1} = 5 \text{ mm}$$

故 $r_1 = r_{T1} + t/2 = (5 + 0.4)$ mm $= 5.4$ mm；末次 $r_2 = r_{工件} + t/2 = 2 + 0.4 = 2.4$（mm）。

由式（4-4）可求得各半成品的高度

$$H_n = 0.25\left(\frac{D^2}{d_n} - d_n\right) + 0.43\frac{r_n}{d_n}(d_n + 0.32r_n)$$

则第一次拉深半成品的高度为：

$$H_1 = 0.25 \times \left(\frac{115^2}{65} - 65\right) + 0.43 \times \frac{5.4}{65} \times (65 + 0.32 \times 5.4) = 37(\text{mm})$$

$$H_2 = H_{工件} = 45.6 \text{ mm}$$

（3）确定工艺方案。

第一步为落料；第二步为首次拉深；第三步为再次拉深；第四步为修边。

（4）工艺力计算。

计算压边力、拉深力。

① 由式（4-7）得圆筒件的再次拉深模的压边力为：

$$F_Y = \frac{\pi}{4}\left[d_{i-1}^2 - (d_i + 2r_{Ai})^2 \right] p$$

由表4-8查得 $p = 3$ MPa。将 $d_1 = 65$ mm，$d_2 = 56.3$ mm 代入上式。则第二次拉深模的压边力为：

$$F_Y = \frac{\pi}{4}\left[d_{i-1}^2 - (d_i + 2r_{Ai})^2 \right] p$$

$$= \frac{\pi}{4}(d_1^2 - d_2^2)p = \frac{\pi}{4} \times (65^2 - 56.3^2) \times 3 = 2\,500(\text{N})$$

② 用式（4-9）计算拉深力。

以后各次拉深力

$$F = \pi d_i t \sigma_b K_2$$

因是再次拉深，由 $m_2 = d_2/d_1 = 56.3/65 \approx 0.87$，查表4-9，$K_2 = 0.65$。

将 $d = 56.3$ mm，$t = 0.8$ mm，$\sigma_b = 440$ MPa 代入，即得

$$F = 3.14 \times 56.3 \times 0.8 \times 440 \times 0.65 \approx 40\,448(\text{N})$$

③ 用式（4-13），压力机的公称压力为：

$$F_压 \geqslant 1.6(F + F_Y) = 1.6 \times (40\,448 + 2\,500) = 68\,717(\text{N})$$

故压力机的公称压力至少要 80 kN。

任务4.3 轴碗拉深模工作零件设计

【目的要求】掌握凸、凹模的圆角半径计算方法，了解各种拉深情况和拉深间隙值的选择及计算方法，会计算拉深间隙数值及凸、凹模工作部分尺寸及公差。

【教学重点】能够计算拉深间隙数值及凸、凹模工作部分尺寸及公差。

【教学难点】确定凸、凹模工作部分尺寸及公差。

【教学内容】轴碗拉深模工作零件设计。

知识链接

一、凸、凹模的圆角半径

1. 凹模圆角半径的确定

首次（包括只有一次）拉深凹模圆角半径可按下式计算：

$$r_{A1} = 0.8\sqrt{(D-d)t} \quad \text{或} \quad r_{A1} = c_1 c_2 t \tag{4-15}$$

式中　c_1——考虑材料力学性能系数，对于软钢、硬铝 $c_1 = 1$，纯铜、铝 $c_1 = 0.8$；

　　　c_2——考虑板料厚度与拉深系数的系数，见表4-10。

表4-10　拉深凹模圆角半径系数 c_2

材料厚度 t/mm	拉深件直径 d/mm	拉深系数 m_1		
		$0.48 \sim 0.55$	$\geqslant 0.55 \sim 0.6$	$\geqslant 0.6$
0.5	~50	7~9.5	7.5	5~6
	50~200	8.5~10	7~8.5	6~7.5
	>200	9~10	8~10	7~9
0.5~1.5	~50	6~8	5~6.5	4~5.5
	50~200	7~9	6~7.5	5~6.5
	>200	8~10	7~9	6~8
1.5~3	~50	5~6.5	4.5~5.5	4~5
	50~200	6~7.5	5~6.5	4.5~5.5
	>200	7~8.5	6~7.5	5~6.5

以后各次拉深凹模圆角半径应逐渐减小，一般按下式确定：

$$r_{Ai} = (0.6 \sim 0.8)r_{Ai-1} \quad (i = 2, 3, \cdots, n) \tag{4-16}$$

以上计算所得凹模圆角半径一般应符合 $r_A \geqslant 2t$ 的要求。

2. 凸模圆角半径的确定

首次拉深可取：

$$r_{T1} = (0.7 \sim 1.0)r_{A1} \tag{4-17}$$

中间各拉深工序凸模圆角半径可按下式确定：

$$r_{Ti-1} = \frac{d_{i-1} - d_i - 2t}{2} \quad (i = 2, 3, \cdots, n) \tag{4-18}$$

最后一次拉深凸模圆角半径 r_{Tn} 即等于零件圆角半径 r。

但零件圆角半径如果小于拉深工艺性要求时，则凸模圆角半径应按工艺性的要求确定（即 $r_T \geqslant t$），然后通过整形工序得到零件要求的圆角半径。

二、拉深模间隙

凸模和凹模之间的单面间隙称为拉深间隙。

拉深间隙的确定：

① 浅拉深，间隙可取小；深拉深，则取大。

② 多次拉深，前几次拉深可取较大的间隙，以便拉深顺利进行。最后一次则取较小间隙，以便获得尺寸精度较高的拉深件。

③ 整形拉深，如要求精度高，可取间隙小于板料厚度，$Z = (0.9\text{-}0.95)\,t$。如只整圆角半径，则间隙可稍大些，$Z = (1.05\text{-}1.1)\,t$。

④ 材料较软时，取较小间隙。反之，硬材料可取间隙较大值。

一般单面间隙公式：

$$Z = t_{max} + Kt \tag{4-19}$$

式中　t_{max}——板料最大厚度，$t_{max} = t + \delta$，δ 为板厚的上偏差；

　　　K——拉深间隙系数，如表4-11。

表4-12为圆筒形件拉深间隙 Z。

表4-11　拉深间隙系数 K

板料厚度/mm	一般精度		较精密精度 （IT12~IT11）	精密精度 （超过 IT11 级）
	一次拉深	多次拉深		
< 0.4	0.07~0.09	0.08~0.10	0.04~0.05	
0.4~1.2	0.08~0.10	0.10~0.14	0.05~0.06	0~0.04
1.3~3.0	0.10~0.12	0.14~0.16	0.07~0.09	
> 3.0	0.12~0.14	0.16~0.20	0.08~0.10	

表4-12　圆筒形件拉深间隙 Z

材　料	首次拉深	中间各次拉深	末次拉深
软钢	$(1.3\text{~}1.5)\,t$	$(1.2\text{~}1.3)\,t$	$(1.05\text{~}1.1)\,t$
黄铜、铝	$(1.3\text{~}1.4)\,t$	$(1.15\text{~}1.2)\,t$	

注：不锈钢、高温合金及镀锌板取表中对应值的上限。

1. 无压料圈的拉深模

其拉深间隙为：

$$Z/2 = (1 \sim 1.1)\,t_{max} \tag{4-20}$$

2. 有压料圈的拉深模

其拉深间隙为：

$$Z/2 = (0.9 \sim 0.95)\,t_{max} \tag{4-21}$$

3. 盒形件拉深模的间隙

当尺寸精度要求高时：

$$Z/2 = (0.9 \sim 0.95)\,t_{max} \tag{4-22}$$

当精度要求不高时：

$$Z/2 = (1.1 \sim 1.3)\,t_{max} \tag{4-23}$$

末道拉深取较小值。

最后一道拉深：圆角部分的间隙比直边部分大 $0.1t$。

盒形件拉深模圆角部分的间隙确定方法有以下两种情况。

当零件尺寸标注在内形时，凹模平面转角的圆角半径为：

$$r_{AZ} = \frac{0.414r_\omega - 0.1t}{0.414} \qquad (4-24)$$

当零件尺寸标注在外形时，凸模平面转角的圆角半径为：

$$r_{TZ} = \frac{0.414r_n + 0.1t}{0.414} \qquad (4-25)$$

三、凸、凹模的结构

1. 不用压料的拉深模凸、凹模结构

（1）不用压料的一次拉深成形时所用的凹模结构形式。

（2）无压料多次拉深的凸、凹模结构。

2. 有压料的拉深模凸、凹模结构

最后拉深工序凸模底部的设计如下。

图 4-4　顶出件直壁凹模

（1）普通直壁凹模（见图 4-4）。

凹模工作带高度 h 不应太大，可取 $h = 8 \sim 12$ mm。

（2）锥形凹模。适用于相对料厚较大，t/D 最小值不小于 2%。

（3）拉深凸模结构。拉深凸模需钻一通气孔，孔径可选取 $3 \sim 8$ mm。

拉深凸模固定方法：凸模固定端不带凸缘，以过渡配合直接嵌入到模座内一定深度，并用螺钉连接防止拔出。

优点：模具结构比较简单，可省去销钉和凸模固定板。

较大的拉深凸模，从节省模具钢与便于热处理考虑，采用组合式的结构。

四、凸、凹模工作部分尺寸及公差

对于最后一道工序的拉深模有以下两种情况。

当零件尺寸标注在外形时，以凹模为基准，工作部分尺寸为：

$$D_A = (D_{max} - 0.75\Delta)^{+\delta_A}_0, \qquad D_T = (D_{max} - 0.75\Delta - Z)^0_{-\delta_T} \qquad (4-26)$$

当零件尺寸标注在内形时，以凸模为基准，工作部分尺寸为：

$$d_T = (d_{min} + 0.4\Delta)^0_{-\delta_T}, \qquad d_A = (d_{min} + 0.4\Delta + Z)^{+\delta_A}_0 \qquad (4-27)$$

对于多次拉深，中间各工序的凸、凹模尺寸可按下式计算：

$$D_A = D^{+\delta_A}_0, \qquad D_T = (D - Z)^0_{-\delta_T} \qquad (4-28)$$

任务结论

模具工作部分尺寸的计算。

(1) 拉深模的间隙。由表 4-12 查得总的拉深次数为 2 次，第二次拉深的单边间隙为：

$$Z/2 = 1.05t = 1.05 \times 0.8 = 0.84 (\text{mm})$$

则拉深模的双边间隙 $Z = 1.68$ mm。

(2) 拉深模的圆角半径。凹模圆角半径按式 4-15 计算。

$$r_{A1} = 0.8\sqrt{(D-d)t} = 0.8\sqrt{(65-56.3) \times 0.8} \approx 2.1 (\text{mm})$$

取凹模圆角半径 $r_A = 2.5$ mm。

凸模圆角半径 $r_T = 2$ mm，与工件内圆角半径相等。

(3) 凸凹模工作部分的尺寸和公差。由于工件要求内形尺寸，故以凸模为设计基准。
按式 (4-27)

$$d_T = (d_{\min} + 0.4\Delta)_{\delta_T}^{0}$$

模具公差按 IT8 级选取，$\delta_T = 0.046$ mm。

将 $d_{\min} = 55.5$ mm，$\Delta = 0.4$ mm，$\delta_T = 0.046$ mm 代入上式，则凸模尺寸为：

$$d_T = (55.5 + 0.4 \times 0.4)_{-0.046} = 55.66_{-0.046} (\text{mm})$$

间隙取在凹模上，则凹模尺寸按式 (4-27)

$$d_A = (d_{\min} + 0.4\Delta + Z)_{0}^{+\delta_A} = (55.5 + 0.4 \times 0.4 + 1.68)_{0}^{+0.046} (\text{mm})$$

(4) 确定凸模的通气孔。拉深凸模需钻一通气孔，孔径可选取 3~8 mm，选通气孔直径为 6.5 mm。

任务 4.4　轴碗模具的总体设计

【目的要求】了解首次拉深模及以后各次拉深模结构，掌握落料拉深复合模典型结构及其特点，会设计压边装置结构。

【教学重点】能够设计首次拉深模及以后各次拉深模及落料拉深复合模。

【教学难点】设计压边装置。

【教学内容】轴碗拉深模具总体设计。

知识链接

一、首次拉深模

1. 无压边装置的简单拉深模，见图4-6、图4-7。
2. 有压边装置的拉深模。
（1）正装拉深模。
（2）倒装拉深模，见图4-8、图4-9。
压边装置：弹性压边装置刚性压边装置。

二、以后各次拉深模

1. 再拉深必要性
当总拉深系数小于首次拉深系数时想直接拉成工件最终结果时，将会拉破，必要时进行多次拉深，直到拉成工件为止。

2. 再拉深变形特点
特点：变形区长期保持不变；再拉深值出现在拉深后期；再拉深板厚出现第二极小值；再拉深起皱出现在拉深后期；再拉深允许的变形程度远小于首次拉深。

（1）反拉深模（见图4-5）。反拉深是将前次拉成的圆筒形工序件倒扣在凹模上，凸模从底部进行反向拉深的一种方法。其特点为：

① 反拉深时变形集中在 r_d 区，主要变形仍是切向压缩变形，其应力应变状态也与正拉深时基本相同。

② 反拉深时材料所受到的折弯要减少一半，因此材料硬化程度要比正拉深时低些。

③ 反拉深允许变形程度可大些，即拉深系数 m 可小些。反拉深时，拉深系数不能太大。

（2）无压边装置的以后各次拉深模（见图4-6、图4-7）。

（3）有压边装置的以后各次拉深模（见图4-8、图4-9）。

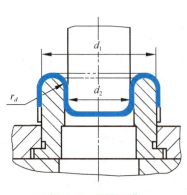

图4-5　反拉深模

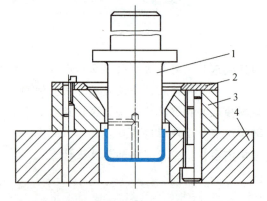

图4-6　无压边顺出件首次拉深模

1—拉深凸模；2—定位板；3—拉深凹模；4—下模板

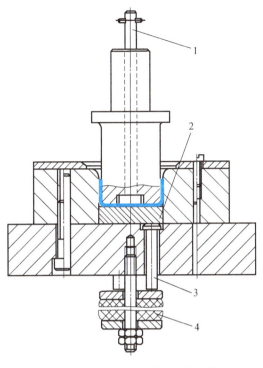

图4-7 无压边逆出件拉深模

1—打杆；2—推件板；3—推杆；4—橡胶

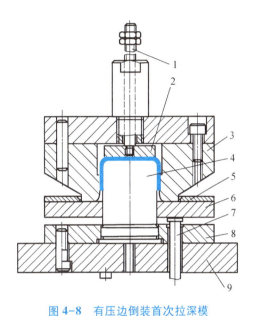

图4-8 有压边倒装首次拉深模

1—推杆；2—推件板；3—拉深凹模；4—拉深凸模；
5—定位板；6—压边圈；7—推杆；8—拉深凸模
固定板；9—下模板；

三、落料拉深复合模

（1）正装落料拉深复合模。

（2）落料、正、反拉深模。

（3）后次拉深、冲孔、切边复合模。

【实例讲解】

（1）单动压力机上使用的拉深模。

① 无压边顺出件首次拉深模（图4-6）。适用于变形程度不大、相对料厚较大的简单件的拉深，主要用于一次拉深的尺寸精度要求不高的工件。

② 无压边逆出件拉深模（图4-7）。

③ 有压边倒装首次拉深模（图4-8）。

④ 有压边倒装再次拉深模（图4-9）。

⑤ 落料、拉深复合模（图4-10）。

（2）双动压力机上使用的拉深模。

双动压力机用的落料、拉深复合模（图4-11）。

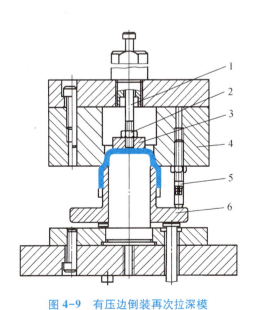

图4-9 有压边倒装再次拉深模

1—打杆；2—螺母；3—推件板；4—拉深凹模；
5—限位柱；6—压边圈

127

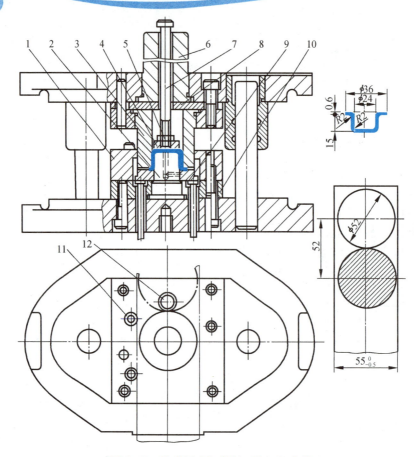

图 4-10　单动压力机落料、拉深复合模

1—落料凹模；2—拉深凸模；3—凸凹模；4—推件板；5—螺母；6—模柄；7—打杆；8—垫板；
9—推件块；10—拉深凸模固定板；11—导料销；12—挡料销

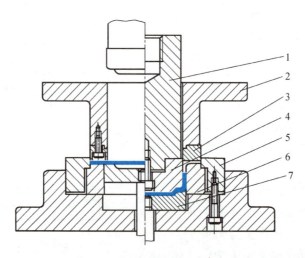

图 4-11　双动压力机落料、拉深复合模

1—凸模；2—上模板；3—落料凸模镶块；4—拉深凸模；5—落料凹模；6—拉深凹模；7—推件块

四、压边装置结构设计

1. 采用与不采用压边装置的条件（表 4-7）

目的：防止拉深中起皱。

条件：板料相对厚度 t/D 较大，采用压边装置；变形程度较小，不采用压边装置。

2. 压边装置的类型

（1）弹性压边装置。单动压力机拉深，必须有弹性元件，如橡胶块、弹簧、气压装置。气压装置效果最好。浅拉深时，可用橡胶块。

（2）刚性压边装置。压边圈以适当间隙停留在凹模端面上；双动拉深机拉深，适用于大型拉深模。

3. 弹性压边装置的限位柱（图 4-12）

在压边圈与凹模之间用限位柱控制两者之间的间隙，便可以克服采用橡胶垫或弹簧垫压边时在拉深后期由于压边力过大所带来的不利影响。其中图 4-12（a）用于首次拉深，图 4-12（b）用于再拉深。再拉深时允许的变形程度较小，采用限位柱更有必要。

限位柱决定于压边圈与凹模之间的间隙 s，s 值应大于板厚 t，一般可进行如下控制：

拉深钢板件：$s = 1.2t$；

拉深铝板件：$s = 1.1t$；

拉深带宽凸缘件：$s = t + (0.05 \sim 0.1)$ mm。

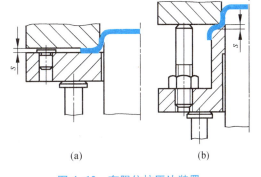

图 4-12　有限位柱压边装置

（a）首次拉伸；（b）再拉深

4. 压边力的计算（表 4-4）

压边力公式

$$FQ = AF_q(N)$$

式中　A——初始有效压边面积，mm^2；

　　　F_q——单位压边力，MPa。

  任务结论

1. 闭合高度计算

$H_{凹} = 45$ mm，因此 $H_{模} = 202$ mm。

2. 选定设备

工作行程

$$S \geqslant 2.5h_{工件} = 2.5 \times 46 = 115 (mm)$$

根据附表 6-1，确定压力机型号为 JC23-35。

模具的总体设计，再次拉深的模具如图4-13所示。

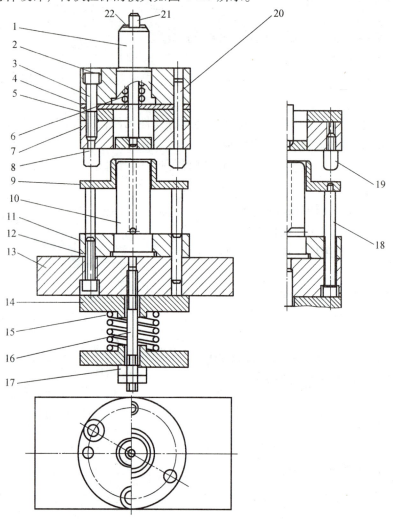

图4-13　无凸缘圆筒形件的再次拉深模

1—模柄；2—上模版；3，12—螺钉；4—垫板；5—中垫板；6，15—弹簧；7—凹模；8—打板；
9—压边圈；10—凸模；11—凸模固定板；13—下模版；14—弹簧压板；16—螺柱；17—螺母；
18—卸料螺钉；19—限位柱；20—销钉；21—打杆；22—挡环

任务4.5　轴碗拉深模主要零部件的加工

【目的要求】掌握拉深模主要零部件的加工方法。

【教学重点】能够进行拉深模主要零部件的加工。

【教学难点】拉深模主要零部件的加工。

【教学内容】完成拉深模主要零部件的加工工艺过程的制定。

 知识链接

拉深模制造过程与冲裁模是类似的，差别主要体现在凸、凹模上，而其他零件（如板类零件）与冲裁模相似。

一、拉深模凸、凹模技术要求及加工特点

拉深模不同于冲裁模，凸、凹模不带有锋利刃口，而带有圆角半径和型面，表面质量要求更高，凸、凹模之间的间隙也要大些（单边间隙略大于坯料厚度）。拉深模凸、凹模技术要求及加工特点如表4-13所示。

表4-13 拉深模凸、凹模技术要求及加工特点

模具类型	凸、凹模技术要求及加工特点
拉深模	（1）凸、凹模材质应具有高硬性、高耐磨性、高淬透性，热处理变形小，形状简单的凸、凹模一般用T10A、CrWMn等，形状复杂的凸、凹模一般用Cr12、Cr12MoV、W18Cr4V等，热处理后的硬度为58~62HRC （2）凸、凹模精度主要根据拉深件精度决定，一般尺寸精度在IT6~IT9，工作表面质量一般要求很高，其凹模圆角和孔壁要求表面粗糙度 $Ra0.8~0.2\ \mu m$；凸模工作表面粗糙度 $Ra1.6~0.8\ \mu m$ （3）由于回弹等因素在设计时难以准确考虑，导致凸、凹模尺寸的计算值与实际要求值往往存在误差。因此凸、凹模工作部分的形状和尺寸设计应合理，要留有试模后的修模余地，一般先设计和加工拉深模后设计和加工冲裁模 （4）凸、凹模淬火有时在试模后进行，以便试模后的修模 （5）凸、凹模圆角半径和间隙的大小、分布要均匀 （6）拉深凸、凹模的加工方法主要根据工作部分断面形状决定。圆形一般车削加工，非圆形一般划线后铣削加工，然后淬硬，最后研磨、抛光

二、凸、凹模加工

拉深模凸、凹模加工与冲裁模凸、凹模加工不同之处主要在于前者有圆角半径和型面的加工，而且表面质量要求高。

拉深模凸模的加工一般是外形加工，而凹模的加工则主要是型孔或型腔的加工。凸、凹模常用加工方法如表4-14，表4-15所示。

表4-14 拉深凸模常用加工方法

冲件类型		常用加工方法	适用场所
旋转体类	筒形和锥形	毛坯锻造后退火，粗车、精车外形及圆角，淬火后磨装配处成形面，修磨成形端面和圆角，抛光	所有筒形零件的拉深凸模
	曲线旋转体	方法一：成形车：毛坯加工后粗车，用成形刀或靠模成形曲面和过渡圆角。淬火后研磨抛光	凸模要求较低，设备条件较差
		方法二：成形磨：毛坯加工后粗车、半精车成形面，淬火后磨安装面，成形磨，成形曲面和圆角，抛光	凸模精度要求较高

续表

冲件类型	常用加工方法	适用场所
盒形冲件	方法一：修锉法：毛坯加工后，修锉方形和圆角，再淬火、研磨，抛光	精度要求低的小型件，工厂设备条件差
	方法二：铣削加工：毛坯加工后，划线铣成形面，修锉圆角后淬火、研磨、抛光	精度要求一般的通用加工法
	方法三：成形刨：毛坯加工后，划线，粗、精刨成形面及圆角、淬火、研磨、抛光	精度要求稍高的制件凸模
	方法四：成形磨：毛坯加工后，划线，粗加工型面，淬火后，成形磨削型面、抛光	精度要求较高的凸模
非回转体冲件	方法一：铣削加工：毛坯加工后，划线，铣型面，修锉圆角后、淬火，研磨抛光（也可用靠模铣削）	型面不太复杂、精度较低
	方法二：仿形刨：毛坯加工后，划线，粗加工型面仿形刨，淬火，研磨抛光	型面较复杂、精度较高
	方法三：成形磨：毛坯加工后，划线，粗加工型面，淬火后，成形磨削型面、抛光	结构不太复杂、精度较高的凸模

表4-15 拉深凹模常用加工方法

冲件类型及凹模结构			常用加工方法	适用场合
旋转体类	筒形和锥形		毛坯加工后，粗、精车型孔，划线加工安装孔，淬火，磨型孔或研磨型孔，抛光	各种凹模
	曲线旋转体	无底模	与筒形凹模加工方法相同	无底中间拉深凹模
		有底模	毛坯加工后，粗、精车型孔，精车时，可用靠模、仿形、数控等方法，也可用梯板精修，淬火后抛光	需整形的凹模
盒形冲件			方法一：铣削加工：毛坯加工后，划线，铣型孔，最后钳工修圆角，淬火后研磨、抛光	精度要求一般的无底凹模
			方法二：插削加工：毛坯加工后，划线，插型孔，最后钳工修锉圆角，淬火后研磨、抛光	
			方法三：线切割：毛坯加工后，划线，加工安装孔，淬火后磨安装面等，最后切割型孔，抛光	精度要求较高的无底凹模
			方法四：电火花：毛坯加工后，划线，加工安装孔，淬火后磨基面，最后电火花加工型腔，抛光	精度要求较高、需整形的凹模
非旋转体曲面形冲件			方法一：仿形铣：毛坯加工后，划线，仿形铣型腔，精修后淬火、研磨、抛光	精度要求一般的有底凹模
			方法二：铣削或插削：毛坯加工后，划线，铣或插型孔，修锉圆角后淬火，研磨抛光	精度要求一般的无底凹模
			方法三：线切割：毛坯加工后，划线，加工安装孔，淬火后磨基面，线切割型孔，抛光	精度要求较高的无底凹模
			方法四：电火花：毛坯加工后，划线，加工安装孔，淬火后磨基面，用电火花加工型腔，抛光	精度要求较高、小型有底凹模

任务结论

图 4-14、图 4-15 分别为拉深模凸模、凸凹模的零件图，根据该零件图分别制定出凸模、凸凹模的加工工艺过程（见表 4-16，4-17）。

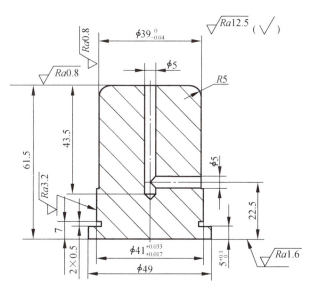

图 4-14　拉深模凸模零件图

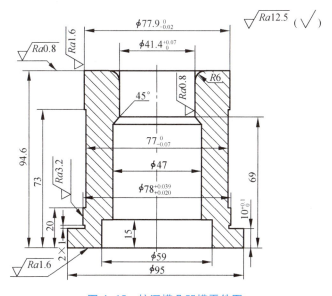

图 4-15　拉深模凸凹模零件图

表 4-16　拉深模凸模加工工艺过程

序号	工序名	工序内容
1	备料	锯切棒料 Cr12MoV（退火状态）：ϕ55 mm×65 mm
2	车削	① 夹持 ϕ49 mm 端，车上端面见光；钻中心 ϕ5 mm 孔到要求，并打顶尖孔。 ② 顶尖顶住，车 ϕ41 mm 到 ϕ41.6 mm±0.05 mm 和 ϕ39 mm 到 ϕ39.6 mm±0.05 mm；长度 62.1 mm±0.05 mm 到图纸要求。 ③ 车 R5 mm 到要求，车 2×0.5 mm 退刀槽到要求。 ④ 调头夹持，车 ϕ49 mm 到要求，厚度 5 mm 到 5.3±0.05 mm
3	钳工	① 划线。划出侧面 ϕ5 mm 孔位线 ② 钻孔。钻侧面 ϕ5 mm 孔到要求
4	热处理	淬火硬度到 58~62HRC
5	外圆磨	磨 ϕ41 mm 到要求，磨 ϕ39 mm 到要求
6	平面磨	磨上、下面尺寸 61.5 mm 到要求，保证粗糙度 Ra0.8 μm
7	钳工	研磨抛光 R5 mm 及 ϕ39 mm 圆柱面与拉深凹模研配达到间隙要求
8	检验	用卡尺、千分尺检验各部分尺寸

表 4-17　拉深模凸凹模加工工艺过程

序号	工序名	工序内容
1	备料	锯切棒料 Cr12MoV（退火状态）：ϕ100 mm×100 mm
2	车削	① 夹持 ϕ95 mm 端，车上端面见光；车外圆 ϕ78 mm 和 ϕ77.9 mm 到 ϕ78.6 mm±0.05 mm；车 ϕ76 mm 到要求；车 2×1 mm 退刀槽到要求。中心钻孔 ϕ10 mm 扩孔至 ϕ40.8 mm±0.1 mm，车 R5.5 mm 到要求 ② 调头夹持，车上端面保证总高度 95.2 mm±0.1 mm；车 ϕ47 mm 深度达 69 mm 要求，45° 倒角到要求；车 ϕ59 mm，深 15 mm 到要求；厚度 $10^{+0.1}_{0}$ mm 到 10.3 mm±0.05 mm
3	热处理	淬火硬度到 60~64HRC
4	内圆磨	磨 $\phi41.4^{+0.07}_{0}$ mm 到要求，粗糙度 Ra0.8 μm
5	外圆磨	在内孔中配芯轴，双顶芯轴磨削外圆；磨 $\phi78^{+0.039}_{+0.020}$ mm 到要求；磨 $\phi77.9^{0}_{-0.02}$ mm 到要求，粗糙度 Ra0.8 μm
6	平面磨	上下平面达尺寸，磨厚度 $10^{+0.1}_{0}$ mm 到要求，粗糙度 Ra0.8 μm
7	钳工	研磨 R6 mm 及其内圆柱面至要求
8	平面磨	与固定板装后同磨平，粗糙度 Ra0.8 μm
9	检验	用卡尺及内、外径千分尺、R 规检验各部分尺寸

 拓展知识

拉深模的装配与调试

　　拉深模的装配与调试过程和冲裁模基本类似。只是由于塑性成形工序比分离工序复杂，难以准确控制的因素多，所以其调试过程要复杂些，试模、修模反复次数多。拉深模在试冲过程中常见问题及调整方法，见表4-18。

表4-18 拉深模试冲时出现的问题和调整方法

存在问题	产生原因	调整方法
凸缘或制件口部起皱	① 没有使用压边圈或压边太小 ② 凸、凹模之间间隙太大或不均匀 ③ 凹模圆角过大 ④ 板料太薄	① 增大压边力 ② 减小拉深间隙值 ③ 采用小圆角半径凹模 ④ 更换材料
制件底部破裂或有裂纹	① 材料太硬，塑料差 ② 压边力太大 ③ 凸、凹模圆角半径太小 ④ 凹模圆角半径太粗糙，不光滑 ⑤ 凸、凹模之间间隙不均匀，局部过小 ⑥ 拉深系数确定得太小，拉深次数太少 ⑦ 凸模安装不垂直	① 更换材料或将材料退火处理 ② 减小压边力 ③ 加大凸、凹模圆角半径 ④ 修光凹模圆角半径，越光越好 ⑤ 调整间隙，使其均匀 ⑥ 加大拉深系数，增加拉深次数 ⑦ 重装凸模，保持垂直
制件高度不够	① 毛坯尺寸太小 ② 拉深间隙太大 ③ 凸模圆角半径太小	① 放大毛坯尺寸 ② 更换凹模或凸模，使间隙调整合适 ③ 加大凸模圆角半径
制件高度太大	① 毛坯尺寸太大 ② 拉深间隙太小 ③ 凸模圆角半径太大	① 减小毛坯尺寸 ② 加大拉深间隙，使其合适 ③ 减小凸模圆角半径
制件壁厚和高度不均	① 凸模与凹模不同轴，间隙向一边倾斜 ② 定位板或挡料销位置不正确 ③ 凸模不垂直 ④ 压料力不均匀 ⑤ 凹模的几何形状不正确	① 重装凸模与凹模，使间隙均匀一致 ② 重装调整定位板或挡料销 ③ 修整凸模或重装 ④ 调整弹簧或调整顶杆长度 ⑤ 重新修正凹模
制件表面拉毛	① 拉深间隙太小或不均匀 ② 凹模圆角表面粗糙，不光 ③ 模具或板料表面不清洁，有脏物或砂粒 ④ 凹模硬度不够高，有黏附板料现象 ⑤ 润滑液没有用合适	① 修正拉深间隙 ② 修光圆角半径 ③ 清洁模具表面和板料 ④ 提高凹模表面硬度，修光表面，进行镀铬或氮化等处理 ⑤ 改变润滑液
制件底部不平	① 凸模上无出气孔 ② 顶出器或压料板未镦死 ③ 材料本身存在弹性	① 凸模上应加工有出气孔 ② 调整冲压模具结构，使冲压模具达到闭合高度时，顶出器和压料板将已拉伸件镦死 ③ 改变凸模、凹模和压料板形状并提高其刚度

> **双基训练**

1. 拉深过程中工件热处理的目的是什么？

2. 汽车覆盖件拉深模具有何特点？

3. 影响拉深时坯料起皱的主要因素是什么？防止起皱的方法有哪些？

> 双基训练参考答案

1. 答：在拉深过程中材料承受塑性变形而产生加工硬化，即拉深后材料的机械性能发生变化，其强度、硬度会明显提高，而塑性则降低。为了再次拉深成形，需要用热处理的方法来恢复材料的塑性，而不致使材料下次拉深后由于变形抵抗力及强度的提高而发生裂纹及破裂现象。冲压所用的金属材料，大致上可分普通硬化金属材料和高硬化金属材料两大类。普通硬化金属材料包括黄铜、铝及铝合金、08、10、15 等，若工艺过程制订得合理，模具设计与制造得正确，一般拉深次数在 3~4 次的情况下，可不进行中间退火处理。对于高硬化金属材料，一般经 1~2 次拉深后，就需要进行中间热处理，否则会影响拉深工作的正常进行。

2. 答：（1）覆盖件拉深模的凸模、凹模、压边圈一般都是采用铸铁铸造而成，为了减轻重量，其非工作部位一般铸成空心形状并有加强筋，以增加其强度和刚性。

（2）在工件底部压筋部分相对应的凹模压边圈的工作面，一般采用嵌块结构，以提高模具寿命和便于维修。

（3）为了防止拉深件起皱，在凸缘部分应采用拉深筋。拉深筋凸起部分一般设置在压边圈上，而把拉深筋槽设置在凹模上。

（4）对于拉深形状圆滑、拉深深度较浅的覆盖件，一般不需要顶出器，拉深后只需将零件手工撬起即可取出；而对于拉深深度较深的直壁长度较大的拉深件，需用顶件器进行卸料。

（5）在设计覆盖件拉深模时，应注意选择冲压方向，尽量使压边面在平面上，以便于模具的制造。

（6）根据生产条件的不同，其冲压模具结构应采用不同的类型。在大批量生产情况下，模具应采用金属冲压模具或金属嵌块冲压模具；在中、小批量生产情况下，也可采用焊接拼模、低熔点合金模或塑料、木材、水泥、橡皮等作为冲压模具材料。

3. 答：影响起皱现象的因素很多，例如：坯料的相对厚度直接影响到材料的稳定性。所以，坯料的相对厚度值 t/D 越大（D 为坯料的直径），坯料的稳定性就越好，这时压应力的作用只能使材料在切线方向产生压缩变形（变厚），而不致起皱。坯料相对厚度越小，则越容易产生起皱现象。在拉深过程中，轻微的皱褶出现以后，坯料仍可能被拉入凹模，而在筒壁形成褶痕。如出现严重皱褶，坯料不能被拉入凹模里，而在凹模圆角处或凸模圆角上方附近侧壁（危险断面）产生破裂。

防止起皱现象的可靠途径是提高坯料在拉深过程中的稳定性。其有效措施是在拉深时采用压边圈将坯料压住。压边圈的作用是，将坯料约束在压边圈与凹模平面之间，坯料虽受有切向压应力的作用，但它在厚度方向上不能自由起伏，从而提高了坯料在流动时的稳定性。另外，由于压边圈的作用，使坯料与凹模上表面间、坯料与压边圈之间产生了摩擦力。这两部分摩擦力，都与坯料流动方向相反，其中有一部分抵消了压应力的作用，使材料的切向压应力不会超过对纵向弯曲的抵抗力，从而避免了起皱现象的产生。由此可见，在拉深工艺中，正确地选择压边圈的形式，确定所需压边力的大小是很重要的。

项目 5

汽车安全带插头复合模设计及主要零部件加工

能力目标

1. 具备中等复杂程度冲压件工艺计算能力
2. 熟悉复合模典型结构
3. 具备中等复杂程度冲压件复合模具设计的能力
4. 具备复合模零件的加工能力

知识目标

1. 工艺性分析及工艺方案确定
2. 模具结构选择
3. 压力机选择
4. 刃口尺寸计算原则和方法
5. 零部件选择与设计
6. 绘制模具图
7. 零部件的工艺编制及加工方法

教师需要的能力

1. 能根据教学法设计教学情境
2. 能按照设计的教学情境实施教学
3. 能够正确、及时处理学生出现的问题
4. 具有实际操作和指导能力

5. 设计、组织加工全过程的能力

学生的基础

1. 具有识图及绘图能力
2. 通用机床零件加工能力
3. 能够为模具的不同零部件选择合适的模具材料
4. 能够正确标注模具的零件图和装配图能力
5. 能够进行冲裁模设计
6. 能够完成工作零件的加工能力

教学方法建议

1. 宏观：项目教学法
2. 微观："教、学、做"一体化

设计准备

1. 设计前应预先准备好设计资料、手册、图册、绘图用具、图纸、说明书用纸
2. 认真研究任务书及指导书，分析设计题目的原始图样、零件的工作条件，明确设计要求及内容

设计任务单

任务名称	汽车安全带插头复合模设计
任务描述	零件名称：汽车安全带插头 生产批量：大批量 材料：45 钢 材料厚度：3mm 制件精度：IT14 级 如右图所示 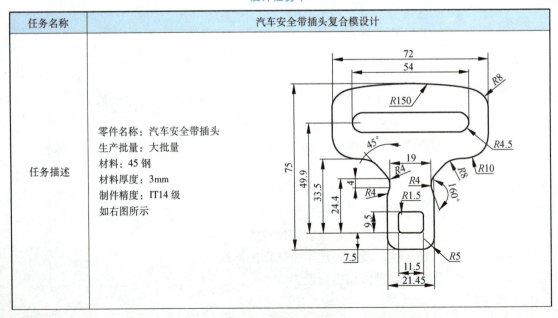

任务名称	汽车安全带插头复合模设计		
设计内容	冲压工艺性分析，工艺方案制定，排样图设计，冲压力计算及压力中心的确定，刃口尺寸计算，凸模、凹模或凸凹模结构设计，绘制模具装配图和工作零件图，编写设计说明书		
设计要求	1. 选择压力机，画出排样图 2. 绘制模具总装图，凸、凹模零件图等		
任务评价表	考核项目	评价标准	分数
	考勤	无迟到、旷课或缺勤现象	10
	零件图	零部件设计合理	20
	装配草图	装配图结构合理	10
	正式装配图	图纸绘制符合国家标准	30
	设计说明书	工艺分析全面，工艺方案合理，工艺计算正确	20
	设计过程表现	团队协作精神，创新意识，敬业精神	10
	总分		100

本项目为进程性考核，设计结束后学生上交整套设计资料。

任务 5.1　汽车安全带插头工艺性分析及工艺方案的确定

【目的要求】掌握冲裁件的工艺性分析，工艺方案确定。

【教学重点】能够进行复合模设计。

【教学难点】工艺方案的确定。

【教学内容】汽车安全带插头工艺分析及工艺方案的确定。

 知识链接

一、复合模

复合模是在压力机的一次工作行程中，在模具同一部位同时完成数道分离工序的模具。单工序冲裁模、级进模、复合模的特点比较见表 5-1。

表 5-1　普通冲裁模的对比关系

模具种类 比较项目	单工序模		级进模	复合模
	无导向的	有导向的		
制件公差等级	低	一般	可达 IT10~IT13 级	可达 IT8~IT9 级

续表

比较项目 \ 模具种类	单工序模		级进模	复合模
	无导向的	有导向的		
制件特点	尺寸大	中小型尺寸	可加工复杂制件，如宽度极小的异形件、特殊形件	形状与尺寸要受模具结构与强度的限制
制件平面度	差	一般	一般	较高
生产效率	低	较低	高	略低
使用高速自动压力机的可能性	不能使用		可以使用	不作推荐
安全性	不安全，需采取安全措施		比较安全	不安全，需采取安全措施
模具制造工作量和成本	低	比无导向的略高	冲裁较简单的制件时比复合模低	冲裁复杂制件时比级进模低

　　复合模的结构特点是一定要有一个凸凹模。凸凹模的内、外缘均为刃口，内、外缘之间的壁厚取决于冲裁件的尺寸。为保证凸凹模的强度，凸凹模应有一定的壁厚。

　　凸凹模的最小壁厚值 a 一般可按经验数据决定。不积聚废料的凸凹模最小壁厚值为：

　　冲裁硬材料时

$$a = 1.5t \tag{5-1}$$

　　冲裁软材料时

$$a \approx t \tag{5-2}$$

　　积聚废料的凸凹模，由于胀力大，故最小壁厚值要比上述数据适当大些，见表5-2。

表5-2　凸凹模最小壁厚 a 　　　　　　　mm

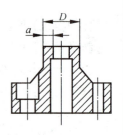

料厚 t	0.4	0.5	0.6	0.7	0.8	0.9	1.0	1.2	1.5	1.75
最小壁厚 a	1.4	1.6	1.8	2.0	2.3	2.5	2.7	3.2	3.8	4.0
最小直径 D	15					18			21	
料厚 t	2.0	2.1	2.5	2.75	3.0	3.5	4.0	4.5	5.0	5.5
最小壁厚 a	4.9	5.0	5.8	6.3	6.7	7.8	8.5	9.3	10.0	12.0
最小直径 D	21	25		28		32		35	40	45

二、复合模设计难点

　　复合模设计难点：如何在同一工作位置上合理地布置几对凸、凹模。

　　结构上的主要特征：有一个既是落料凸模又是冲孔凹模的凸凹模。

　　优点：生产率高，冲裁件的内孔与外缘的相对位置精度高，板料的定位精度要求比级进模低，冲压模具的轮廓尺寸较小。

　　缺点：结构复杂，制造精度要求高，成本高。

　　适用：生产批量大、精度要求高的冲裁件。

　　条料在复合模中进行冲裁时，一次定位就可以完成冲裁件的内外形尺寸，故冲裁件的内外形的位置尺寸精度高，生产效率高，适合位置精度高、生产批量大的冲裁件选用。但是这种模具结构复杂，制造困难、周期长，再则冲孔凸模插入凹模深度较大，加剧了冲孔凸模和凸凹模的磨损而降低其使用寿命。另外，当冲裁件内外形尺寸相差较小时也不宜选用复合模。

三、复合模结构

按落料凹模安装位置不同，又有倒装复合模与正装复合模之分。如图5-1所示的落料凹模装在上模上，称为倒装复合模。若落料凹模装在下模上，称为正装复合模，如图5-2所示。一般冲孔—落料复合模多采用倒装结构；落料—拉深复合模采用正装结构；中小尺寸制件的单工序落料模或冲孔模要采用正装结构。

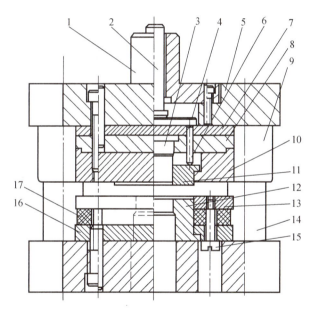

图5-1　倒装复合模

1—模柄；2—打料杆；3—凸模；4—打料板；5—上模板；6—打料销；7—垫板；
8—凸模固定板；9—导套；10—落料凹模；11—顶件器；12—凸凹模；13—卸料板；
14—导柱；15—卸料螺钉；16—凸模固定板；17—橡皮

倒装复合模多采用刚性打料装置进行打料推件，结构简单、操作方便，但对制件不起压平作用。正装复合模向上推件，弹性顶件装置安装在下模上，并从压力机工作台上的漏料孔中向下伸出，条料在凸模和顶件器上下压紧的情况下冲裁；故制件平整，适于冲裁薄料。

正装复合模与倒装复合模的区别见表5-3。

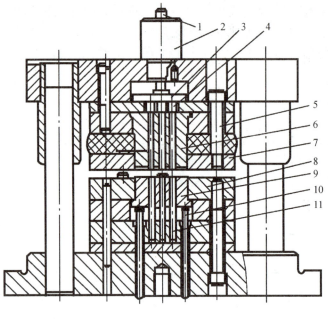

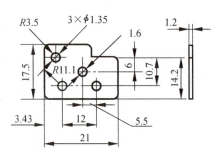

工件图
材料1162

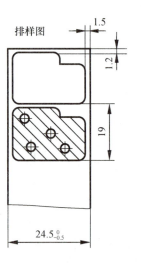

排样图

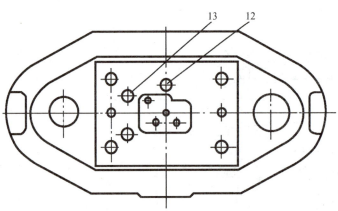

图5-2　正装复合模

1—打杆；2—旋入式模柄；3—推板；4—推杆；5—卸料螺钉；6—凸凹模；7—卸料板；
8—凹模；9—顶件块；10—带肩顶杆；11—凸模；12—挡料销；13—导料销

表5-3　正、倒装复合模的特点比较

比较项目		倒装复合模	正装复合模
工作零件装配位置	冲孔凸模	在上模	在下模
	落料凹模	在上模	在下模
	凸凹模	在下模	在上模
出件方式		采用顶板、顶杆自上模（凹模）内将制件推出，下落至模具工作面上	采用弹顶器自下模（凹模）内顶出制件到模具工作面上
冲裁件的平整度		较差	较好，尤其是对较薄制件
废料排除		废料在凸凹模内积聚到一定数量后，从下模部分的漏料孔或排出槽排出	废料不在凸凹模内积聚，压力机回程时，从凸凹模内推出

比较项目	倒装复合模	正装复合模
凸凹模的强度和寿命	凸凹模承受的张力较大,对凸凹模孔壁最小壁厚有要求	受力情况比倒装复合模好,但凸凹模内型尺寸易磨损增大
生产操作	废料自下模部分的漏料孔或排出槽排出,有利于清理模具表面,生产操作安全	废料自上而下击落,和制件一起集中于模具工作面上,生产操作不便
适应性	对制件平整度要求不高,凸凹模强度足够时采用;因为卸料方式相对简单,所以常采用此结构	适用于薄料冲裁,对制件平整度要求较高时常采用此结构,以及壁厚较小、强度较差的凸凹模

 任务结论

1. 冲裁件工艺性分析

(1)材料:45 钢,抗剪强度:400~520 MPa。

(2)结构:简单对称件。

(3)尺寸精度:制件精度为 IT14 级。

可以进行普通冲裁。

2. 工艺方案确定

(1)工序性质:落料,冲孔。

(2)组合程度。

① 单序模:先落料,再冲孔。

② 复合模:落料—冲孔复合冲压。

方案① 模具结构简单,但需两道工序,生产效率太低。

方案② 只需一副模具,冲压件的形位精度和尺寸精度容易保证,模具制造并不困难,因为该制件的几何形状简单。

通过对上述两种方案的比较,该件的生产采用第二种方案为佳,选取落料—冲孔复合模。

任务 5.2　汽车安全带插头压力中心确定及压力机的选择

【目的要求】掌握计算机确定压力中心的方法。

【教学重点】能够熟练计算冲压力,选择压力机。

【教学难点】确定压力中心。

【教学内容】汽车安全带插头压力中心确定及压力机的选择。

知识链接

冲裁力合力的作用点称为冲压模具的压力中心。在进行冲压模具设计时，必须使模具的压力中心与压力机滑块中心重合，否则冲压时会产生偏载，导致模具以及压力机滑块与导轨的急剧磨损，降低模具和压力机的使用寿命，严重时甚至损坏模具和设备，造成冲压事故。所以，冲压模具压力中心的准确确定，在模具设计中起着至关重要的作用。传统的冲压模具压力中心的确定是采用计算方法。如果冲压件形状复杂，那么计算将非常繁琐或不准确。在冲压模具设计实践中，摸索出用计算机确定冲压模具压力中心的方法，能够准确高效地完成该项任务。

计算机确定冲压模具压力中心的原理：

CAXA 是一种通用绘图软件，不是专门的模具设计软件，因此不能直接用来确定冲压模具的压力中心，但是这种软件却具有查询封闭区域重心的功能。通过下面的分析和图形转换，使计算机的这一功能得到扩展，间接的应用于确定冲压模具压力中心。冲压模具的压力中心与其重心不一定重合。压力中心只与冲裁力的大小有关，而与其质量无关，它的具体位置由刃口轮廓周长决定。而冲压模具的重心则决定于形状及其质量分布。当刃口具备中心对称形状时，其压力中心才与重心重合，这种情况无论采用何种方法确定都很简单，这里不予讨论。当刃口不具备中心对称形状时，冲压模具压力中心与重心不重合，所以不能直接利用计算机查询刃口轮廓封闭区域的重心。将凸模的投影图置于某一选定的坐标平面内，把刃口轮廓线分成 n 部分线段，其冲裁力为 $p_1, p_2, \cdots, p_n$，各部分轮廓线的重心位置分别为 (X_1, Y_1)，(X_2, Y_2)，$\cdots$，(X_n, Y_n)。则冲压模具压力中心位置 (X, Y) 可按以下公式求得：

$$X = \frac{p_1 X_1 + p_2 X_2 + p_3 X_3 + \cdots + p_n X_n}{p_1 + p_2 + p_3 + \cdots + p_n} = \frac{\sum_{i=1}^{n} p_i X_i}{\sum_{i=1}^{n} p_i} \qquad (5-3)$$

$$Y = \frac{p_1 Y_1 + p_2 Y_2 + p_3 Y_3 + \cdots + p_n Y_n}{p_1 + p_2 + p_3 + \cdots + p_n} = \frac{\sum_{i=1}^{n} p_i Y_i}{\sum_{i=1}^{n} p_i} \qquad (5-4)$$

每部分线段的长度分别设为 $L_1, L_2, \cdots, L_n$。因为冲裁力与线段长度（冲裁长度）成正比，又设比例系数为 K，即 $p_1 = KL_1, p_2 = KL_2, \cdots, p_n = KL_n$。所以冲压模具压力中心还可表示为：式（1-16）、式（1-17）。

由式（5-3）、式（5-4）可知，求冲压模具压力中心可以转化为求刃口轮廓线的重心位置。由于计算机上认为线是不具有质量的，即不具有重心，只有封闭区域才能查询重心坐标，所以还是不能直接用计算机查询刃口轮廓线的重心位置。但是在计算机上将轮廓线转化为一个无限小的封闭环，利用计算机查询该环的重心坐标，就可以得到刃口轮廓线的重心位置，该重心位置就是冲压模具压力中心。综上所述，找到了利用计算机确定冲压模具压力中心的理论依据。

任务结论

1. 计算机确定冲压模具压力中心

下面以应用电子图版 CAXA 为例，说明计算机确定冲压模具压力中心的实际应用方法。如图 5-3 所示为凸模投影图。点取"工具"菜单中的"查询"项，出现"查询"下拉菜单。在下拉菜单中点取"重心"项，拾取轮廓线封闭环，单击鼠标右键，弹出查询重心坐标结果的窗口，刃口轮廓线封闭环重心的坐标值即为冲压模具压力中心的坐标值，如图 5-3 所示冲压模具压力中心的坐标值为（47.519，0）。

2. 冲压力计算

冲孔力　　　$L_1 = 39$ mm　　$L_2 = 118$ mm

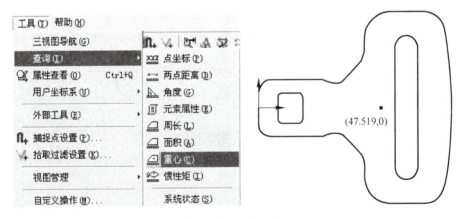

图 5-3　压力中心

$$\tau = 480 \text{ MPa} \quad t = 3 \text{ mm} \quad K = 1.3$$

$$F_{孔} = KL_1t\tau + KL_2t\tau = 1.3 \times (39 + 118) \times 480 \times 3 = 293\ 904 \text{（N）}$$

落料力　　　$L_3 = 260$ mm

$$F_{落} = KL_3t\tau = 1.3 \times 260 \times 480 \times 3 = 486\ 720 \text{（N）}$$

卸料力　　　$F_{卸} = K_{卸}\ F_{落} = 0.05 \times 486\ 720 = 24\ 336 \text{（N）}$

推件力　　　$F_{推} = nK_{推}\ F = 2 \times 0.08 \times 293\ 904 = 47\ 024 \text{（N）}$

总压力　　　$F_{\Sigma} = F_{孔} + F_{落} + F_{卸} + F_{推} = 293\ 904 + 486\ 720 + 24\ 336 + 47\ 024$
　　　　　　　$= 851\ 984 \text{（N）}$

选择冲床　　　$F_G = 1.3F_{\Sigma} = 1\ 107\ 580\text{N} \approx 111\text{T}$

由表 1-12 可查得，$K_{卸} = 0.05$；$K_{推} = 0.08$。根据总压力初选压力机为 J23-160T（查压力机规格表）。

任务 5.3 汽车安全带插头模具结构确定及工艺计算

【目的要求】掌握凸凹模刃口尺寸计算及绘制装配图。

【教学重点】刃口尺寸计算及零部件设计。

【教学难点】设计模具装配图。

【教学内容】汽车安全带插头模具结构确定及工艺计算。

 任务结论

1. 模具结构的总体设计

（1）模具类型的选择：冲孔落料倒装复合模

（2）定位方式的选择：导料销+挡料销

（3）卸料、出件方式的选择：弹性卸料，刚性打件

（4）导向方式的选择：后侧导柱的导向方式

2. 凸凹模刃口尺寸

前面我们用了分开加工法和配合加工计算凸凹模刃口尺寸，本例根据生产中实际情况，冲孔凸模、落料凹模、凸凹模采用线切割制造，外形尺寸以落料凹模为基准，冲孔尺寸以冲孔凸模为基准，落料凹模和冲孔凸模按 IT6~IT7 级加工；凸凹模外形尺寸以落料凹模为基准，通过缩小间隙得到，双边间隙值为料厚的 15%；凸凹模内孔尺寸以冲孔凸模为基准，通过增大间隙得到，双边间隙值为料厚的 15%。

3. 设计工作零件结构

（1）落料凹模如图 5-4 所示。

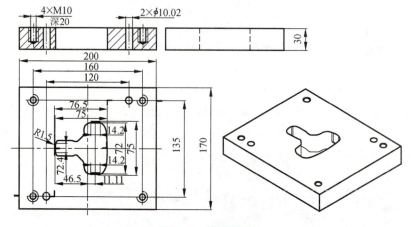

图 5-4 落料凹模

（2）冲孔凸模 1 如图 5-5 所示。

（3）冲孔凸模 2 如图 5-6 所示。

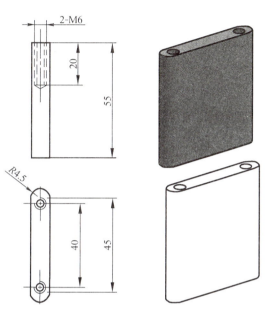

图 5-5　冲孔凸模 1

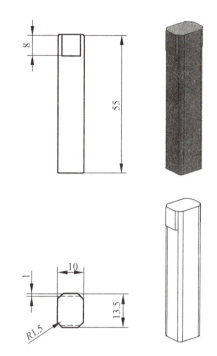

图 5-6　冲孔凸模 2

（4）凸凹模如图 5-7 所示。

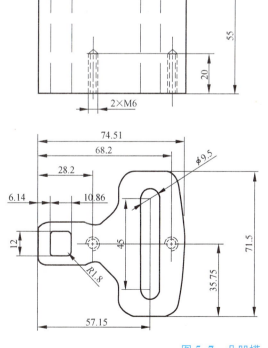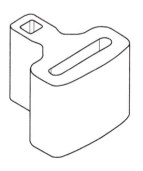

图 5-7　凸凹模

147

（5）上模座如图 5-8 所示。

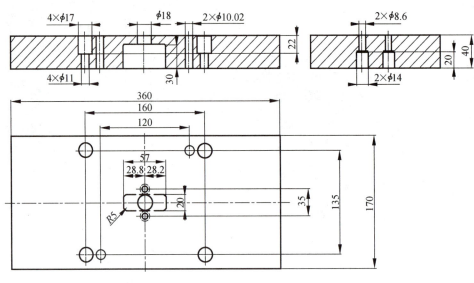

图 5-8　上模座

（6）下模座如图 5-9 所示。

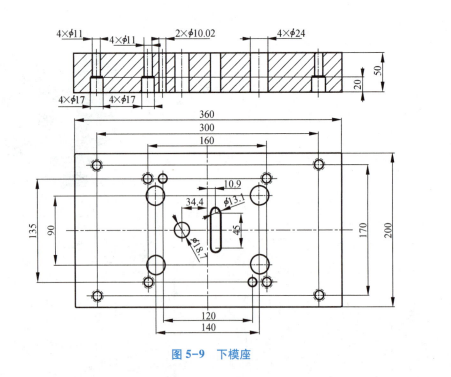

图 5-9　下模座

（7）凸凹模固定板如图 5-10 所示。

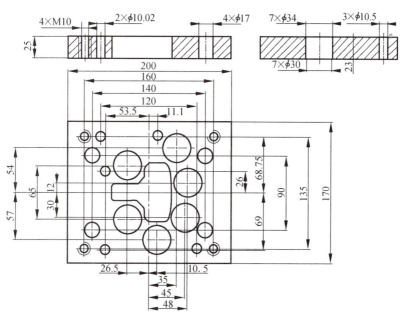

图 5-10　凸凹模固定板

（8）卸料板如图 5-11 所示。

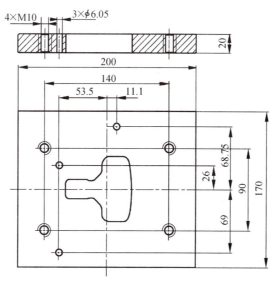

图 5-11　卸料板

4. 模具装配图，如图 5-12 所示

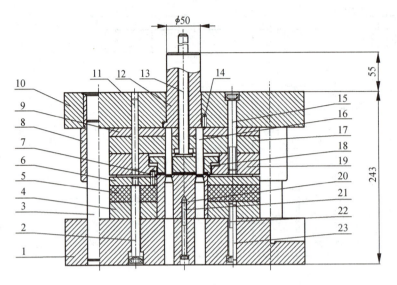

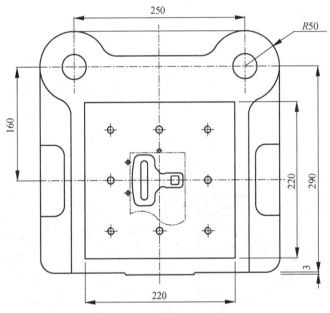

图 5-12　模具装配图

任务 5.4　汽车安全带插头复合模
主要零部件的加工

【目的要求】掌握复合模主要零部件的加工方法。

【教学重点】能够进行复合模主要零部件的加工。

【教学难点】复合模主要零部件的加工。

【教学内容】完成复合模主要零部件的加工工艺过程的制定。

 完成任务

图 5-13、图 5-14、图 5-15 分别为汽车安全带插头复合模凹模、凸模、凸凹模的零件图，根据该零件图分别制定出凹模、凸模、凸凹模的加工工艺过程，如表 5-4，表 5-5，表 5-6。

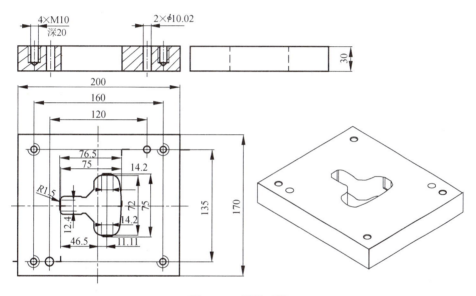

图 5-13　落料凹模

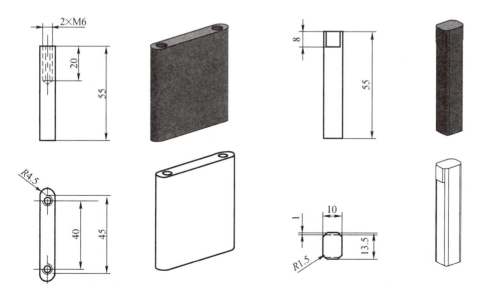

图 5-14　冲孔凸模

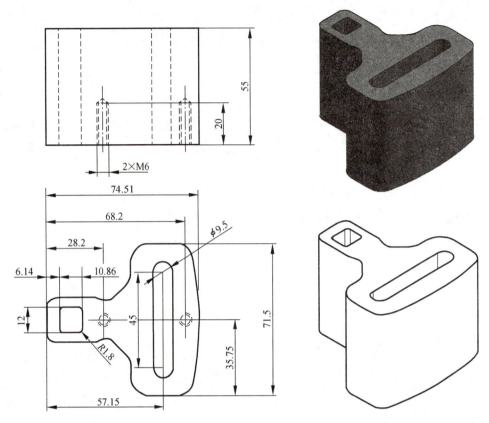

图 5-15 凸凹模

表 5-4 落料凹模加工工艺过程

序号	工 序 名	工 序 内 容
1	备料	备 Cr12MoV 块料，210 mm×180 mm×35 mm
2	热处理	退火
3	刨	刨六面，互为直角，留单边余量 0.5 mm
4	磨平面	磨六面，互为直角
5	钳工划线	划出各孔位置线
6	加工螺钉孔、安装孔及穿丝孔	按位置加工螺钉孔、销钉孔及穿丝孔等
7	热处理	按热处理工艺，淬火回火达到 58~62HRC
8	磨平面	精磨上、下平面
9	线切割	按图线切割，轮廓达到尺寸要求
10	钳工精修	与落料凸模研配间隙到设计要求，$Ra0.8\ \mu m$
11	检验	按图纸要求

表 5-5 冲孔凸模加工工艺过程

序号	工 序 名	工序内容
1	备料	备 Cr12MoV 锻件或块料:12 mm × 60 mm × 60 mm;ϕ15 mm × 65 mm
2	热处理	退火
3	铣削	粗精铣四面至尺寸,留双面余量 1 mm
4	平磨	磨四面留余量 0.6 mm
5	钳工划线	划出各孔位置线
6	加工螺钉孔	按位置加工螺钉孔
7	热处理	淬火 + 低温回火,硬度 58~62HRC
8	平磨	磨四面,保证长度尺寸 55 mm,留双面余量 0.1 mm
9	线切割	按图线切割 R4.5 mm 圆柱面,轮廓达到尺寸要求,Ra0.8 μm
10	钳工研磨	与冲孔凹模研配,保证双面间隙达到设计要求
11	磨削	与固定板装后同磨平,保证长度尺寸 55 mm
12	检验	按图纸要求

表 5-6 凸凹模加工工艺过程

序号	工 序 名	工序内容
1	备料	备 Cr12MoV 锻件或块料:85 mm × 80 mm × 60 mm
2	热处理	退火
3	铣削	粗精铣上下两面至尺寸,留双面余量 0.6 mm
4	平磨	磨上下两面,保证长度尺寸 55 mm,留双面余量 0.4 mm
5	钳工划线	划出各孔位置线
6	加工螺钉孔、安装孔及穿丝孔	按位置加工螺钉孔、销钉孔及穿丝孔等
7	热处理	淬火 + 低温回火,硬度 60~64HRC
8	平磨	磨上下两面,保证长度尺寸 55 mm,留双面余量 0.1 mm
9	线切割	按图线切割,轮廓达到尺寸要求,Ra0.8 μm
10	钳工精修	与落料凹模、冲孔凸模研配达到双面间隙要求
11	平磨	与固定板装后同磨平,保证长度尺寸 55 mm
12	检验	按图纸进行检验

拓展练习

落料冲孔复合模设计实例

一、零件工艺性分析

如图 5-16 所示的落料冲孔件，材料为 Q235 钢，材料厚度 2 mm，生产批量为大批量。工艺性分析内容如下：

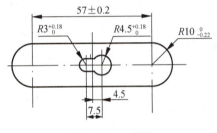

图 5-16　工件图

1. 材料分析

Q235 为普通碳素结构钢，具有较好的冲裁成形性能。

2. 结构分析

零件结构简单对称，无尖角，对冲裁加工较为有利。零件中部有一异型孔，孔的最小尺寸为 6 mm，满足冲裁最小孔径 $d_{min} \geqslant 1.0t = 2$ mm 的要求。另外，经计算异型孔距零件外形之间的最小孔边距为 5.5 mm，满足冲裁件最小孔边距 $l_{min} \geqslant 1.5t = 3$ mm 的要求。所以，该零件的结构满足冲裁的要求。

3. 精度分析

零件上有 4 个尺寸标注了公差要求，由公差表查得其公差要求都属 IT13，所以普通冲裁可以达到零件的精度要求。对于未注公差尺寸按 IT14 精度等级查补。

由以上分析可知，该零件可以用普通冲裁的加工方法制得。

二、冲裁工艺方案的确定

零件为一落料冲孔件，可提出的加工方案如下：

方案一：先落料，后冲孔。采用两套单工序模生产。

方案二：落料—冲孔复合冲压，采用复合模生产。

方案三：冲孔—落料连续冲压，采用级进模生产。

方案一模具结构简单，但需两道工序、两副模具，生产效率低，零件精度较差，在生产批量较大的情况下不适用。方案二只需一副模具，冲压件的形位精度和尺寸精度易保证，且生产效率高。尽管模具结构较方案一复杂，但由于零件的几何形状较简单，模具制造并不困难。方案三也只需一副模具，生产效率也很高，但与方案二相比生产的零件精度稍差。欲保证冲压件的形位精度，需在模具上设置导正销导正，模具制造、装配较复合模略复杂。

所以，比较三个方案欲采用方案二生产。然后对复合模中凸凹模壁厚进行校核，当材料厚度为 2 mm 时，可查得凸凹模最小壁厚为 4.9 mm，现零件上的最小孔边距为 5.5 mm，所以可以采用复合模生产，即采用方案二。

三、零件工艺计算

1. 刃口尺寸计算

根据零件形状特点，刃口尺寸计算采用分开制造法。

（1）落料件尺寸的基本计算公式为

$$D_A = (D_{max} - X\Delta)_0^{+\delta_A}$$
$$D_T = (D_A - Z_{min})_{-\delta_T}^{0} = (D_{max} - X\Delta - Z_{min})_{-\delta_T}^{0}$$

尺寸 $R10_{-0.22}^{0}$ mm，可查得凸、凹模最小间隙 $Z_{min} = 0.246$ mm，最大间隙 $Z_{max} = 0.360$ mm，凸模制造公差 $\delta_T = 0.02$ mm，凹模制造公差 $\delta_A = 0.03$ mm。将以上各值代入 $\delta_T + \delta_A \leq Z_{max} - Z_{min}$ 校验是否成立，经校验，不等式成立，所以可按上式计算工作零件刃口尺寸。即

$$D_{A1} = (10 - 0.75 \times 0.22)_0^{+0.03} = 9.835_0^{+0.030}(mm)$$
$$D_{T1} = (9.835 - 0.246)_{-0.02}^{0} = 9.589_{-0.020}^{0}(mm)$$

（2）冲孔件尺寸的基本计算公式为

$$d_T = (d_{min} + X\Delta)_{-\delta_T}^{0}$$
$$d_A = (d_{min} + X\Delta + Z_{min})_0^{+\delta_A}$$

尺寸 $R4.5_0^{+0.18}$ mm，查得其凸模制造公差 $\delta_T = 0.02$ mm，凹模制造公差 $\delta_A = 0.02$ mm。经验算，满足不等式 $\delta_T + \delta_A \leq Z_{max} - Z_{min}$，因该尺寸为单边磨损尺寸，所以计算时冲裁间隙减半，得

$$d_{T1} = (4.5 + 0.75 \times 0.18)_{-0.02}^{0} = 4.65_{-0.02}^{0}(mm)$$
$$d_{A1} = (4.65 + 0.246/2)_0^{+0.02} = 4.76_0^{+0.02}(mm)$$

尺寸 $R3_0^{+0.18}$ mm，查得其凸模制造公差 $\delta_T = 0.02$ mm，凹模制造公差 $\delta_A = 0.02$ mm。经验算，满足不等式 $\delta_T + \delta_A \leq Z_{max} - Z_{min}$，因该尺寸为单边磨损尺寸，所以计算时冲裁间隙减半，得

$$d_{T1} = (3 + 0.75 \times 0.18)_{-0.02}^{0} = 3.14_{-0.02}^{0}(mm)$$
$$d_{A1} = (3.14 + 0.246/2)_0^{+0.02} = 3.26_0^{+0.02}(mm)$$

（3）中心距的计算：

尺寸 57 ± 0.2 mm

$$L = 57 \pm 0.2/4 = 57 \pm 0.05(mm)$$

尺寸 7.5 ± 0.12 mm

$$L = 7.5 \pm 0.12/4 = 7.5 \pm 0.03(mm)$$

尺寸 4.5 ± 0.12 mm

$$L = 4.5 \pm 0.12/4 = 4.5 \pm 0.03(mm)$$

2. 排样计算

分析零件形状，应采用单直排的排样方式，零件可能的排样方式包括如图 5-17 所示

的两种。

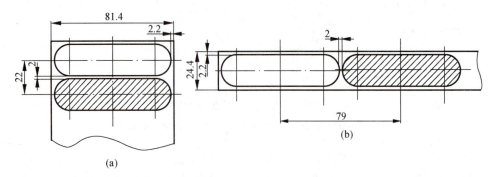

图 5-17　零件可能的排样方式

（a）方案 A；（b）方案 B

比较方案 A 和方案 B，方案 B 所裁条料宽度过窄，剪板时容易造成条料的变形和卷曲，所以应采用方案 A。现选用 4 000 mm×1 000 mm 的钢板，则需计算采用不同的裁剪方式时，每张板料能出的零件总个数。

（1）裁成宽 81.4 mm、长 1 000 mm 的条料，则一张板材能出的零件总个数为

$$\left[\frac{4\,000}{81.4}\right] \times \left[\frac{1\,000}{22}\right] = 49 \times 45 = 2\,205$$

（2）裁成宽 81.4 mm、长 4 000 mm 的条料，则一张板材能出的零件总个数为

$$\left[\frac{1\,000}{81.4}\right] \times \left[\frac{4\,000}{22}\right] = 12 \times 181 = 2\,172$$

比较以上两种裁剪方法，应采用第一种裁剪方式，即裁为宽 81.4 mm、长 1 000 mm 的条料。其具体排样图如图 5-18 所示。

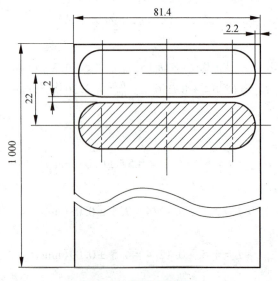

图 5-18　零件排样图

3. 冲压力计算

冲裁力基本计算公式为

$$F = KLt\tau$$

此例中零件的周长为 216 mm，材料厚度 2 mm，Q235 钢的抗剪强度取 350 MPa，则冲裁该零件所需冲裁力为

$$F = 1.3 \times 216 \times 2 \times 350 = 196\,560(\text{N}) \approx 197(\text{kN})$$

模具采用弹性卸料装置和推件结构，所以所需卸料力 F_X 和推件力 F_T 分别为

$$F_X = K_X F = 0.05 \times 197 = 9.85(\text{kN})$$
$$F_T = nK_T F = 3 \times 0.055 \times 197 \approx 32.5(\text{kN})$$

则零件所需的冲压力为

$$F_总 = F + F_X + F_T = 197 + 9.85 + 32.5 = 239.35(\text{kN})$$

初选设备为开式压力机 J23-35。

4. 压力中心计算

零件外形为对称件，中间的异型孔虽然左右不对称，但孔的尺寸很小，左右两边圆弧各自的压力中心距零件中心线的距离很小，所以该零件的压力中心可近似认为是零件外形中心线的交点。

四、冲压设备的选用

根据冲压力的大小，选取开式双柱可倾压力机 JH23-35，其主要技术参数如下：

公称压力：350 kN

滑块行程：80 mm

最大闭合高度：280 mm

闭合高度调节量：60 mm

滑块中心线到床身距离：205 mm

工作台尺寸：380 mm × 610 mm

工作台孔尺寸：200 mm × 290 mm

模柄孔尺寸：ϕ50 mm × 70 mm

垫板厚度：60 mm

五、模具零部件结构的确定

1. 标准模架的选用

标准模架的选用依据为凹模的外形尺寸，所以应首先计算凹模周界的大小。由凹模高度和壁厚的计算公式得，凹模高度 $H = Kb = 0.28 \times 77\,\text{mm} \approx 22\,\text{mm}$，凹模壁厚

$$C = (1.5 \sim 2)H = 1.8 \times 22 \approx 40(\text{mm})$$

所以，凹模的总长为 $L = 77 + 2 \times 40 = 157$（mm）（取 160 mm），凹模的宽度为 $B = 20 + 2 \times 40 \approx 100$（mm）。

模具采用后置导柱模架，根据以上计算结果，可查得模架规格为：上模座 160 mm × 125 mm × 35 mm，下模座 160 mm × 125 mm × 40 mm，导柱 25 mm × 150 mm，导套 25 mm × 85 mm × 33 mm。

2. 卸料装置中弹性元件的计算

模具采用弹性卸料装置，弹性元件选用橡胶，其尺寸计算如下：

（1）确定橡胶的自由高度 H_0。

$$H_0 = (3.5 \sim 4)H_{\text{工}}$$

$$H_{\text{工}} = h_{\text{工作}} + h_{\text{修磨}} = t + 1 + (5 \sim 10) = 2 + 1 + 7 = 10(\text{mm})$$

由以上两个公式，取 $H_0 = 40$ mm。

（2）确定橡胶的横截面积 A。

$$A = F_{\text{X}}/p$$

查得矩形橡胶在预压量为 10%~15% 时的单位压力为 0.6 MPa，所以

$$A = \frac{9\,850\text{N}}{0.6\ \text{MPa}} \approx 16\,417\ \text{mm}^2$$

（3）确定橡胶的平面尺寸。

根据零件的形状特点，橡胶垫的外形应为矩形，中间开有矩形孔以避让凸模。结合零件的具体尺寸，橡胶垫中间的避让孔尺寸为 82 mm × 25 mm，外形暂定一边长为 160 mm；则另一边长 b 为

$$b \times 160 - 82 \times 25 = A$$

$$b = \frac{16\,417 + 82 \times 25}{160} \approx 115(\text{mm})$$

（4）校核橡胶的自由高度 H_0。

为满足橡胶垫的高径比要求，将橡胶垫分割成四块装入模具中，其最大外形尺寸为 80 mm，所以

$$\frac{H_0}{D} = \frac{40}{80} = 0.5$$

橡胶垫的高径比在 0.5~1.5，所以选用的橡胶垫规格合理。橡胶的装模高度约为 0.85 × 40 mm = 34 mm。

3. 其他零部件结构

凸模由凸模固定板固定，两者采用过渡配合关系。模柄采用凸缘式模柄，根据设备上模柄孔尺寸，选用规格 A50 × 100 的模柄。

六、模具装配图

模具装配图如图 5-19 所示。

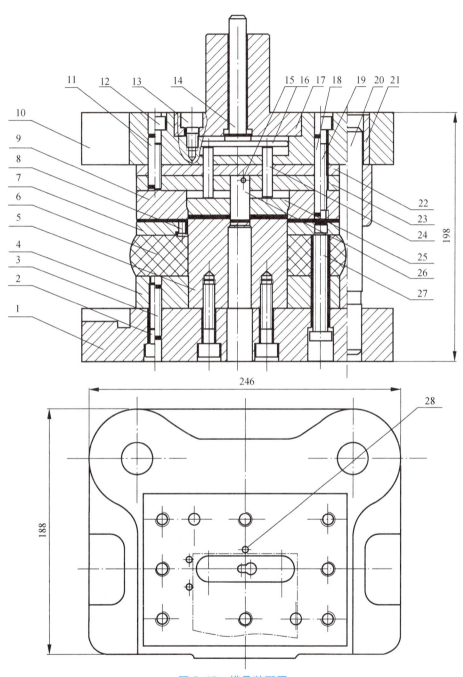

图 5-19　模具装配图

1—下模座；2，12，13，19—螺钉；3，11，18—销钉；4—凸凹模固定板；5—凸凹模；6—橡胶；7—卸料版；
8—导料销；9—凹模；10—上模座；14—打杆；15—横销；16—推板；17—模柄；20—导柱；21—导套；
22—垫板；23—凸模固定板；24—推杆；25—推件块；26—凸模；27—卸料螺钉；28—挡料销

七、模具零件图

模具中上模座、下模座、推件块、凸凹模固定板、卸料板、凸模固定板、垫板、冲孔凸模、凸凹模、凹模零件图如图 5-20~图 5-29 所示。

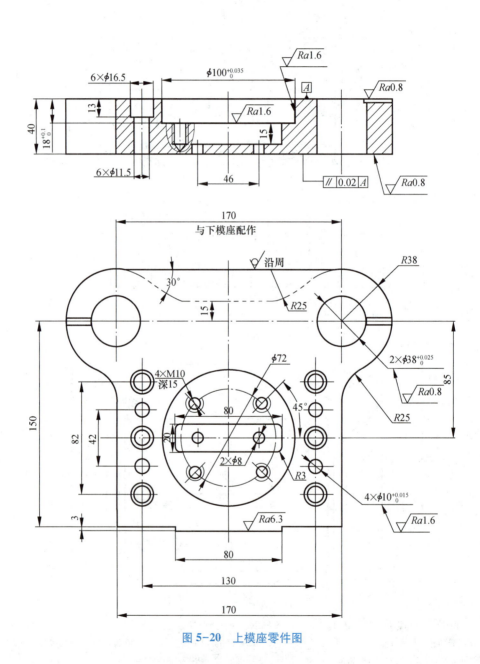

图 5-20 上模座零件图

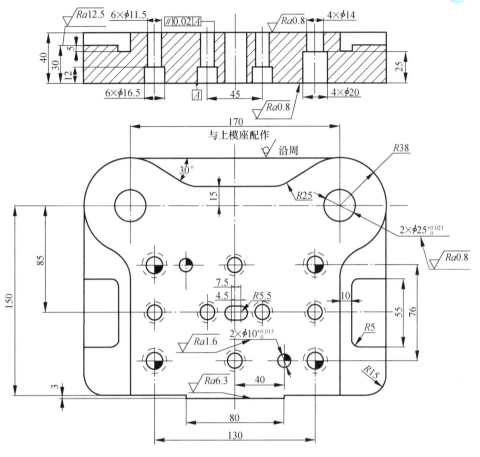

图 5-21　下模座零件图

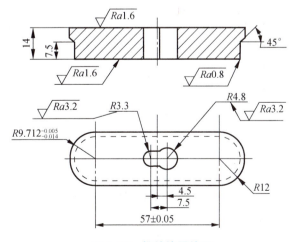

图 5-22　推件块零件图

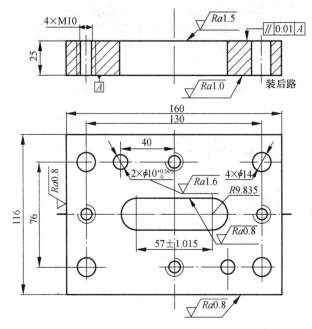

图 5-23　凸凹模固定板零件图

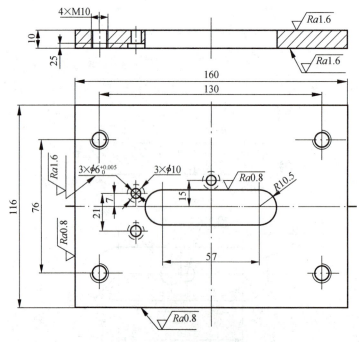

图 5-24　卸料板零件图

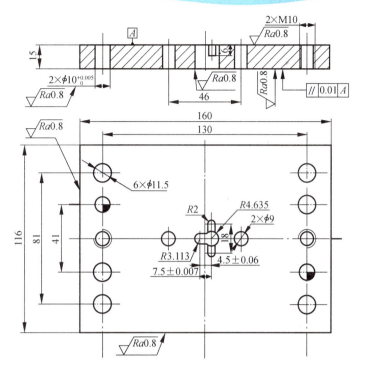

图 5-25　凸模固定板零件图

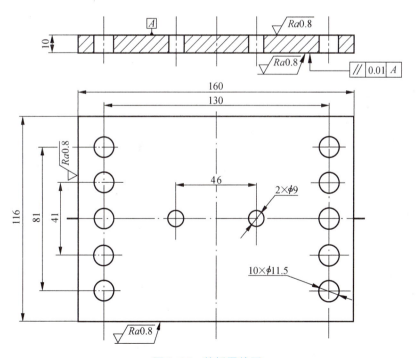

图 5-26　垫板零件图

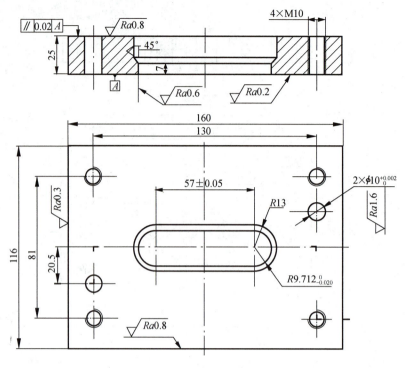

图 5-27 凹模零件图

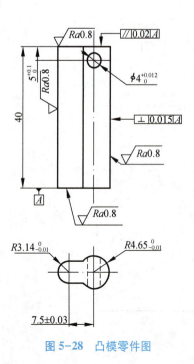

图 5-28 凸模零件图

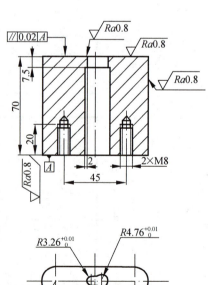
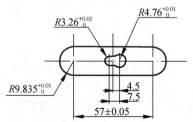

图 5-29 凸凹模零件图

拓展练习

拉深模设计与制造实例

零件名称：盖

生产批量：大批量

材料：镀锌铁皮

材料厚度：1 mm

1. 冲压件工艺性分析

冲压工序：落料、拉深；

材料：为镀锌铁皮，具有良好的拉深性能，适合拉深；

结构：简单对称；

精度：全部为自由公差，工件厚度变化也没有作要求，只是该工件作为另一零件的盖，口部尺寸 ϕ69 mm 可稍作小些。而工件总高度尺寸 14 mm 可在拉深后采用修边达要求。

2. 冲压工艺方案的确定

方案一：先落料，后拉深。采用单工序模生产。

方案二：落料—拉深复合冲压。采用复合模生产。

方案三：拉深级进冲压。采用级进模生产。

方案一模具结构简单，但成本高而生产效率低。

方案二生产效率较高，尽管模具结构较复杂，但因零件简单对称，模具制造并不困难。

方案三生产效率高，但模具结构比较复杂，送进操作不方便，加之工件尺寸偏大。

结论：采用方案二为佳。

3. 主要设计计算

（1）毛坯尺寸计算。

根据表面积相等原则，用解析法求该零件的毛坯直径 D。

（2）排样及相关计算。

采用有废料直排的排样方式。

（3）成形次数的确定。

阶梯形件拉深。h/d_{min} = 15.2/40 = 0.38，据 $t/D \times 100\%$ = 1/90.5 × 100% = 1.1，查表 4-6 中数值能一次拉深成形。

（4）冲压工序压力计算。

拟采用正装复合模，固定卸料与刚性推件。

根据冲压工艺总力计算结果并结合工件高度，初选开式双柱可倾压力机 J23-25。

（5）工作部分尺寸计算。

落料和拉深的凸、凹模的工作尺寸的计算，其中因为该工件口部尺寸要求要与另一件配合，所以在设计时可将其尺寸作小些。

4. 模具的总体设计

（1）模具类型的选择：落料—拉深复合模。

（2）定位方式的选择：导料板（固定卸料板与导料板一体）+ 挡料销。

（3）卸料、出件方式的选择：固定卸料，刚性打件，标准缓冲器提供压边力。

（4）导向方式的选择：中间导柱的导向方式。

5. 主要零部件设计

（1）工作零件的结构设计。

拉深凸模、落料凹模和凸凹模的结构如图 5-30 所示。

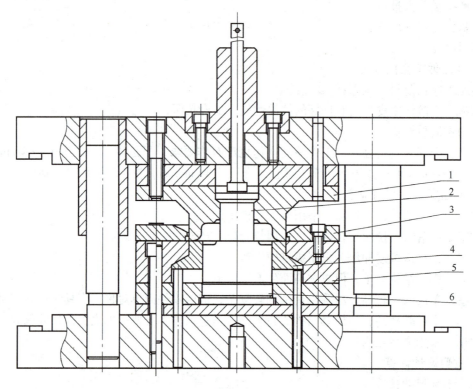

图 5-30　盖的落料—拉深复合模

1—凸凹模；2—推件块；3—固定卸料板；4—顶件块；5—落料凹模；6—拉深凸模

为了实现先落料后拉深，模具装配后，应使拉深凸模的端面比落料凹模端面低 3 mm。

（2）其他零部件的设计与选用。

① 弹性元件的设计。顶件块（压边、卸件），其压力由标准缓冲器提供。

② 模架及其他零部件的选用。

6. 模具总装图

7. 冲压设备的选定

8. 工作零件的加工工艺

本模具工作零件都是旋转体，形状较简单，加工主要采用车削。

9. 模具的装配

选凸凹模为基准件，先装上模，再装下模。

装配后应保证间隙均匀，落料凹模刃口面应高出拉深凸模工作端面 3 mm，顶件块上端面应高出落料凹模刃口面 0.5 mm，以实现落料前先压料，落料后再拉深。

> **双基训练**

1. 什么是正装复合模与倒装复合模？

2. 怎样合理地确定正装式复合模导料板的高度？

> **双基训练参考答案**

1. 答：根据落料凹模是在模具的上模还是下模，将复合模分成正装复合模和倒装复合模。其中落料凹模在下模的复合模称为正装复合模，落料凹模在上模的复合模称为倒装复合模。

2. 答：对于正装式复合模，导料板应有足够的高度，以便能够顺利地送料和定位。应依据卸料和定位方式确定导料板的高度。

项目 6
手柄级进模设计及主要零部件加工

能力目标

1. 具备简单级进模设计能力
2. 熟悉级进模排样图设计
3. 具备中等复杂冲压件工艺分析能力
4. 具备简单模具零件的加工能力

知识目标

1. 排样图设计
2. 模具结构选择
3. 零部件选择与设计
4. 绘制模具图
5. 零部件的工艺编制及加工方法

教师需要的能力

1. 能根据教学法设计教学情境
2. 能按照设计的教学情境实施教学
3. 能够正确、及时处理学生出现的问题
4. 具有实际操作和指导能力
5. 设计、组织加工全过程的能力

学生的基础

1. 具有识图及绘图能力
2. 通用机床零件加工能力
3. 能够为模具的不同零部件选择合适的模具材料
4. 能够正确标注模具的零件图和装配图能力
5. 能够完成简单单序模设计能力
6. 能够完成简单零部件的加工能力

教学方法建议

1. 宏观：项目教学法
2. 微观："教、学、做"一体化

设计准备

1. 设计前应预先准备好设计资料、手册、图册、绘图用具、图纸、说明书用纸
2. 认真研究任务书及指导书，分析设计题目的原始图样、零件的工作条件，明确设计要求及内容

设计任务单

任务名称	手柄级进模设计
任务描述	零件名称：手柄 生产批量：中批量 材料：Q235-A 钢 材料厚度：1.2 mm 零件简图：如右图所示 手柄
设计内容	冲压工艺性分析，工艺方案制定，排样图设计，冲压力计算及压力中心的确定，刃口尺寸计算，凸模、凹模或凸凹模结构设计，绘制模具装配图和工作零件图，编写设计说明书
设计要求	1. 配作法计算凸、凹模刃口尺寸 2. 选择压力机，画出排样图 3. 模具总装图，凸、凹模零件图等

续表

任务名称	手柄级进模设计		
任务评价表	考核项目	评价标准	分数
	考勤	无迟到、旷课或缺勤现象	10
	零件图	零部件设计合理	20
	装配草图	装配图结构合理	10
	正式装配图	图纸绘制符合国家标准	30
	设计说明书	工艺分析全面，工艺方案合理，工艺计算正确	20
	设计过程表现	团队协作精神，创新意识，敬业精神	10
	总分		100

本项目为进程性考核，设计结束后学生上交整套设计资料。

任务6.1 手柄工艺性分析及工艺方案的确定

【目的要求】掌握冲压件的工艺性分析及工艺方案确定。
【教学重点】能够进行简单冲压件的工艺性分析。
【教学难点】工艺计算及工艺方案确定。
【教学内容】手柄工艺分析及工艺方案的确定。

 知识链接

一、级进模（连续冲裁模）

级进模又称连续模、跳步模，它有两个或两个以上等距离的工位，模具在一次冲压过程中，能在各个工位同时完成两个或两个以上不同的加工。一般说来，无论冲压零件形状怎样复杂，工序怎样多，都能在一副级进模中至少完成一个零件的冲制。被加工好的条料，采用某种方法在模具内向前送进，每次送进一个步距，经各工位逐步冲制，到最后工位即形成所需零件。

为保证多工位级进模的正常工作，模具必须具有高精度的导向和准确的定距系统，配有自动送料、自动出件、自动检测与保护等装置。所以多工位级进模与普通冲压模具相比要复杂，它具有如下特点：

（1）冲压生产效率高。在一副模具中，可以完成复杂零件的冲裁、弯曲、拉深、成形以及装配等工艺；减少了使用多副模具的周转和重复定位过程，显著提高了劳动生产率和设备利用率。

（2）**操作安全简单**。多工位级进模常采用高速冲床生产冲压件，模具采用了自动送料、自动出件、安全检测等自动化装置，避免了操作者将手伸入模具的危险区域。操作安全，易于实现机械化和自动化生产。

（3）**模具寿命长**。级进模中工序可以分散在不同的工位上，不必集中在一个工位，工序集中的区域还可根据需要设置空位，故不存在复合模的"最小壁厚"问题，从而保证了模具的强度和装配空间，延长了模具寿命。此外多工位级进模采用卸料板兼作凸模导向板，对提高模具寿命也是很有利的。

（4）**产品质量高**。多工位级进模在一副模具内完成产品的全部成形工序，克服了用简单模具时多次定位带来的操作不便和累积误差。它通常又配合高精度的内、外导向和准确的定距系统，能够保证产品零件的加工精度。

（5）**设计和制造难度较大**。多工位级进模结构复杂，镶块较多，模具制造精度要求很高，设计和制造难度较大。模具的调试及维修也有一定的难度。同时要求模具零件具有互换性，要求更换迅速、方便、可靠。

（6）**生产成本较低**。多工位级进模由于结构比较复杂，所以制造费用比较高，同时材料利用率也往往比较低，但因其使用时生产效率高，压力机占有数少，需要的操作者人数和车间的面积少，同时减少了半成品的储存和运输，所以产品零件的综合生产成本并不高。

多工位级进模主要用于冲制厚度较薄（一般不超过 2 mm），生产批量大，形状复杂，精度要求较高的中、小型零件。用这种模具冲制的零件，精度可达 IT10 级。因此得到了广泛的应用。

二、多工位级进模的分类

1. 按级进模所包含的工序性质

多工位级进模不仅能完成所有的冷冲压工序，还能进行装配等，但冲裁是最基本的工序。按工序性质，它可分为冲裁多工位级进模、冲裁拉深多工位级进模、冲裁弯曲多工位级进模、冲压成形（胀形、翻孔、翻边、缩口、校形等）多工位级进模、冲裁拉深弯曲多工位级进模、冲裁拉深成形多工位级进模、冲裁弯曲成形多工位级进模、冲裁拉深弯曲成形多工位级进模等。

2. 按冲压件成形方法

（1）**封闭型孔级进模**。这种级进模的各个工作型孔（除侧刃外）与被冲零件的各个型孔及外形（或展开外形）的形状完全一样，并分别设置在一定的工位上，材料沿各工位经过连续冲压，最后获得成品或工序件，如图 6-1 所示。

（2）**切除余料级进模**。这种级进模是对冲压件较为复杂的外形和型孔，采取逐步切除余料的办法（对于简单的型孔，模具上相应型孔与之完全一样），经过逐个工位的连续冲压，最后获得成品或工序件。显然，这种级进模工位一般比封闭型孔级进模多。如图 6-2 所示，经过 8 个工位冲压，获得一个完整的零件。

以上两种级进模的设计方法是截然不同的，有时也可以把两种结合起来设计，即既有封闭型孔又有切除余料的级进模，以便更科学地解决实际问题。

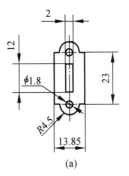
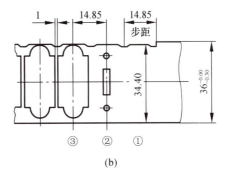

图 6-1 封闭型孔多工位冲压

（a）零件；（b）排样图

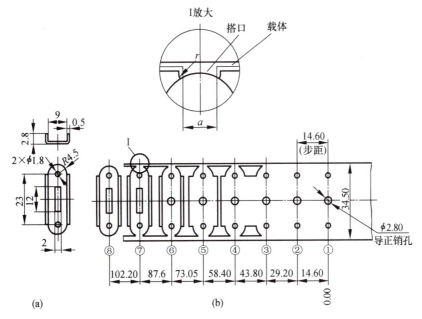

图 6-2 切除余料多工位冲压

（a）零件；（b）排样图

 完成任务

1. 冲压件工艺性分析

冲压工序：只有落料、冲孔；

材料：为 Q235-A 钢，具有良好的冲压性能，适合冲裁；

结构：相对简单，有一个 $\phi 8$ mm 的孔和 5 个 $\phi 5$ mm 的孔；孔与孔、孔与边缘之间的距离也满足要求，最小壁厚为 3.5 mm（大端 4 个 $\phi 5$ mm 的孔与 $\phi 8$ mm 的孔、$\phi 5$ mm 的孔与 $R16$ mm 外圆之间的壁厚）。

精度：全部为自由公差，可看作 IT14 级，尺寸精度较低，普通冲裁完全能满足要求。

2. 冲压工艺方案的确定

方案一：先落料，后冲孔。采用单工序模生产。

方案二：落料—冲孔复合冲压。采用复合模生产。

方案三：冲孔—落料级进冲压。采用级进模生产。

方案一模具结构简单，但成本高而生产效率低。

方案二工件的精度及生产效率都较高，但模具强度较差，制造难度大，且操作不方便。

方案三生产效率高，操作方便，工件精度也能满足要求。

结论：采用方案三为佳。

任务 6.2 手柄级进模排样设计及冲压力计算

【目的要求】掌握级进模排样设计方法。

【教学重点】能够进行简单级进模排样设计。

【教学难点】级进模排样设计。

【教学内容】手柄级进模排样设计及冲压力计算。

 知识链接

一、多工位级进模排样设计

排样设计是多工位级进模设计的重要依据，也是决定其优劣的主要因素之一。它不仅关系到材料的利用率、制件的精度、模具制造的难易程度和使用寿命等，还关系到模具各工位的协调与稳定。

冲压件在带料上的排样必须保证完成各冲压工序，准确送进，实现级进冲压；同时还应便于模具的制造和维修。冲压件的形状是千变万化的，要设计出合理的排样图，首先要根据冲压件图纸计算出展开尺寸，然后进行各种方式的排样。在确定排样方式时，还必须对制件的冲压方向、变形次数、变形工艺类型、相应的变形程度及模具结构的可能性、模具加工工艺性、企业实际加工能力等进行综合分析判断。同时要考虑制件的制造精度，并对多种排样方案进行比较，从中选择一种最佳方案。完整的排样图应给出工位的布置、载体结构形式和相关尺寸等。

当带料排样图设计完成后，也就确定了以下内容：

（1）模具的工位数及各工位的内容；

（2）被冲制制件各工序的安排及先后顺序，制件的排列方式；

（3）模具的送料步距、条料的宽度和材料的利用率；

（4）导料方式、弹顶器的设置和导正销的安排；

（5）模具的基本结构。

二、排样设计应遵循的原则

多工位级进模的排样，除了遵守普通冲压模具的排样原则外，还应考虑如下几点：

（1）冲孔、切口、切废料等分离工位在前，依次安排成形工位，最后安排制件和载体分离。在安排工位时，要尽量避免冲小半孔，以防凸模受力不均而折断。

（2）为保证带料送进精度，第一工位安排冲导正工艺孔。第二工位设导正销，在以后的工位中，视其工位数和易发生窜动的工位设置导正销，也可在以后的工位中每隔 2~4 个工位设置导正销。

（3）对于制件上孔的数量较多，且孔的位置太近，应安排不同工位上冲孔，而孔不能因后续成形工序的影响变形。对有相对位置精度要求的多孔，应设计同步冲出。因模具强度的因素不能同步冲出的，应有保证措施保证其相对位置精度。复杂的型孔可分解为若干简单型孔分步冲裁。

（4）成形方向的选择（向上或向下）要有利于模具的设计和制造，有利于送料的顺畅。若成形方向与冲压方向不同，可采用斜滑块、杠杆和摆块等机构来转换成形方向。

（5）设置空工位，可以提高凹模镶块、卸料板和固定板的强度，保证各成形零件安装位置不发生干涉。空工位的数量根据模具结构的要求而定。

（6）对弯曲件和拉深件，每一工位的变形程度不宜过大，变形程度较大的制件可分几次成形。这样既有利于保证质量，又有利于模具的调试修整。对精度要求较高的制件，应设置整形工位。为避免 U 形件弯曲时变形区材料的拉伸，应将制件设计为先弯曲 45°，再弯成 90°。

（7）在级进拉深排样中，可应用拉深前切口、切槽等技术，以便材料的流动。

（8）局部有压筋时，一般应安排在冲孔前，防止由于压筋造成孔的变形。有凸包时，若凸包的中央有孔，为利于材料的流动，可先冲一小孔，凸包成形后再冲孔。

（9）当级进成形工位数不是很多、制件的精度要求较高时，可采用"复位"技术，即在成形工位前，先将制件毛坯沿其规定的轮廓进行冲切，但不与带料分离，当凸模切入材料的 20%~35% 后，模具中的复位机构将作用反向力使被切制件压回条料内，再送到后续加工工位进行成形。

三、载体和搭口的设计

载体就是级进模冲压时，在条料上连接工序件并将工序件在模具内稳定送进的这部分材料，如图 6-3 所示。载体与一般毛坯排样时的搭边的作用完全不同。搭边是为保证把制件从条料上冲切下来的工艺要求而设置的，而载体是为运载条料上的工序件至后续各工位而设计的。载体必须具有足够的强度，能把工序件平稳地送进。

载体是运送工序件的材料，载体与工序件或工序件与工序件间的连接部分称为搭口（或桥）。

限于制件的形状和工序的要求，载体的形式和尺寸也各不相同，载体强度不可单纯依靠增加载体宽度来补救，更重要的是靠合理地选择载体形式。按照载体的位置和数量一般可把载体分为无载体、边料载体、双边载体、单边载体、中间载体和其他形式载体。

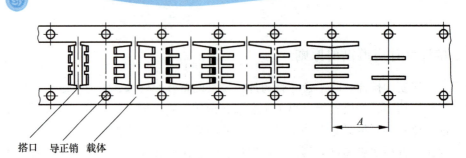

搭口　导正销　载体

图 6-3　工序排样图

（1）无载体。无载体实际上与毛坯无废料排样是一样的，零件外形要有一定的特殊性，即要求毛坯的边界在几何上要有互补性，如图 6-4 所示。

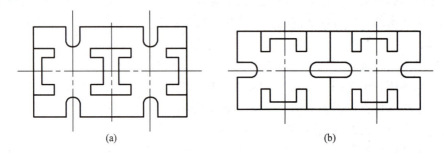

(a)

(b)

图 6-4　无载体

（2）边料载体。边料载体是利用材料搭边废料冲出导正孔而形成的载体，这种载体送料刚性较好、省料、简单。它主要用于落料形排样，如图 6-5 所示。

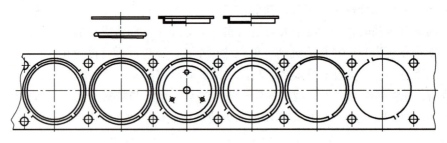

图 6-5　边料载体

（3）双边载体。它是在条料两侧分别留有一定宽度的载体。条料送进平稳，送进步距精度高，可在载体上冲导正孔以提高送进步距精度。但材料的利用率有所降低，往往是单件排列。它一般可分为等宽双边载体，如图 6-3 所示；和不等宽双边载体（即主载体和辅助载体），如图 6-6 所示。双边载体的尺寸 $B = (2.5\sim5)t$。

（4）单边载体。单边载体是在条料的一侧留有一定宽度的材料，并在合适位置与工序件连接。如图 6-7 所示，图 6-7（a）和图 6-7（b）在裁切工序分解形状和数量上不一样，图 6-7（a）第一工位的形状比图 6-7（b）复杂，并且细颈处模具镶块易开裂，分解为图 6-7（b）后的镶块便于加工，且寿命得到提高。图 6-7（c）是一种加了辅助载体的单边载体。单边载体主要用于弯曲件。单边载体的尺寸 $A = (5\sim10)t$。

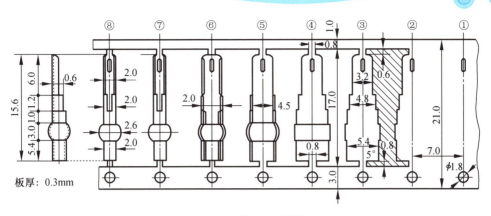

板厚：0.3mm

图6-6 不等宽双边载体

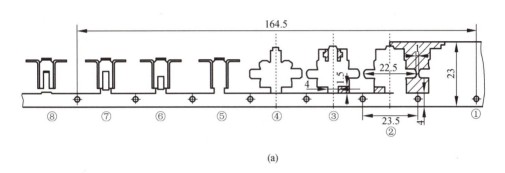

(a)

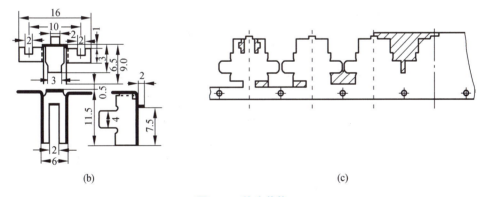

(b)

(c)

图6-7 单边载体

（5）中间载体。中间载体与单边载体类似，只是载体位于条料中部，待成形结束后切除载体。中间载体可分为单中载体和双中载体。中间载体在成形过程中平衡性较好。如图6-8所示是同一个零件选择中间载体时不同的排样方法。图6-8（a）是单件排列，图6-8（b）是可提高一倍生产效率的双排排列。中间载体常用于材料厚度大于0.2 mm的对称弯曲成形件。

四、排样图中各冲压工位的设计要点

冲裁、弯曲和拉深等都有各自的成形特点，在多工位级进模的排样设计中其工位的设计

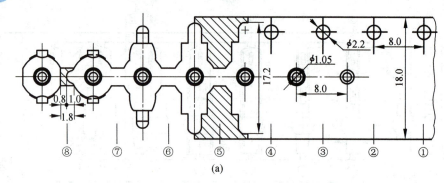

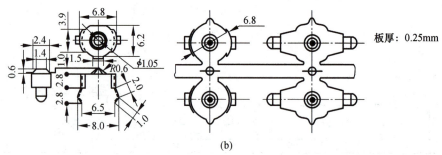

图 6-8　中间载体

（a）单件排列；（b）双排排列

必须与成形特点相适应。

1. 多工位级进模冲裁工位的设计要点

（1）在级进冲压中，冲裁工序常安排在前工序和最后工序，前工序主要完成切边（切出制件外形）和冲孔。最后工序安排切断或落料，将载体与制件分离。

（2）对复杂形状的凸模和凹模，为了使凸、凹模形状简化，便于凸、凹模的制造和保证凸、凹模的强度，可将复杂的制件分解成为一些简单的几何形状，多增加一些冲裁工位。

（3）对于孔边距很小的制件，为防止落料时引起离制件边缘很近的孔产生变形，可将孔旁的外缘以冲孔方式先于内孔冲出，即冲外缘工位在前，冲内孔工位在后。对有严格相对位置要求的局部内孔、外形，应考虑尽可能在同一工位上冲出，以保证制件的位置精度。

2. 步距精度与条料的定位误差

在级进模中，步距是指条料在模具中逐次送进时每次应向前移动的距离。多工位级进模的工位间公差（步距公差）直接影响冲件精度。步距公差小，冲件精度高，但模具制造难。因此，应根据冲件的精度和复杂程度、材质及板料厚度、模具工位数、送料和定位方式，适当确定级进模的步距公差。计算步距公差的经验公式为

$$\frac{\delta}{2} = \pm \frac{\delta' K}{2\sqrt[3]{n}} \quad (6-1)$$

式中　$\delta/2$——步距对称偏差值，mm；

　　　δ'——沿送料方向毛坯最大轮廓尺寸的精度提高三级后的公差值，mm；

　　　n——级进模工位数；

K——修正系数，见表 6-1。

表 6-1　修正系数 K

双面冲裁间隙 Z/mm	0.01~0.03	0.03~0.05	0.05~0.08	0.08~0.12	0.12~0.15	0.15~0.18	0.18~0.22
K 值	0.85	0.90	0.95	1.00	1.03	1.06	1.10

为了克服多工位级进模由于各工位之间步距的累积误差，在标注凹模、凸模固定板、卸料板等零件中与步距有关的每一工位的位置尺寸时，均以第一工位为尺寸基准向后标注，不论距离多大，公差均为 δ，如图 6-9 所示。

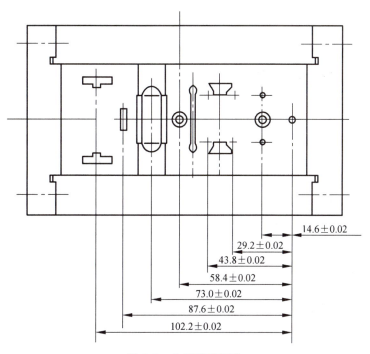

图 6-9　步距尺寸标注

在级进模中，条料的定位精度直接影响到制件的加工精度，特别是对工位数比较多的排样，应特别注意条料的定位精度。排样时，一般应在第一工位冲导正工艺孔，紧接着第二工位设置导正销导正，以该导正销矫正自动送料的步距误差。在模具加工设备精度一定的条件下，可通过设计不同形式的载体和不同数量的导正销，达到条料所要求的定位精度。条料定位精度可按下列经验式选择：

$$\delta_\Sigma = K_1 \delta \sqrt{n} \qquad\qquad (6-2)$$

式中　　δ_Σ——条料定位积累误差，mm；

　　　　K_1——精度系数；

　　　　δ——步距公差，mm；

　　　　n——步距数；

系数 K_1 的取值为：

单载体：每步有导正销时，$K_1 = 1/2$；加强导正定位时，$K_1 = 1/4$。

双载体：每步有导正销时，$K_1 = 1/3$；加强导正定位时，$K_1 = 1/5$。

当载体隔一步导正时，精度系数取 $1.2K_1$；当载体隔两步导正时，精度系数取 $1.4K_1$。

3. 排样设计后的检查

排样设计后必须认真检查，以改进设计，纠正错误。不同制件的排样其检查重点和内容也不相同，一般的检查项目可归纳为以下几点：

（1）检查材料利用率是否为最佳利用率。

（2）模具结构的适应性。级进模结构多为整体式、分段式或子模组拼式等，模具结构形式确定后应检查排样是否适应其要求。

（3）有无不必要的空位。在满足凹模强度和装配位置要求的条件下，应尽量减少空工位。

（4）制件尺寸精度能否保证。由于条料送料精度、定位精度和模具精度都会影响制件关联尺寸的偏差，对于制件精度高的关联尺寸，应在同一工位上成形，否则应考虑保证制件精度的其他措施。如对制件平整度和垂直度有要求时，除在模具结构上要注意外，还应增加必要的工序（如整形、校平等）来保证。

（5）弯曲、拉深等成形工序成形时，由于材料的流动，会引起材料流动区的孔和外形产生变形，因此材料流动区的孔和外形的加工应安排在成形工序之后。

（6）此外，还应从载体强度是否可靠，制件已成形部位对送料有无影响，毛刺方向是否有利于弯曲变形，弯曲件的弯曲线与材料纤维方向是否合理等方面进行分析检查，排样设计经检查无误后，应正式绘制排样图，并标注必要的尺寸和工位序号，进行必要的说明。

 完成任务

1. 排样方式的确定及其计算

设计级进模，首先要设计条料排样图，手柄的形状具有一头大一头小的特点，直排时排样利用率低，应采用直对排，如图6-10所示的手柄排样方法，设计成隔位冲压，可显著地

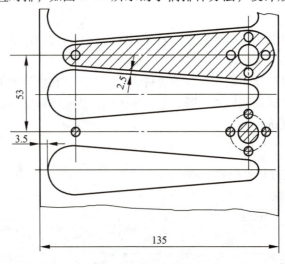

图6-10　手柄排样图

减少废料。隔位冲压就是将第一遍冲压以后的条料水平方向旋转 180°，再冲第二遍，在第一次冲裁的间隔中冲裁出第二部分工件。搭边值取 2.5 mm 和 3.5 mm，条料宽度为 135 mm，步距为 53 mm，一个步距的材料利用率为 78%（计算见表 6-2）。查板材标准，宜选 950 mm×1 500 mm 钢板，每张钢板可剪裁 7 张条料（135 mm×1 500 mm），每张条料可冲 56 个工件，故每张钢板的材料利用率为 76%。

表 6-2 条料利用率

项目分类	项 目	公 式	结 果	备 注
排样	冲裁件面积 A	$A = [(162+82)\pi + 95 \times (16+32)]/2$	2 782.4 mm²	查表 1-8 得，最小搭边值 $a = 1.8$ mm，$a_1 = 1.5$ mm；采用无侧压装置，条料与导料板间间隙 $C_{min} = 1$ mm
	条料宽度 B	$B = 95 + 2 \times 16 + 2 \times 3.5 + 1$	135 mm	
	步距 S	$S = 32 + 16 + 2 \times 2.5$	53 mm	
	一个步距的材料利用率 η	$\eta = \dfrac{nA}{BS} \times 100\% = \dfrac{2 \times 2\,782.4}{135 \times 53} \times 100\%$	78%	

2. 冲压力的计算

该模具采用级进模，拟选择弹性卸料、下出件。冲压力的计算见表 6-3。

$$F_G = 1.3 F_Z = 320N$$

表 6-3 冲压力计算

项目分类	项 目	公 式	结 果	备 注
冲压力	冲裁力 F	$F = KLt\tau_b = 1.3 \times 370 \times 1.2 \times 300$	173 160N	$L = 370$ mm，$\tau_b = 300$ MPa
	卸料力 F_X	$F_X = K_X F = 0.04 \times 173\,160$	6 926.4N	查表 1-12 得 $K_X = 0.04$
	推件力 F_T	$F_T = nK_T F = 7 \times 0.055 \times 173\,160$	66 666.6N	$n = h/t = 8/1.2 = 7$
	冲压力工艺总力 F_Z	$F_Z = F + F_X + F_T$ $= 173\,160 + 6\,926.4 + 66\,666.6$	246 753N	弹性卸料，下出件

根据计算结果，冲压设备拟选 J23-40。

3. 压力中心的确定及相关计算

计算压力中心时，先画出凹模型图，如图 6-11 所示。在图中将 xOy 坐标系建立在图示的对称中心线上，将冲裁轮廓线按几何图形分解成 $L_1 \sim L_6$ 共 6 组基本曲线，用解析法求得该模具的压力中心 C 点的坐标（13.57，11.64），有关计算如表 6-4 所示。由以上计算结果可以看出，该工件冲裁力不大，压力中心偏移坐标原点 O 较小，为了便于模具的加工和装配，模具中心仍选在坐标原点 O。若选用 J23-40 冲

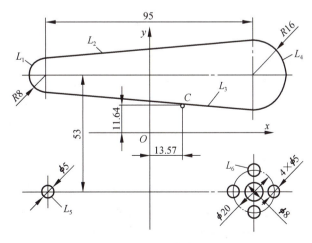

图 6-11 压力中心

床，C 点仍在压力机模柄孔投影面积范围内，满足要求，如图 6-11 所示。

表 6-4　压力中心计算

基本要素长度 L/mm	各基本要素压力中心的坐标值	
	x	y
$L_1 = 25.132$	−52.592	26.5
$L_2 = 95.34$	0	38.5
$L_3 = 95.34$	0	14.5
$L_4 = 50.265$	57.856	26.5
$L_5 = 15.708$	−47.5	−26.5
$L_6 = 87.965$	47.5	−26.5
合计 = 369.75	13.57	11.64

任务 6.3　手柄模具结构及刃口尺寸计算

【目的要求】掌握级进模刃口尺寸计算。

【教学重点】能够进行级进模结构及刃口尺寸计算。

【教学难点】级进模结构及刃口尺寸计算。

【教学内容】手柄级进模结构及刃口尺寸计算。

 知识链接

一、多工位级进模结构设计

多工位级进模工位多、零件细小和镶块多、机构多，动作复杂，精度高，其零部件的设计，除应满足一般冲压模具零部件的设计要求外，还应根据多工位级进模的冲压成形特点和成形要求、分离工序与成形工序的差别、模具主要零部件制造和装配要求来考虑其结构形状和尺寸，综合考虑模具结构进行设计。

二、模架

多工位级进模要求模架刚度好、精度高。因而除了小型模具可采用双导柱模架外，多采用四根导柱模架。精密级进模一般采用滚珠导向模架。而且卸料板一般采用有导向的弹压导板结构，如图 6-12 所示。上、下模座的材料除小型模具用 HT200 外，多采用铸钢、锻钢或厚钢板。

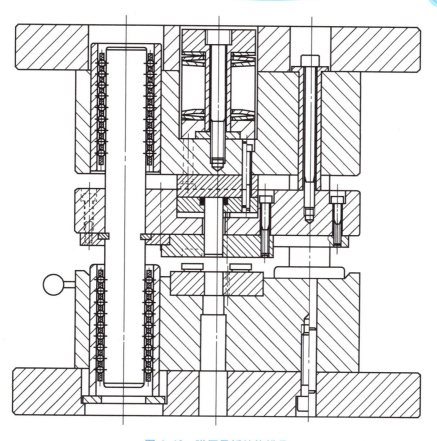

图 6-12 弹压导板结构模具

三、导正销

使用目的：消除送进导向和送料定距或定位板等粗定位的误差。

主要用于：级进模。

配合使用：与挡料销或与侧刃配合使用。挡料销或侧刃粗定位，导正销精定位。

结构组成：导入部分为圆锥形的头部。

导正部分：圆柱形的导正销如图 6-13 所示。

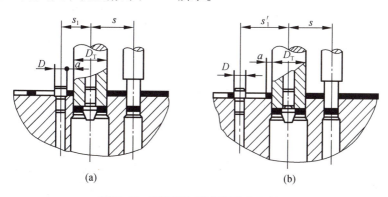

图 6-13 导正销与挡料销的位置关系

基本尺寸：导正部分直径 d 与导正孔采取 H7/h6 或 H7/h7 配合。

导正部分高度 h 取 $h = (0.8 \sim 1.2) \, t$。

导正销与挡料销的位置关系如图 6-13 所示。

（a）图：
$$s_1 = s - \frac{D_T}{2} + \frac{D}{2} + 0.1 = s - \frac{D_T - D}{2} + 0.1$$

（b）图：
$$s_1' = s + \frac{D_T}{2} - \frac{D}{2} - 0.1 = s + \frac{D_T - D}{2} - 0.1$$

 完成任务

1. 模具总体设计

（1）模具类型的选择。由冲压工艺分析可知，采用级进冲压，所以模具类型为级进模。

（2）定位方式的选择。因为该模具采用的是条料，控制条料的送进方向采用导料板，无侧压装置。控制条料的送进步距采用挡料销初定位，导正销精定位。而第一件的冲压位置因为条料长度有一定余量，可以靠操作工目测来定。

（3）卸料、出件方式的选择。因为工件厚度为 1.2 mm，相对较薄，卸料力也比较小，故可采用弹性卸料。又因为是级进模生产，所以采用下出件比较便于操作与提高生产效率。

（4）导向方式的选择。为了提高模具寿命和工件质量，方便安装调整，该级进模采用中间导柱的导向方式。

2. 工作零件刃口尺寸计算

在确定工作零件刃口尺寸计算方法之前，首先要考虑工作零件的加工方法及模具装配方法。结合该模具的特点，工作零件的形状相对较简单，适宜采用线切割机床分别加工落料凸模、凹模、凸模固定板以及卸料板，这种加工方法可以保证这些零件各个孔的同轴度，使装配工作简化。因此工作零件刃口尺寸计算就按分开加工的方法来计算，具体计算见表 6-5。

表 6-5　工作零件刃口尺寸计算

尺寸及分类		尺寸转换	计算公式	结　果	备　注
落料	$R16$	$R16_{-0.43}^{\ 0}$	$R_A = (R_{max} - X\Delta)_{\ 0}^{+\delta_A}$ $R_T = (R_A - Z_{min})_{-\delta_T}^{\ 0}$	$R_A = 15.79_{\ 0}^{+0.027}$	查表 1-13 得，冲裁双面间隙 $Z_{max} = 0.18$ mm，$Z_{min} = 0.126$ mm；磨损系数 $x = 0.5$；模具按 IT8 级制造。校核满足 $\delta_A + \delta_T \leqslant (Z_{max} - Z_{min})$
				$R_T = 15.72_{-0.027}^{\ 0}$	
	$R8$	$R8_{-0.36}^{\ 0}$		$R_A = 7.82_{\ 0}^{+0.022}$	
				$R_T = 7.76_{-0.022}^{\ 0}$	
冲孔	$\phi 5$	$\phi 5_{\ 0}^{+0.3}$	$d_T = (d_{min} + X\Delta)_{-\delta_T}^{\ 0}$ $d_A = (d_T + Z_{min})_{\ 0}^{+\delta_A}$	$d_T = 5.15_{-0.018}^{\ 0}$	
				$d_A = 5.21_{\ 0}^{+0.018}$	
	$\phi 8$	$\phi 8_{\ 0}^{+0.36}$		$d_T = 8.18_{-0.022}^{\ 0}$	
				$d_A = 8.24_{\ 0}^{+0.022}$	
孔心距	95	95 ± 0.44	$L_A = L \pm \Delta / 8$	$L_A = 95 \pm 0.011$	
	$\phi 20$	$\phi 20 \pm 0.26$		$L_A = 20 \pm 0.065$	

任务 6.4 手柄模具零部件设计

【目的要求】掌握级进模零部件设计。
【教学重点】能够进行级进模零部件设计。
【教学难点】级进模零部件设计。
【教学内容】手柄级进模零部件设计。

 知识链接

一、凸模

在一副多工位级进模中，凸模种类一般都比较多。截面有圆形和异形的，还有冲裁和成形用凸模（除纯冲裁级进模外）。大小和长短各异，有不少是细长凸模。又由于工位多，凸模安装空间受到一定的限制等，所以多工位级进模凸模的固定方法也很多，如图 6-14 ~ 图 6-17 所示为几种常用的凸模固定方法。

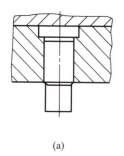

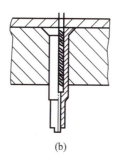

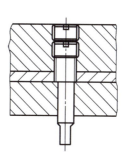

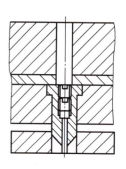

图 6-14 圆凸模固定法   图 6-15 圆凸模快换固定法   图 6-16 带护套凸模

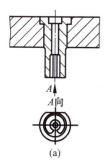

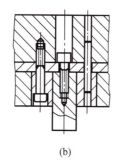

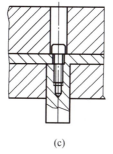

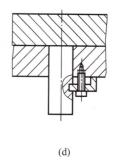

图 6-17 常用异形凸模固定方法
（a）用圆柱面固定；（b）用大小固定板套装结构；（c）直通快换式固定；（d）压板固定

185

应该指出，在同一副级进模中应力求固定方法基本一致；小凸模力求以快换式固定；还应便于装配与调整。

一般的粗短凸模可以按标准选用或按常规设计。而在多工位级进模中有许多冲小孔凸模，冲窄长槽凸模，分解冲裁凸模等。这些凸模应根据具体的冲裁要求，被冲裁材料的厚度，冲压的速度，冲裁间隙和凸模的加工方法等因素来考虑凸模的结构设计。

对于冲小孔凸模，通常采用加大固定部分直径、缩小刃口部分长度的措施来保证小凸模的强度和刚度。当工作部分和固定部分的直径差太大时，可设计多台阶结构。各台阶过渡部分必须用圆弧光滑连接，不允许有刀痕。特别小的凸模可以采用保护套结构。卸料板还应考虑能起到对凸模的导向保护作用，以消除侧压力对凸模的作用而影响其强度。图6-18为常见的小凸模及其装配形式。

冲孔后的废料随着凸模回程贴在凸模端面上带出模具，并掉在凹模表面，若不及时清除将会使模具损坏。设计时应考虑采取一些措施，防止废料随凸模上窜。故对 $\phi 2.0$ mm以上的凸模应采用能排除废料的凸模结构。图6-19所示为带顶出销的凸模结构，利用弹性顶销使废料脱离凸模端面。也可在凸模中心加通气孔，减小冲孔废料与冲孔凸模端面上的"真空区压力"，使废料易于脱落。

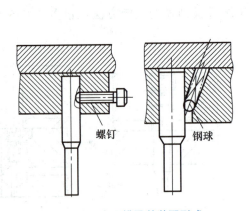

图6-18 小凸模及其装配形式

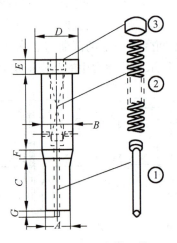

图6-19 带顶出销凸模

除了冲孔凸模外，级进模中有许多分解冲裁的制件轮廓的冲裁凸模。这些凸模的加工大都采用线切割结合成形磨削的加工方法。

需要指出的是，冲裁弯曲多工位级进模或冲裁拉深多工位级进模的工作顺序一般是先由导正销导正条料，待弹性卸料板压紧条料后，开始进行弯曲或拉深，然后进行冲裁，最后是弯曲或拉深工作结束。冲裁是在成形工作开始后进行，并在成形工作结束前完成。所以冲裁凸模和成形凸模高度是不一样的，要正确设计冲裁凸模和成形凸模高度尺寸。

二、凹模

多工位级进模凹模的设计与制造较凸模更为复杂和困难。凹模常用的结构类型，除了工步较少、或纯冲裁级进模及精度要求不很高的级进模的凹模为整体式的结构外，多数级进模的凹模都是镶拼式的结构，这样便于加工、装配调整和维修，易保证凹模几何精度和步距精度。凹模镶拼原则与普通冲压模具的凹模基本相同。分段拼合凹模在多工位级进模中是最常用的一种结构，如图6-20所示。

图6-20（a）是由三段凹模拼块拼合而成，用模套框紧，并分别用螺钉、销钉紧固在垫板上。图6-20（b）所示凹模是由五段拼合而成，再分别由螺钉、销钉直接固定于模座上（加垫板）。另外，对于复杂的多工位级进模凹模，还可采用镶拼与分段拼合综合的凹模。

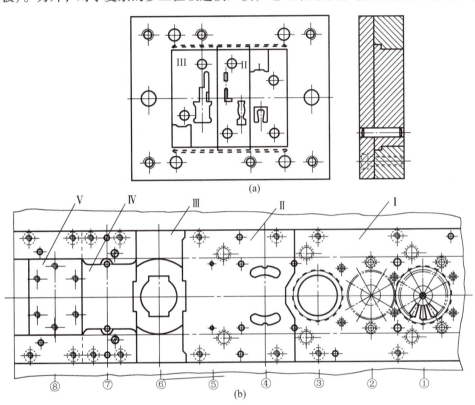

图6-20　凹模拼合结构
（a）分段拼合结构之一；（b）分段拼合结构之二

在分段拼合时必须注意以下几点：

（1）分段时最好以直线分割，必要时也可用折线或圆弧分割。

（2）同一工位的型孔原则上分在同一段，一段也可以包含两个工位以上，但不能包含太多工位。

（3）对于较薄弱易损坏的型孔宜单独分段。冲裁与成形工位宜分开，以便刃磨。

（4）凹模分段的分割面到型孔应有一定距离，型孔原则上应为闭合型孔（单边冲压的型孔和侧刃除外）。

（5）分段拼合凹模，组合后应加一整体固定板。

镶拼式凹模的固定形式主要有三种：

（1）平面固定式。平面固定是将凹模各拼块按正确的位置镶拼在固定板平面上，分别用定位销（或定位键）和螺钉定位并固定在固定板或下模座上。

（2）嵌槽固定式。嵌槽固定是将拼块凹模直接嵌入固定板的通槽中，固定板上凹槽深度不小于拼块厚度的2/3，各拼块不用定位销，而在嵌槽两端用键或楔定位及螺钉固定。

（3）框孔固定式。框孔固定式有整体框孔和组合框孔两种。整体框孔固定凹模拼块时，拼块和框孔的配合应根据胀形力的大小来选用配合的过盈量。组合框孔固定凹模拼块时，模具的维护、装拆较方便。当拼块承受的胀形力较大时，应考虑组合框连接的刚度和强度。

三、导正定位

导正就是用装于上模的导正销插入条料上的导正孔以矫正条料的位置，保持凸模、凹模和工序件三者之间具有正确的相对位置。导正起精定位的作用，一般与其他粗定位方式结合使用。图6-21是导正销的工作原理。

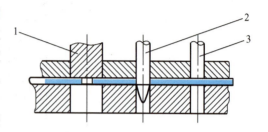

图6-21 导正销工作原理
1—落料凸模；2—导正销；3—冲导正孔凸模

在设计模具时，作为精定位的导正孔，应安排在排样图中的第一工位冲出，导正销设置在紧随冲导正孔的第二工位，第三工位可设置检测条料送进步距的误差，如图6-22所示。

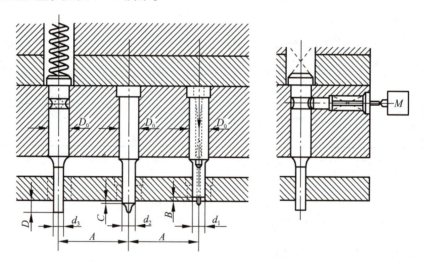

图6-22 条料的导正与检测

1. 直接导正和间接导正

按照条料上导正孔的性质，可把导正方法分为直接导正和间接导正。直接导正利用产品零件本身的孔作为导正孔，导正销可安装于凸模之中，也可专门设置。间接导正是利用设计在载体或废料上的导正孔进行导正。

导正销在矫正条料对工序件进行精定位时，有时会引起导正孔变形或划伤。因此，对精度和质量要求高的产品零件应尽量避免在制件上直接导正。

2. 导正销与导正孔的关系

导正销导入材料时，既要保证材料的定位精度，又要保证导正销能顺利地插入导正孔。配合间隙大，定位精度低；配合间隙过小，导正销磨损加剧并形成不规则形状，从而又影响定位精度。导正销与导正孔的配合间隙将直接影响制件的精度。其间隙大小参考图如图6-23所示。

3. 导正销的结构设计

（1）导正销直径的选取。要保证被导正定位的条料在导正销与导正孔可能有最大的偏心时，仍可得到导正，但不应过小，导正销直径的选取一般不小于2 mm。

（2）导正销的突出量。导正销突出于卸料板的下平面的直壁高度（工作高度）一般取（0.5～0.8)t。材料较硬时可取小值，薄料取较大的值。

（3）导正销的头部形状。导正销的头部形状从工作要求来看分为引导和导正部分，根据几何形状可分为圆弧和圆锥头部。图6-24（a）为常见的圆弧形头部导正销，图6-24（b）为圆锥形头部导正销。小孔用小锥度的导正销；大孔用大锥度的导正销。

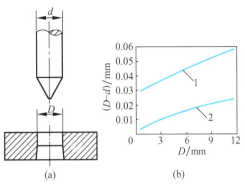

图6-23 导正销与导正孔的配合间隙

1——一般冲件用；2——精密冲件用

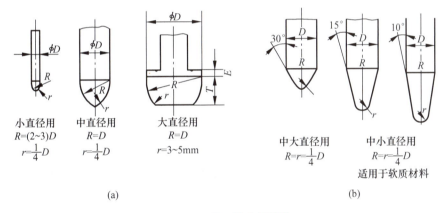

(a)   (b)

图6-24 导正销头部结构

（a）圆弧形头部；（b）圆锥形头部

（4）导正销的固定方式。图6-25所示为导正销的固定方式，图6-25（a）为导正销固定在固定板或卸料板下，图6-25（b）为导正销固定在凸模上。

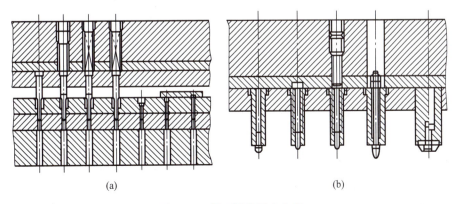

(a)   (b)

图6-25 导正销的固定方式

导正销在一副模具中多处使用时，其突出长度、直径尺寸和头部形状必须保持一致，便于使所有的导正销承受基本相等的载荷。

四、条料的导向和顶料装置

多工位级进模要求在送进过程中无任何阻碍，由于条料经过冲裁、弯曲、拉深等变形后，在条料厚度方向上会有不同高度的弯曲和突起，为了顺利送带料，必须将已被成形的带料顶起，使突起和弯曲的部位离开凹模洞壁并略高于凹模工作表面。这种使带料顶起的特殊结构叫浮动顶料装置。该装置往往和带料的导向零件共同使用。

完整的多工位级进模导料装置应包括：导料板、浮顶器（或浮动导料销）、承料板、侧压装置等。

1. 浮动顶料装置

如图 6-26 所示，是常用浮动顶料装置，结构有浮顶销、浮动顶料管和浮动顶料块三种。顶起的高度一般应使条料最低部位高出凹模表面 1.5~2 mm，同时应使被顶起的条料上平面低于刚性卸料板下平面（2~3）t，这样才能使条料送进顺利。浮顶销的优点是可以根据顶料具体情况布置，顶料效果好，凡是顶料力不大的情况都可采用压缩弹簧作顶料力源。顶料销通常用圆柱形，但也可用方形（在送料方向带有斜度）。浮顶销经常成对使用，其正确位置应设置在条料上没有较大的孔和成形部位下方。对于刚性差的条料应采用顶料块顶料，以免条料变形。顶料管设在有导正孔的位置进行顶料，它与导正销配合（H7/h6），管孔起导正孔作用，适用于薄料。这些形式的顶料装置常与导料板组成顶料导向装置。

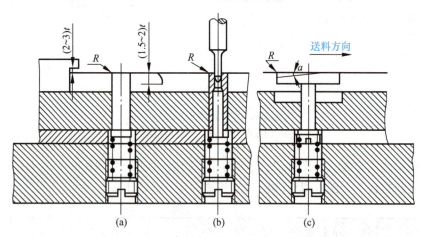

图 6-26　浮动顶料装置
（a）顶料销；（b）顶料管；（c）顶料块

2. 浮动导料装置

浮动导料装置是具有顶料和导料双重作用的模具部件，在级进模中应用广泛。它分为带槽浮动导料销和浮动导轨式导料装置两种。

（1）带槽浮动导料销。如图 6-27（a）所示，是常用的导料销结构装置。该带槽浮动导料销既起导料作用又起浮顶条料作用。尤其在模具全部或局部长度上不适合安装导料板的情况下。如果结构尺寸不正确，则在卸料板压料时将产生图 6-27（b）所示的问题，即条料料边产生变形，这是不允许的。

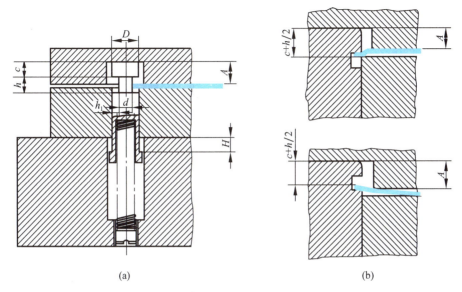

(a)　　　　　　　　　　　　　(b)

图6-27　带槽浮动导料销导料装置

为了使这种装置能顺利地进行条料的送进导向，其结构尺寸应按下列算式计算：

$$h = t + (0.6 \sim 1.0)t$$
$$c = (1.5 \sim 3.0)t$$
$$A = c + (0.3 \sim 0.5)t$$
$$H = h_0 + (1.3 \sim 3.5)t$$
$$h_1 = (3 \sim 5)t$$
$$(D-d)/2 = (3 \sim 5)t \quad 得\ d = D - (6 \sim 10)t$$

式中　h——导向槽高度（h 不小于 1.5），mm；

　　　c——带槽导料销头部高度，mm；

　　　A——卸料板让位孔深度，mm；

　　　H——浮顶器活动量，mm；

　　　h_1——导向槽深，mm；

　　　t——板料厚度，mm；

　　　h_0——冲件最大高度，mm。

尺寸 D 和 d 可根据条料宽度、厚度和模具的结构尺寸确定。导料销常选用合金工具钢，淬硬到58～62HRC，并与凹模孔成 H7/h6 配合。

（2）浮动导轨式导料装置。由于带导向槽浮动导料销与条料接触为点接触，间断性导料，不适于料边为断续的条料的导向，故在实际生产中应用浮动导轨式的导料装置，如图6-28所示。它由4根浮动导料销与2条导轨导板所组成，适用于薄料和较大范围材料的顶起。设计浮动导轨式导料装置的导向时，应将导轨导板分为上下两件组合，当冲压出现故障时，拆下盖板即可取出条料。

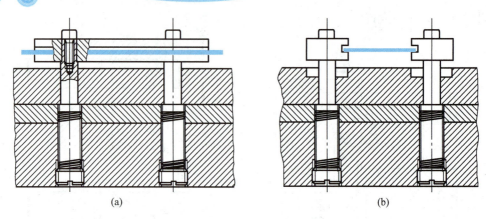

(a)   (b)

图 6-28   浮动导轨式导料装置

五、卸料装置

卸料装置是多工位级进模结构中的重要部件。它的作用除冲压开始前压紧带料，防止各凸模冲压时由于先后次序的不同或受力不均而引起带料窜动，并保证冲压结束后及时平稳地卸料外，更重要的是卸料板将在各工位上的凸模（特别是细小凸模）受侧向作用力时，起到精确导向和有效的保护作用。卸料装置主要由卸料板、弹性元件、卸料螺钉和辅助导向零件所组成。

在复杂的级进模中，由于型孔多，形状复杂，为保证型孔的尺寸精度、位置精度和配合间隙，卸料板常用镶拼结构。在整体的卸料板基体上，根据各工位的需要镶拼卸料板镶块，镶拼块用螺钉、销钉固定在基体上。

由于卸料板有保护小凸模的作用，要求卸料板有很高的运动精度，因此在卸料板与上模座之间经常采用增设小导柱、导套的结构，如图 6-29 所示。图 6-29（a）、图 6-29（b）两种是在固定板与卸料板之间导向，图 6-29（c）、图 6-29（d）是将上模板、固定板、卸料板、下模板都连在一起。导柱、导套设计请参阅前述各章和有关标准。若对运动精度有更高的要求，如当冲压的材料厚度 ≤0.3 mm，工位较多及精度要求高时，应选用滚珠导向的导柱、导套，并且有标准件可供选用。实践证明，冲裁间隙在 0.05 mm 以内的级进模普遍采用滚珠导向的模架，并在卸料板上采用滚珠导向的小导柱。

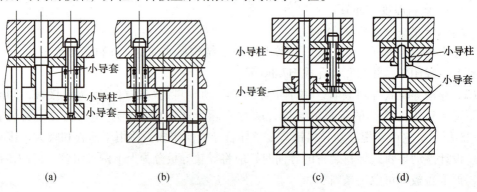

(a)   (b)   (c)   (d)

图 6-29   小导柱、导套结构

卸料板要对凸模起到导向和保护作用，各工作型孔应与凹模型孔、凸模固定板的型孔保持同轴，采用慢走丝数控线切割机床加工上述各制件效果很好。另外，卸料板与凸模的配合间隙为凸模与凹模间隙的 $1/4 \sim 1/3$。

在设计卸料板时，其型孔的表面粗糙度 Ra 应为 $0.1 \sim 0.4 \mu m$，速度高，粗糙度取小值。卸料板要有必要的强度和硬度。

弹压卸料板在模具上深入到两导料板之间，故要设计成反凸台形，凸台与导料板之间有适当的间隙。

卸料螺钉必须均匀分布在工作型孔外围，弹性元件分布合理，卸料螺钉的工作长度在一副模具内必须一致，否则会因卸料板偏斜而损坏凸模。

为了在冲压料头和料尾时，使卸料板运动平稳，压料力平衡，可在卸料板的适当位置安装平衡钉，保证卸料板运动的平衡。

六、限位装置

级进模结构复杂，凸模较多，在存放、搬运、试模过程中，若凸模过多地进入凹模，容易损伤模具，为此在设计级进模时应考虑安装限位装置。

如图6-30所示，限位装置由限位柱与限位垫块、限位套组成。在冲床上安装模具时把限位垫装上，此时模具处于闭合状态。在压力机上固定好模具，取下限位垫块，模具即可工作，安装模具十分方便。从压力机上拆下模具前，将限位套放在限位柱上，模具处于开启状态，有利于搬运和存放。

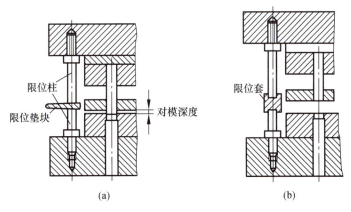

图6-30 限位装置

当模具的精度要求较高，模具又有较多的小凸模时，可在弹压卸料板和凸模固定板之间设计一限位垫板，能起到较准确控制凸模行程的限位作用。

七、自动送料装置

实现冷冲压生产的自动化，是提高冲压生产率，保证安全生产的根本途径和措施。自动送料是实现自动生产的基本机构。多工位级进模自动送料的目的是将条料按所需的步距，正确地送进模具工作位置，在各不同工位完成冲制过程。常用的自动送料装置较多，本章只介绍由上模带动的自动送料装置。

1. 钩式自动送料装置

钩式自动送料装置可由压力机的滑块带动（用于较宽、较厚的材料），也可由上模直接带动。后者使用广泛，虽然其结构形式很多，但几乎都是用装在上模的斜楔来推动滑块而带动拉料钩实现自动送料的。

如图6-31所示是由安装在上模的斜楔3带动的钩式送料装置。其工作过程是：开始几个制件用手工送进，当达到自动送料位置时，上模下降，装于下模的滑动块2在斜楔3的作用下向左移动，铰接在滑动块上的拉料钩5将材料向左拉移一个进距A，此后在弹簧片4的作用下拉料钩5停止不动（图中所示位置），凸模6下降冲压。当上模回升时，滑动块2在拉簧1的作用下，向右移动复位，使带斜面的料钩跳过搭边进入下一孔位完成第一次送料，而条料则在止退簧片7的作用下不动。以此循环，达到自动间歇送进的目的。

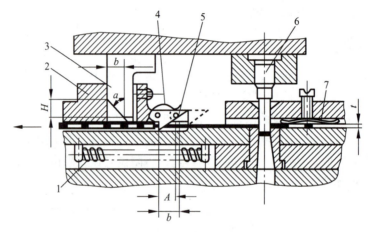

图6-31　钩式自动送料装置

1—拉簧；2—滑动块；3—斜楔；4—弹簧片；5—拉料钩；6—凸模；7—止退簧片

2. 钩式自动送料装置的特点

钩式送料装置是一种结构简单、制造方便、造价低廉、使用广泛的自动送料装置。各种钩式自动送料装置的共同特点是靠拉料钩拉动载体，实现自动送料。因此，只有在有载体的冲压生产中才能使用。在拉料钩没有拉到载体前用手工送料。在级进模中，通常要与导正销或侧刃配合使用才能保证准确的进距。当材料厚度$t<0.3$ mm时，需增大载体以保证载体不致拉断，因而使材料利用率降低4%~6%。

由于钩式送料装置靠拉料钩拉住载体送料，通常要求料宽在100 mm以下，料厚在0.3 mm以上，载体宽度应大于1.5 mm，送料进距不超过40 mm。

钩式送料装置的送进运动是在上模下行过程中进行的，因此送进必须在冲压前结束，即冲压时应使材料不动。

该类装置适用于条料或带料的自动送进，送进误差可达±0.15 mm（当与导正销或侧刃配合使用时，其误差可以减小），允许行程次数小于200次/min，送进速度小于15 m/min。

3. 设计钩式自动送料装置应注意的问题

（1）拉料钩的移动距离S_1应保证有1~3 mm的活动量，即$S_1 = A + (1~3)$ mm；

（2）斜楔的斜面高度$H = S_1/\tan\alpha$，一般取$\alpha = 45°$，此时$H = S_1$；

（3）为了保证送料与冲压两者互不干涉，压力机的行程 S 应满足 $S \geqslant H + t + (2 \sim 4)$ mm，在带料级进拉深中，$S \geqslant H +$ 制件高度。

 完成任务

1. 卸料橡胶的设计

卸料橡胶的设计计算见表6-6。选用的4块橡胶板的厚度务必一致，不然会造成受力不均，运动产生歪斜，影响模具的正常工作。

表6-6　卸料橡胶的设计计算

项　目	公　式	结　果	备　注
卸料板工作行程 $h_{工}$	$h_{工} = h_1 + t + h_2$	4.2 mm	h_1 为凸模凹进卸料板的高度 1 mm，h_2 为凸模冲裁后进入凹模的深度 2 mm
橡胶工作行程 $H_{工}$	$H_{工} = h_{工} + h_{修}$	9.2 mm	$h_{修}$ 为凸模修磨量，取 5 mm
橡胶自由高度 $H_{自由}$	$H_{自由} = 4H_{工}$	36.8 mm	取 $H_{工}$ 为 $H_{自由}$ 的 25%
橡胶的预压缩量 $H_{预}$	$H_{预} = H_{自由} \times 15\%$	5.52 mm	一般 $H_{预} = (10\% \sim 15\%) \times H_{自由}$
每个橡胶承受的载荷 F_1	$F_1 = F_{卸}/4$	1 731.6N	选用 4 个圆筒形橡胶
橡胶的外径 D	$D = (d^2 + 1.27 (F_1/P)) \times 0.5$	68 mm	d 为圆筒形橡胶的内径，取 $d = 13$mm；$p = 0.5$ MPa
校核橡胶自由高度 $H_{自由}$	$0.5 \leqslant H_{自由}/D = 0.54 \leqslant 1.5$	满足要求	
橡胶的安装高度 $H_{安}$	$H_{安} = H_{自由} - H_{预}$	31 mm	

2. 主要零部件设计

（1）工作零件的结构设计。

① 落料凸模。结合工件外形并考虑加工，将落料凸模设计成直通式，采用线切割加工，2 个 M8 螺钉固定在垫板上，与凸模固定板的配合按 H6/m5。其总长 L 可按公式（2-2）b 计算：

$$L = h_1 + h_2 + t + h = 20 + 14 + 1.2 + 28.8 = 64 （mm）$$

具体结构如图 6-32（a）所示。

② 冲孔凸模。因为所冲的孔均为圆形，而且都不属于需要保护的小凸模，所以冲孔凸模采用台阶式，一方面加工简单；另一方面又便于装配与更换。其中冲 5 个 ϕ5 mm 的圆孔可选用标准件，冲 5 个 ϕ8 mm 孔的凸模结构如图 6-32（b）所示。

③ 凹模。采用整体凹模，各冲裁的凹模孔均采用线切割加工，安排凹模在模架上的位置时，要依据计算压力中心的数据，将压力中心与模柄中心重合，其轮廓尺寸可按公式（1-36）、式（1-37）计算如下。

凹模厚度：$H = KB = 0.2 \times 127 = 25.4$ mm （查表1-18得，$K = 0.2$）；

凹模壁厚：$c = (1.5 \sim 2)H = (38 \sim 50.8)$mm；

取凹模厚度：$H = 30$ mm，凹模壁厚 $c = 45$ mm；

凹模宽度：$B = b + 2c = 127 + 2 \times 45 = 217$ mm；

凹模长度：$L = 195$ mm（送料方向）；

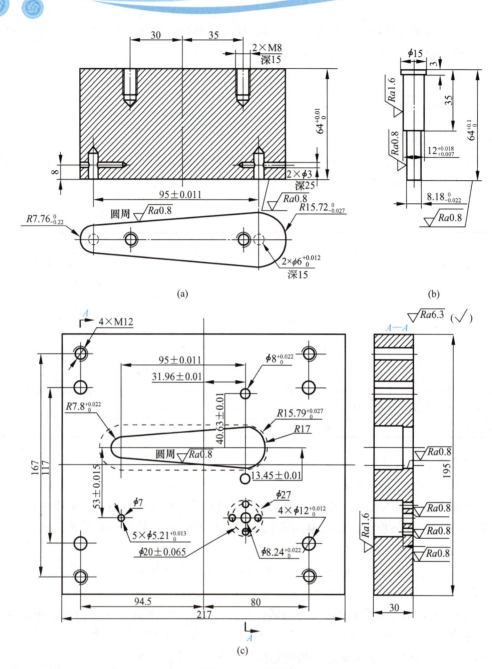

图 6-32 工作零件

（a）落料凸模；（b）冲孔凸模；（c）凹模

凹模轮廓尺寸为 195 mm×217 mm×30 mm，结构如图 6-32（c）所示。

（2）定位零件的设计。

落料凸模下部设置两个导正销，分别借用工件上 $\phi5$ mm 和 $\phi8$ mm 两个孔作导正孔。$\phi8$ mm 导正孔的导正销的结构如图 6-33 所示。导正应在卸料板压紧板料之前完成导正，考虑料厚和装配后卸料板下平面超出凸模端面 1 mm，所以导正销直线部分的长度为 1.8 mm。导正销采用 H7/r6 安装在落料凸模端面，导正销导正部分与导正孔采用 H7/h6 配合。

起粗定距的活动挡料销、弹簧和螺塞选用标准件，规格为 8×16。

（3）导料板的设计。

导料板的内侧与条料接触，外侧与凹模齐平，导料板与条料之间的间隙取 1 mm，这样就可确定了导料板的宽度，导料板的厚度可取 6~10 mm。导料板采用 45 钢制作，热处理硬度为 40~45HRC，用螺钉和销钉固定在凹模上。导料板的进料端安装有承料板。

（4）卸料部件的设计。

① 卸料板的设计。卸料板的周界尺寸与凹模的周界尺寸相同，厚度为 14 mm。卸料板采用 45 钢制造，淬火硬度为 40~45HRC。

② 卸料螺钉的选用。卸料板上设置 4 个卸料螺钉，公称直径为 12 mm，螺纹部分为 M10×10 mm。卸料钉尾部应留有足够的行程空间。卸料螺钉拧紧后，应使卸料板超出凸模端面 1 mm，有误差时通过在螺钉与卸料板之间安装垫片来调整。

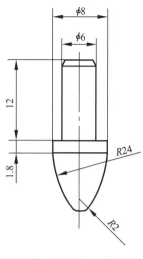

图 6-33　导正销

（5）模架及其他零部件设计。

该模具采用中间导柱模架，这种模架的导柱在模具中间位置，冲压时可防止由于偏心力矩而引起的模具歪斜。以凹模周界尺寸为依据，选择模架规格。

导柱 d/mm×L/mm 分别为 ϕ28 mm×160 mm，ϕ32 mm×160mm；导套 d/mm×L/mm×D/mm 分别为 ϕ28 mm×115 mm×42 mm，ϕ32 mm×115 mm×45 mm。

上模座厚度 $H_{上模}$ 取 45 mm，上模垫板厚度 $H_{垫}$ 取 10 mm，固定板厚度 $H_{固}$ 取 20 mm，下模座厚度 $H_{下模}$ 取 50 mm，那么，该模具的闭合高度：

$$H_{闭} = H_{上模} + H_{垫} + L + H + H_{下模} - h_2$$
$$= 45 + 10 + 64 + 30 + 50 - 2 = 197 \text{ mm}$$

式中　L——凸模长度，$L = 64$mm；

　　　H——凹模厚度，$H = 30$mm；

　　　h_2——凸模冲裁后进入凹模的深度，$h_2 = 2$ mm。

可见该模具闭合高度小于所选压力机 J23-25 的最大装模高度即 220 mm，可以使用。

3. 模具总装图

通过以上设计，可得到如图 6-34 所示的模具总装图。模具上模部分主要由上模板、垫板、凸模（7 个）、凸模固定板及卸料板等组成。卸料方式采用弹性卸料，以橡胶为弹性元件。下模部分由下模座、凹模板、导料板等组成。冲孔废料和成品件均由漏料孔漏出。条料送进时采用活动挡料销 13 作为粗定距，在落料凸模上安装两个导正销 4，利用条料上 ϕ5 mm 和 ϕ8 mm 孔作导正孔进行导正，以此作为条料送进的精确定距。操作时完成第一步冲压后，把条料抬起向前移动，用落料孔套在活动挡料销 13 上，并向前推紧，冲压时凸模上的导正销 4 再作精确定距。活动挡料销位置的设定比理想的几何位置向前偏移 0.2 mm，冲压过程中粗定位完成以后，当用导正销作精确定位时，由导正销上圆锥形斜面再将条料向后拉回约 0.2 mm 而完成精确定距。用这种方法定距，精度可达到 0.02 mm。

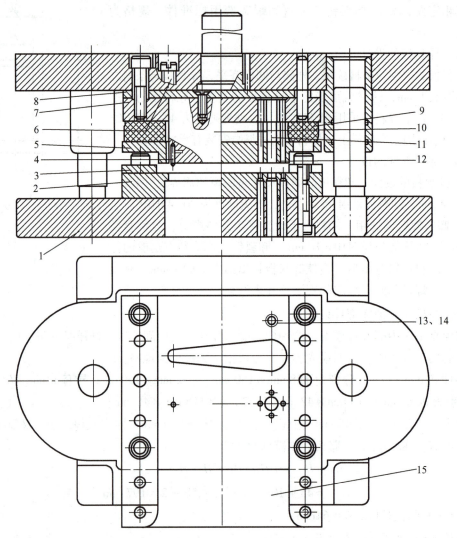

图 6-34　模具总装图

1—模架；2—凹模；3—导料板；4—导正销；5—卸料板；6—卸料螺钉；7—凸模固定板；8—垫板；
9—弹性橡胶体；10—外形凸模；11—大孔凸模；12—小孔凸模；13—活动挡料销；14—弹簧；15—承料板

4. 冲压设备的选定

通过校核，选择开式双柱可倾压力机 J23-25 能满足使用要求。其主要技术参数如下：

公称压力：250 kN

滑块行程：65 mm

最大闭合高度：270 mm

最大装模高度：220 mm

连杆调节长度：55 mm

工作台尺寸（前后×左右）：370 mm×560 mm

垫板尺寸（厚度×孔径）：50 mm×200 mm

模柄孔尺寸：ϕ40 mm×60 mm

最大倾斜角度：30°

任务 6.5　手柄级进模主要零部件的加工

【目的要求】掌握级进模主要零部件的加工方法。
【教学重点】能够进行级进模主要零部件的加工。
【教学难点】级进模主要零部件的加工。
【教学内容】完成手柄级进模落料凸模的加工工艺过程的制定。

 知识链接

多工位级进模制造相对于一般冲压模具加工具有以下特点：

（1）工作零件、镶块件和三大板（凸模固定板、凹模固定板和卸料镶块固定板，简称三大板）是多工位级进模加工难点和重点控制零件，其加工难点体现在工作零件型面尺寸和精度、三大板的型孔尺寸和位置精度。

（2）细小凸模和凹模镶块由于其形状复杂、尺寸小、精度高，采用传统的机械加工难以完成加工，必须辅以高精度数控线切割、成形磨削、曲线磨等先进加工方法才能完成（常常采用数控线切割加成形磨削）。

（3）多工位级进模中的凸模固定板、凹模固定板和卸料镶块固定板孔位精度高、尺寸协调多，是制造难度最大、耗费工时最多、周期最长的三大关键零件，是模具精度的集中体现件。

（4）多工位级进模精度要求高、寿命要求长、尺寸稳定性要求高，所以模具零件的选材除了要求高耐磨、高强度、高硬度外，还要求热处理变形量小，尺寸稳定性好。

 完成任务

本副手柄级进模，模具零件加工的关键在工作零件、固定板以及卸料板，若采用线切割加工技术，这些零件的加工就变得相对简单。图6-35为手柄级进模落料凸模的零件图，根据该零件图制定出落料凸模的加工工艺过程（表6-7）。凹模、固定板以及卸料板都属于板类零件，其加

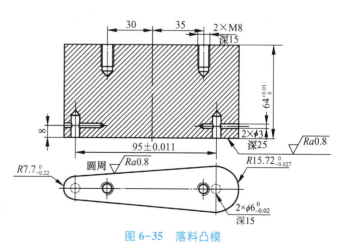

图6-35　落料凸模

工工艺比较规范，在此不再重复。

表6-7　落料凸模加工工艺过程

工序号	工序名称	工序内容	工序简图（示意图）
1	备料	将毛坯锻成长方体128 mm×38 mm×72 mm	
2	热处理	退火	
3	刨	刨六面，互为直角，留单边余量0.5 mm	
4	热处理	调质	
5	磨平面	磨六面，互为直角	
6	钳工划线	划出各孔位置线	
7	加工螺钉孔、安装孔及穿丝孔	按位置加工螺钉孔、销钉孔及穿丝孔等	
8	热处理	按热处理工艺，淬火回火达到58~62HRC	
9	磨平面	精磨上、下平面	
10	线切割	按图形切割，轮廓达到尺寸要求	
11	钳工精修	全面达到设计要求	
12	检验		

拓展知识

手柄级进模的装配

序号	工序	工艺说明
1	凸、凹模预配	（1）装配前仔细检查各凸模形状及尺寸以及凹模型孔，是否符合图纸要求尺寸精度、形状 （2）将各凸模分别与相应的凹模孔相配，检查其间隙是否加工均匀。不合适者应重新修磨或更换

序号	工序	工艺说明
2	凸模装配	以凹模孔定位,将各凸模分别压入凸模固定板7的型孔中,并挤紧牢固
3	装配下模	(1) 在下模座1上划中心线,按中心预装凹模2、导料板3 (2) 在下模座1、导料板3上,用已加工好的凹模分别确定其螺孔位置,并分别钻孔,攻丝 (3) 将下模座1、导料板3、凹模2、活动挡料销13、弹簧14装在一起,并用螺钉紧固,打入销钉
4	装配上模	(1) 在已装好的下模上放等高垫铁,再在凹模中放入0.12 mm的纸片,然后将凸模与固定板组合装入凹模 (2) 预装上模座,划出与凸模固定板相应螺孔、销孔位置并加工螺孔、销孔 (3) 用螺钉将固定板组合、垫板8、上模座连接在一起,但不要拧紧 (4) 将卸料板5套装在已装入固定板的凸模上,装上橡胶9和卸料螺钉6,并调节橡胶的预压量,使卸料板高出凸模下端约1 mm (5) 复查凸、凹模间隙并调整合适后,紧固螺钉 (6) 安装导正销4、承料板15 (7) 切纸检查,合适后打入销钉
5	试冲与调整	装机试冲并根据试冲结果作相应调整

拓展练习

U 形弯曲件模具设计

一、零件工艺性分析

工件图为图6-36所示活接叉弯曲件,材料45钢,料厚3 mm。其工艺性分析内容如下:

1. 材料分析

45钢为优质碳素结构钢,具有良好的弯曲成形性能。

2. 结构分析

零件结构简单,左右对称,对弯曲成形较为有利。可查得此材料所允许的最小弯曲半径 $r_{min} = 0.5t = 1.5$ mm,而零件弯曲

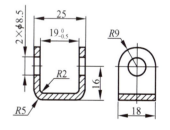

图6-36 弯曲工件图

半径 $r = 2$ mm>1.5 mm,故不会弯裂。另外,零件上的孔位于弯曲变形区之外,所以弯曲时孔不会变形,可以先冲孔后弯曲。计算零件相对弯曲半径 $r/t = 0.67<5$,卸载后弯曲件圆角半径的变化可以不予考虑,而弯曲中心角发生了变化,采用校正弯曲来控制角度回弹。

3. 精度分析

零件上只有1个尺寸有公差要求,由公差表查得其公差要求属于IT14,其余未注公差尺寸也均按IT14选取,所以普通弯曲和冲裁即可满足零件的精度要求。

4. 结论

由以上分析可知,该零件冲压工艺性良好,可以冲裁和弯曲。

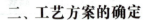

二、工艺方案的确定

零件为U形弯曲件，该零件的生产包括落料、冲孔和弯曲三个基本工序，可有以下三种工艺方案。

方案一：先落料，后冲孔，再弯曲。采用三套单工序模生产。

方案二：落料—冲孔复合冲压，再弯曲。采用复合模和单工序弯曲模生产。

方案三：冲孔—落料连续冲压，再弯曲。采用连续模和单工序弯曲模生产。

方案一模具结构简单，但需三道工序三副模具，生产效率较低。

方案二需两副模具，且用复合模生产的冲压件形位精度和尺寸精度易保证，生产效率较高。但由于该零件的孔边距为4.75 mm，小于凸凹模允许的最小壁厚6.7 mm，故不宜采用复合冲压工序。

方案三也需两副模具，生产效率也很高，但零件的冲压精度稍差。欲保证冲压件的形位精度，需在模具上设置导正销导正，故其模具制造、安装较复合模略复杂。

通过对上述三种方案的综合分析比较，该件的冲压生产采用方案三为佳。

三、零件工艺计算

1. 弯曲工艺计算

（1）毛坯尺寸计算。

对于$r>0.5t$有圆角半径的弯曲件，由于变薄不严重，按中性层展开的原理，坯料总长度应等于弯曲件直线部分和圆弧部分长度之和，可查得中性层位移系数$x = 0.28$，所以坯料展开长度为

$$L_Z = (16+9-5) \times 2 + (25-10) + 2 \times \left[\frac{\pi \times 90}{180} \times (2+0.28 \times 3) \right]$$

$$= 63.9 \approx 64 \quad (mm)$$

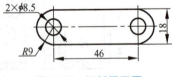

图6-37　坯料展开图

由于零件宽度尺寸为18 mm，故毛坯尺寸应为64 mm×18 mm。弯曲件平面展开图见图6-37，两孔中心距为46 mm。

（2）弯曲力计算。

弯曲力是设计弯曲模和选择压力机的重要依据。该零件是校正弯曲，校正弯曲时的弯曲力$F_{校}$和顶件力F_D为

$$F_{校} = Ap = 25 \times 18 \times 120 = 54 \quad (kN)$$

$$F_D = (0.3 \sim 0.8)F_{自} = 0.3 \times \frac{0.7KBt^2\sigma_b}{r+t}$$

$$= 0.3 \times \frac{0.7 \times 1.3 \times 18 \times 3^2 \times 550}{2+3} = 5 \quad (kN)$$

对于校正弯曲，由于校正弯曲力比顶件力大得多，故一般F_D可以忽略，即

$$F_{压力机} \geqslant F_{校}$$

生产中为安全，取$F_{压力机} \geqslant 1.8F_{校} = 1.8 \times 54 = 97.2$（kN），根据压弯力大小，初选设备

为 JH23-25。

2. 冲孔落料连续模工艺计算

（1）刃口尺寸计算。

由图 6-35 可知，该零件属于一般冲孔、落料件。根据零件形状特点，冲裁模的凸、凹模采用分开加工方法制造。尺寸 18 mm、$R9$ mm 由落料获得，$2 \times \phi 8.5$ mm 和 46±0.31 mm 由冲孔同时获得。查得凸、凹模最小间隙 $Z_{min} = 0.48$ mm，最大间隙 $Z_{max} = 0.66$ mm，所以 $Z_{max} - Z_{min} = 0.66 - 0.48 = 0.18$（mm）。

按照模具制造精度高于冲裁件精度 3~4 级的原则，设凸、凹模按 IT8 制造，落料尺寸 $18_{-0.43}^{0}$ mm，凸、凹模制造公差 $\delta_T = \delta_A = 0.027$ mm，磨损系数 X 取 0.75。冲孔尺寸 $\phi 8.5_{0}^{+0.36}$ mm，凸、凹模制造公差 $\delta_T = \delta_A = 0.022$ mm，磨损系数 X 取 0.5。根据冲裁凸、凹模刃口尺寸计算公式进行如下计算：

落料尺寸：$18_{-0.43}^{0}$ mm。

校核不等式 $\delta_T + \delta_A \leqslant Z_{max} - Z_{min}$，代入数据得 0.027 + 0.027 = 0.054 < 0.18。说明所取的 δ_T 与 δ_A 合适，考虑零件要求和模具制造情况，可适当放大制造公差为：$\delta_T = 0.4 \times 0.18 = 0.072$（mm），$\delta_A = 0.6 \times 0.18 = 0.108$（mm）。

将已知和查表的数据代入公式得

$$L_A = (L_{max} - X\Delta)_{0}^{+\delta_A} = (18 - 0.75 \times 0.43)_{0}^{+0.027} = 17.678_{0}^{+0.027} \text{（mm）}$$

$$L_T = (L_A - Z_{min})_{-\delta_T}^{0} = (17.678 - 0.48)_{-0.027}^{0} = 17.198_{-0.027}^{0} \text{（mm）}$$

故落料凸模和凹模最终刃口尺寸为：$L_A = 17.678_{0}^{+0.108}$ mm，$L_T = 17.198_{-0.072}^{0}$ mm。

落料 $R9$ mm，属于半边磨损尺寸。由于是圆弧曲线，应该与落料尺寸 18 mm 相切，所以其凸、凹模刃口尺寸取为

$$R_A = \frac{1}{2} \times 17.678_{0}^{+0.108/2} = 8.839_{0}^{+0.054} \text{（mm）}$$

$$R_T = \frac{1}{2} \times 17.198_{-0.072/2}^{0} = 8.599_{-0.036}^{0} \text{（mm）}$$

冲孔尺寸：$\phi 8.5_{0}^{+0.36}$ mm。

校核 $\delta_T + \delta_A \leqslant Z_{max} - Z_{min}$，代入数据得：0.022 + 0.022 = 0.044 < 0.18。说明所取的 δ_T 与 δ_A 合适，考虑零件要求和模具制造情况，可适当放大制造公差为：$\delta_T = 0.4 \times 0.18 = 0.072$（mm），$\delta_A = 0.6 \times 0.18 = 0.108$（mm）。

将已知和查表的数据代入公式得

$$d_T = (d_{min} + X\Delta)_{-\delta_T}^{0} = (8.5 + 0.5 \times 0.36)_{-0.022}^{0} = 8.68_{-0.022}^{0} \text{（mm）}$$

$$d_A = (d_T + Z_{min})_{0}^{\delta_A} = (8.68 + 0.48)_{0}^{+0.022} = 9.16_{0}^{+0.022} \text{（mm）}$$

故冲孔凸模和凹模最终刃口尺寸为：$d_T = 8.68_{-0.072}^{0}$ mm，$d_A = 9.16_{0}^{+0.108}$ mm。

孔心距为 46±0.31 mm。

因为两个孔同时冲出，所以凹模型孔中心距为

$$L_A' = L \pm \Delta/8 = 46 + 0.62/8 = 46 \pm 0.078 \text{（mm）}$$

方案A

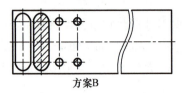

方案B

图 6-38 可能的排样方式

（2）排样计算。

分析零件形状应采用单直排的排样方式，零件可能的排样方式有如图 6-38 所示两种。

比较方案 A 和方案 B，方案 A 是少废料排样，显然材料利用率高，但因条料本身的剪板公差以及条料的定位误差影响，工件精度不易保证，且模具寿命低，操作不便，排样不适合连续模，所以选择方案 B。同时，考虑凹模刃口强度，其中间还需留一空工位。现选用规格为 3 mm×1 000 mm×1 500 mm 的钢板，则需计算采用不同的裁剪方式时，每张板料能出的零件总个数。

经查得零件之间的搭边值 $a_1 = 3.2$ mm，零件与条料侧边之间的搭边值 $a = 3.5$ mm，条料与导料板之间的间隙值 $C = 0.5$ mm，则条料宽度为

$$B = (D_{max} + 2a + C)_{-\Delta}^{0} = (64 + 2 \times 3.5 + 0.5)_{-0.8}^{0} = 71.5_{-0.8}^{0} \text{（mm）}$$

步距 $\qquad\qquad S = D + a_1 = 18 + 3.2 = 21.2 \text{（mm）}$

由于弯曲件裁板时应考虑纤维方向，所以只能采用横裁。即裁成宽 71.5 mm、长 1 000 mm 的条料，则一张板材能出的零件总个数为

$$n = \frac{1\,500}{71.5} \times \frac{1\,000 - 3.2}{21.2} = 20 \times 47 = 940 \text{（个）}$$

计算每个零件的面积 $S = \frac{\pi}{4} \times 18^2 + 46 \times 18 - 2 \times \frac{\pi}{4} \times 8.5^2 = 968.9 \text{（mm}^2\text{）}$，则材料利用率为

$$\eta = \frac{n \times S}{L_b \times B_b} \times 100\% = \frac{940 \times 968.9}{1\,500 \times 1\,000} \times 100\% = 60.7\%$$。排样图如图 6-39 所示。

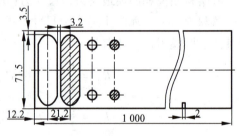

图 6-39 零件的排样图

3. 冲裁力计算

此例中零件的落料周长为 148.52 mm，冲孔周长为 26.69 mm，材料厚度 3 mm，45 钢的抗剪强度取 500 MPa，冲裁力基本计算公式 $F = KLt\tau$。则冲裁该零件所需落料力

$$F_1 = 1.3 \times 148.52 \times 3 \times 500 = 289\,614 \approx 289.6 \text{（kN）}$$

冲孔力 $\qquad F_2 = 2 \times 1.3 \times 26.69 \times 3 \times 500 = 104\,091 \approx 104.1 \text{（kN）}$

模具结构采用刚性卸料和下出件方式，所以所需推件力 F_T 为

$$F_T = NK_T(F_1 + F_2) = \frac{9}{3} \times 0.045 \times (289.6 + 104.1) \approx 53 \text{（kN）}$$

计算零件所需总冲压力

$$F_{总} = F_1 + F_2 + F_T = 289.6 + 104.1 + 53 = 446.7 \text{（kN）}$$

初选设备为 JC23-63。

4. 压力中心计算

零件为一对称件，所以压力中心就是冲裁轮廓图形的几何中心，但由于采用级进模设计，因此需计算模具的压力中心。排样时零件前后对称，所以只需计算压力中心横坐标，如图6-40所示建立坐标系。设模具压力中心横坐标为 x_0（计算时取代数值），则有

$$F_1(42.4 - x_0) = F_2 \times x_0$$

即　　　　　　　$289.6 \times (42.4 - x_0) = 104.1 \times x_0$，

解得　　　　　　　　　$x_0 = 31.2$ mm

所以模具压力中心坐标点为（-31.2，0）。

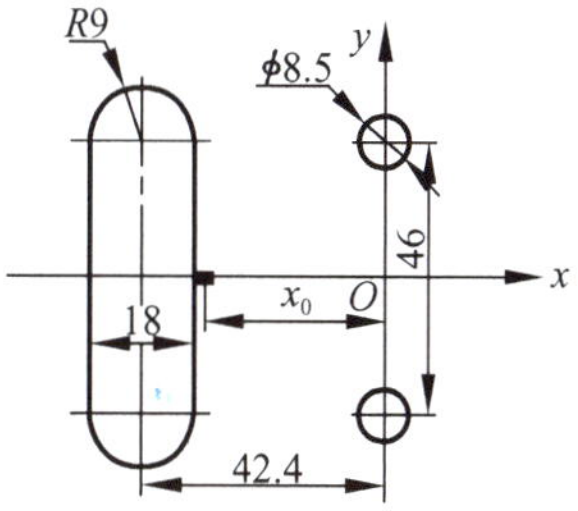

图 6-40　压力中心的计算

四、冲压设备的选用

1. 冲孔落料连续模设备的选用

根据冲压力的大小，选取开式双柱可倾台压力机 JC23-63，其主要技术参数如下：

公称压力：630 kN

滑块行程：120 mm

最大闭合高度：360 mm

闭合高度调节量：80 mm

滑块中心线到床身距离：260 mm

工作台尺寸：480 mm×710 mm

工作台孔尺寸：ϕ250 mm

模柄孔尺寸：ϕ50 mm×80 mm

垫板厚度：90 mm

2. 弯曲模设备的选用

根据弯曲力的大小，选取开式双柱可倾台压力机 JH23-25，其主要技术参数如下：

公称压力：250 kN

滑块行程：75 mm

最大闭合高度：260 mm

闭合高度调节量：55 mm

滑块中心线到床身距离：200 mm

工作台尺寸：370 mm×560 mm

工作台孔尺寸：ϕ260 mm

模柄孔尺寸：ϕ40 mm×60 mm

垫板厚度：50 mm

五、模具零部件结构的确定

1. 冲孔落料连续模零部件设计

（1）标准模架的选用。标准模架的选用依据为凹模的外形尺寸，所以应首先计算凹模周

界的大小。根据凹模高度和壁厚的计算公式得

凹模高度 $\qquad H = Kb = 0.35 \times 64 \approx 25$ （mm）

凹模壁厚 $\qquad C = (1.5 \sim 2)\,H = 1.8 \times 25 \approx 46$ （mm）

所以，凹模的总长 $L = 56 + 2 \times 46 = 148$ （mm），为了保证凹模结构对称并有足够的强度，将其长度增大到 163 mm。凹模的宽度 $B = 64 + 2 \times 46 = 156$ （mm）。

模具采用后侧导柱模架，根据以上计算结果，查得模架规格为：上模座 200 mm × 200 mm × 45 mm，下模座 200 mm × 200 mm × 50 mm，导柱 32 mm × 160 mm，导套 32 mm × 105 mm × 43 mm。

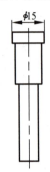

图 6-41　凸模结构图

（2）其他零部件结构。凸模固定板与凸模采用过渡配合关系，厚度取凹模厚度的 0.8 倍，即 20 mm，平面尺寸与凹模外形尺寸相同。

卸料板的厚度与卸料力大小、模具结构等因素有关，取其值为 14 mm。

导料板高度查表取 12 mm，挡料销高度取 4 mm。

模具是否需要采用垫板，以承压面较小的凸模进行计算，冲孔凸模承压面的尺寸如图 6-41 所示。则其承受的压应力为

$$\sigma = \frac{F}{A} = \frac{(52 + 7)}{\dfrac{\pi}{4} \times 15^2} = 334 \text{（MPa）}$$

查得铸铁模板的 $[\sigma_p]$ 为 90 ~ 140 MPa，故 $\sigma > [\sigma_p]$。因此需采用垫板，垫板厚度取 8 mm。

模具采用压入式模柄，根据设备的模柄孔尺寸，应选用规格为 A50 × 105 的模柄。

2. 弯曲模主要零部件设计

根据工件的材料、形状和精度要求等，弯曲模采用非标准模架。下模座的轮廓尺寸为 255 mm × 110 mm。

（1）工作部分结构尺寸设计。

① 凸模圆角半径。在保证不小于最小弯曲半径值的前提下，当零件的相对圆角半径较小时，凸模圆角半径取等于零件的弯曲半径，即 $r_T = r = 2$ mm。

② 凹模圆角半径。凹模圆角半径不应过小，以免擦伤零件表面，影响冲压模具的寿命，凹模两边的圆角半径应一致，否则在弯曲时坯料会发生偏移。根据材料厚度取 $r_A = (2 \sim 3)\,t = 2.5 \times 3 \approx 8$ （mm）。

③ 凹模深度。凹模深度过小，则坯料两端未受压部分太多，零件回弹大且不平直，影响其质量；深度过大，则浪费模具钢材，且需压力机有较大的工作行程。该零件为弯边高度不大且两边要求平直的 U 形弯曲件，则凹模深度应大于零件的高度，且高出值 $h_0 = 5$ mm，如图 6-42 所示。

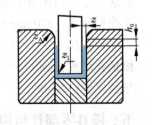

图 6-42　凹模结构图

④ 凸、凹模间隙。根据 U 形件弯曲模凸、凹模单边间隙的计算公式得

$$Z = t_{\max} + ct = t + \Delta + ct = 3 + 0.18 + 0.04 \times 3 = 3.3 \text{（mm）}$$

⑤ U形件弯曲凸、凹模横向尺寸及公差。零件标注内形尺寸时，应以凸模为基准，间隙取在凹模上。而凸、凹模的横向尺寸及公差则应根据零件的尺寸公差、回弹情况以及模具磨损规律而定。因此，凸、凹模的横向尺寸分别为

$$L_T = (L_{min} + 0.75\Delta)_{-\delta_T}^{0} = (18.5 + 0.75 \times 0.5)_{-0.033}^{0} = 18.875_{-0.033}^{0} \ (\text{mm})$$

$$L_A = (L_T + 2Z)_{0}^{+\delta_A} = (18.875 + 2 \times 3.3)_{0}^{+0.052} = 25.475_{0}^{+0.052} \ (\text{mm})$$

（2）弹顶装置中弹性元件的计算。

由于该零件在成形过程中需压料和顶件，所以模具采用弹性顶件装置，弹性元件选用橡胶，其尺寸计算如下。

① 确定橡胶垫的自由高度 H_0。

$$H_0 = (3.5 \sim 4)H_I$$

认为自由状态时，顶件板与凹模平齐，所以

$$H_I = r_A + h_0 + h = 8 + 5 + 25 = 38 \ (\text{mm})$$

由以上两个公式取 $H_0 = 140 \ \text{mm}$。

② 确定橡胶垫的横截面积 A。

$$A = F_D / p$$

查得圆筒形橡胶垫在预压量为10%~15%时的单位压力为0.5 MPa，所以

$$A = \frac{5\,000}{0.5} = 10\,000 \ (\text{mm}^2)$$

③ 确定橡胶垫的平面尺寸。

根据零件的形状特点，橡胶垫应为圆筒形，中间开有圆孔以避让螺杆。结合零件的具体尺寸，橡胶垫中间的避让孔尺寸为 $\phi 17 \ \text{mm}$，则其直径 D 为

$$D = \sqrt{A \times \frac{4}{\pi}} = \sqrt{10\,000 \times \frac{4}{\pi}} \approx 113 \ (\text{mm})$$

④ 校核橡胶垫的自由高度 H_0。

$$\frac{H_0}{D} = \frac{140}{113} = 1.2$$

橡胶垫的高径比为0.5~1.5，所以选用的橡胶垫规格合理。橡胶的装模高度约为0.85×140 = 120 mm。

六、冲孔落料连续模装配图

有了上述各步计算所得的数据及确定的工艺方案，便可以对模具进行总体设计并画出冲裁装配图如图6-43所示。

模具闭合高度 $H_{模} = 45 + 8 + 20 + 15 + 14 + 12 + 25 + 50 = 189 \ (\text{mm})$。

七、弯曲模具装配图

由上述各步计算所得的数据，对弯曲模具进行总体设计并画出装配图如图6-44所示。

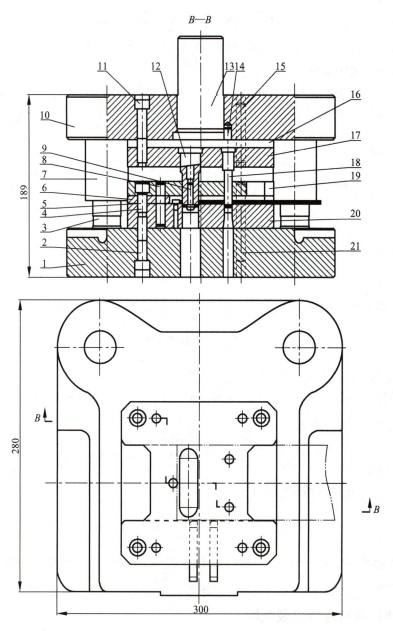

图 6-43 冲孔落料级进模装配图

1—下模座；2，4，11—螺钉；3—导柱；5—挡料销；6—导料板；7—导套；
8，15，21—销钉；9—导正销；10—上模座；12—落料凸模；13—模柄；14—防转销；
16—垫板；17—凸模固定板；18—冲孔凸模；19—卸料板；20—凹模

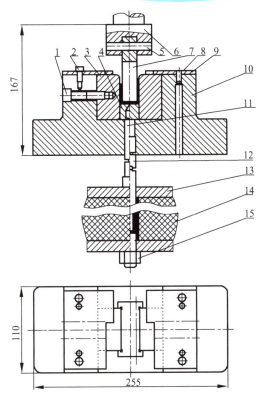

图 6-44　弯曲模装配图

1，2—螺钉；3—弯曲凹模；4—顶板；5—销钉；6—模柄；7—凸模；8—销钉；9—定位板；
10—下模座；11—顶料螺钉；12—拉杆；13—托板；14—橡胶；15—螺母

模具闭合高度 $H_{模} = 40 + 20 + 4 + 103 = 167$（mm）。

项目小结

> **双基训练**

1. 精密级进模的排样设计有何意义？

2. 什么叫载体？

3. 在哪些冲压生产中必须采用精密级进模？

4. 对精密模具中的易损零件有什么要求？

> **双基训练参考答案**

1. 答：合理的排样设计，可以使模具各工位加工协调一致，可以大大提高材料的利用率、制造精度、生产率和模具寿命，也可降低模具的制造难度。因此，排样设计是精密级进模设计中的最关键的综合性技术问题，必须将制件的冲压方向、变形次数及相应的变形程度和模具结构的可能性与加工工艺性进行综合分析判断，才能使排样趋于合理。

2. 答：在级进模工作时，运载坯料到各工位进行各种冲裁和成形加工的物体称为载体。载体与坯件连接的部分称为搭边，坯件与坯件连接的部分称为搭口。工作时，在动态加工中要求载体始终保持送进稳定、定位准确，因此要求载体有一定的强度。

3. 答：在大批量的冲压生产中、材料较薄、精度较高的中小型冲件必须使用多工位精密级进模。对于较大的冲压件适用于多工位传递式模具的冲压加工。

4. 答：精密模具结构复杂，制造技术要求较高，成本相对也较高。为了保证整副模具有较高的寿命，特别要求模具零件损坏或磨损后更换迅速、方便、可靠。因此要求模具的重要零件具有互换性，这种模具零件具有互换性质的冲压模具称为互换性冲压模具。

项目 7

打印机零件使用 UG 进行
PDW 级进模设计与数控加工

能力目标

1. 具备 UG 钣金件设计能力
2. 熟悉冲压级进模典型结构
3. 具备冲压件级进模冲孔、翻孔、模架设计的能力
4. 具备 UG 钣金件加工能力

知识目标

1. UG 钣金件设计
2. UG 中 PDW 的模具结构设计
3. 绘制模具图
4. UG 钣金件加工

教师需要的能力

1. 能根据教学法设计教学情境
2. 能按照设计的教学情境实施教学
3. 能够正确、及时处理学生出现的问题
4. 具有实际操作和指导能力
5. 设计、组织加工全过程的能力

学生的基础

1. 具有三维软件绘图能力

2. 具有冲压件分析及模具设计能力

3. 具有为模具的不同零件选择合适的模具材料能力

4. 具有正确标注模具的零件图和装配图能力

5. 具有用三维软件加工的能力

教学方法建议

1. 宏观：项目教学法

2. 微观："教、学、做"一体化

设计准备

1. 设计前应预先准备好设计数据、手册、图册、绘图用具、图纸、说明书用纸

2. 认真研究任务书及指导书，分析设计题目的原始图样、零件的工作条件，明确设计要求及内容

设计任务单

任务名称	打印机零件使用 UG 中 PDW 级进模设计		
任务描述	零件名称：打印机零件 生产批量：大批量 材　　料：45钢 材料厚度：0.5mm 制件精度 IT14 级 如图所示	 打印机零件	
设计内容	绘制零件的三维模型，设计模具结构，绘制模具装配图和工作零件图		
设计要求	1. 使用 UG 钣金模块绘制零件的三维模型 2. 使用 UG 的 PDW 模块设计模具结构 3. 绘制模具总装图		

续表

任务名称	打印机零件使用 UG 中 PDW 级进模设计		
任务评价表	考核项目	评价标准	分数
	考勤	无迟到、旷课或缺勤现象	10
	零件图	零部件设计合理	20
	装配草图	装配图结构合理	10
	正式装配图	图纸绘制符合国家标准	30
	设计说明书	工艺分析全面，工艺方案合理，工艺计算正确	20
	设计过程表现	团队协作精神，创新意识，敬业精神	10
	总分		100

本项目为进程性考核，设计结束后学生上交整套设计数据。

任务 7.1　打印机零件三维建模

【目的要求】掌握使用 UG 钣金模块绘制零件的三维模型。

【教学重点】UG 钣金模块中各种结构的绘制。

【教学难点】熟悉钣金结构的绘制。

【教学内容】打印机零件三维建模。

 知识链接

本项目通过设计如图 7-1 所示的打印机零件的级进模，进一步讲解 UG 级进模冲孔、翻孔、模架设计等方面的知识。

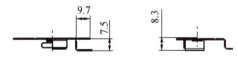

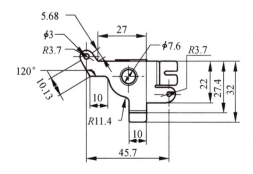

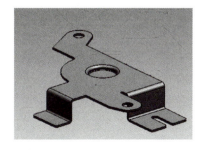

图 7-1　打印机零件

一、新建零件模型

① 单击工具栏【新建】按钮□。

② 然后设置如图 7-2 所示的参数。

③ 单击对话框【确定】按钮。

二、设置首选项

① 单击菜单【首选项】→【NX 钣金】命令。

② 然后设置如图 7-3 所示的参数。

③ 单击对话框【确定】按钮或单击鼠标中键。

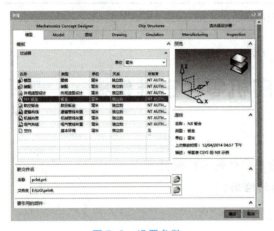

图 7-2　设置参数　　　　　　　　　　　图 7-3　设置参数

三、创建垫片

① 单击工具栏【垫片】按钮□，弹出如图 7-4 所示的对话框。可以看到此时厚度已经设置为 0.5。

② 单击对话框【草图截面】按钮□，弹出如图 7-5 所示的对话框。

图 7-4　垫片对话框　　　　　　　　　　图 7-5　创建草图对话框

③ 然后单击"创建草图"对话框【确定】按钮。

④ 绘制如图7-6所示的草图。

⑤ 单击工具栏【完成草图】按钮。

⑥ 单击对话框【确定】按钮，创建的垫片如图7-7所示。

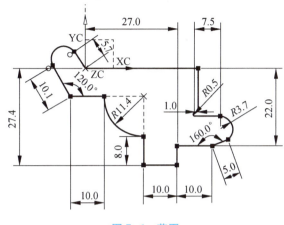

图7-6 草图

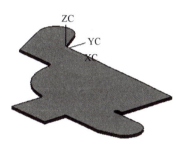

图7-7 垫片

四、创建孔

① 单击工具栏【法向除料】按钮 ，此时弹出如图7-8所示的对话框。

② 单击对话框【草图截面】按钮。

③ 单击"创建草图"对话框【确定】按钮。

④ 然后创建如图7-9所示的草图。

⑤ 单击工具栏【完成草图】按钮。

⑥ 单击对话框【反向】按钮。

⑦ 然后单击对话框【确定】按钮，创建的孔如图7-10所示。法向切除材料所得到的边与零件的平面式垂直的。如果切除材料时，要一起切除多个特征，并且保证材料厚度一致，使用该功能非常有效。如图7-11所示为使用拉伸方式创建切除特征，可以看到在圆所示位置材料是不均匀的，图7-12所示为使用法向切除时得到的特征。当需要展开和重新折弯特征时，该功能也非常有用，这主要是因为法向切除得到的边在展开或者折弯时不会发生变形。

图7-8 法向除料对话框

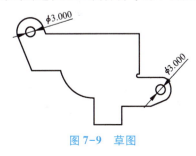

图7-9 草图

图7-10 创建孔

215

图 7-11　使用拉伸方式得到的切除特征　　　　图 7-12　法向切除得到的特征

创建法向切除材料的过程如下：

• 单击工具栏【法向除料】按钮；

• 定义平面；

• 绘制草图或者选择曲线，如果曲线是封闭的，则切除曲线定义区域的材料。如果曲线是开放的，则要求选择需要切除的材料侧，如图 7-13 所示；

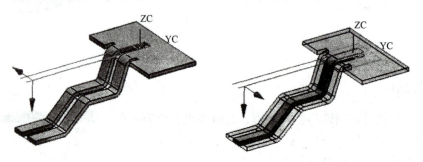

图 7-13　材料切除侧

• 设置切除方式，系统提供厚度和中位元平面两种方式；

• 设置切削厚度和其他参数。

五、创建折弯特征

① 单击工具栏【弯边】按钮。

② 然后选择如图 7-14 所示的边。

③ 设置如图 7-15 所示的参数。

图 7-14　选择边

图 7-15　设置参数

④ 单击对话框【确定】按钮，创建的特征如图7-16所示。

对话框的宽度控制选项如图7-17所示。各选项的含义如下：

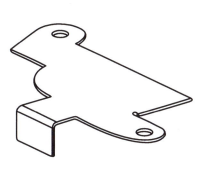

图7-16　折弯特征

图7-17　宽度控制选项

- 完整：该选项对整个边进行弯边，如图7-18所示。
- 在中心：在边的中心进行弯边，如图7-19所示。

图7-18　完整弯边

图7-19　在中心弯边

- 在终点：在边的终点处弯边，使用该选项要求选择边和边的终点，如图7-20所示。
- 从两端：此时要求选择边，以及弯曲特征距边的两个端点的距离，如图7-21所示。显然这种弯曲方式可以在边上任意创建弯曲特征。

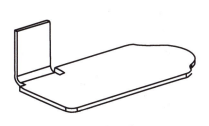

图7-20　在终点弯边

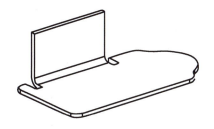

图7-21　从两端弯边

- 从端点：选择一条边，然后再选择边的端点，此时对话框要求输入如图7-22所示的参数。第一个参数是"从端点"，该参数决定弯曲特征至端点的距离。宽度参数决定弯曲特征的宽度。图7-23所示是使用该方式弯边时的示意图。

图 7-22　从端点弯边参数设置

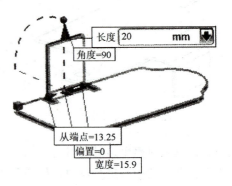

图 7-23　从端点弯边示意图

　　上面各种弯边方式所得到的特征都是规则的弯边特征，如果要创建不规则的弯边特征，可以使用对话框提供的"截面"选项创建自定义截面。

六、创建折弯特征

① 单击工具栏【弯边】按钮 。
② 然后选择如图 7-24 所示的边。
③ 然后输入长度为 5。
④ 单击对话框【确定】按钮，创建的特征如图 7-25 所示。

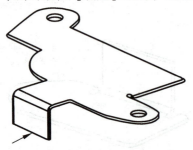

图 7-24　选择边

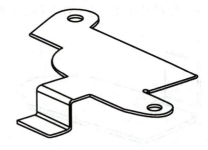

图 7-25　折弯特征

七、创建弯边特征

① 单击工具栏【弯边】按钮 。
② 然后选择如图 7-26 所示的边。

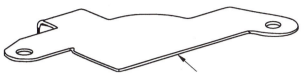

图 7-26　选择边

③ 然后单击【编辑草图】按钮，如图 7-27 所示。

④ 然后创建如图 7-28 所示的草图（加黑部分）。

图 7-27　按钮

图 7-28　草图

⑤ 单击工具栏【完成草图】按钮。

⑥ 然后设置如图 7-29 所示的参数。

⑦ 单击对话框【确定】按钮，创建的特征如图 7-30 所示。

图 7-29　设置参数

图 7-30　折弯特征

八、创建凹坑

① 单击工具栏【凹坑】按钮 。

② 单击对话框【草图截面】按钮。

③ 然后选择如图 7-31 所示的平面作为草绘平面。

④ 然后单击对话框【选择参考】按钮，如图 7-32 所示。

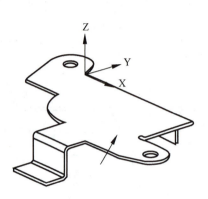

图 7-31　选择草绘平面

图 7-32　选择参考按钮

⑤ 然后选择如图 7-33 所示的直线。

⑥ 单击对话框【确定】按钮。

⑦ 然后创建如图 7-34 所示的草图。

⑧ 单击工具栏【完成草图】按钮。

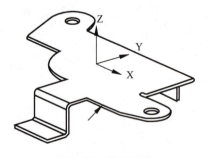

图 7-33　选择直线

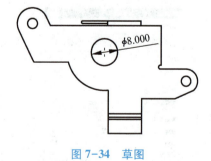

图 7-34　草图

⑨ 然后设置如图 7-35 所示的参数。

⑩ 单击对话框【确定】按钮，创建的凹坑特征如图 7-36 所示。

下面解释一下对话框各倒圆角的含义。

冲头半径：指定凹坑底部的圆角，如图 7-37 所示；

冲模半径：指定凹坑基体部分的圆角，如图 7-38 所示；

图7-35 设置参数

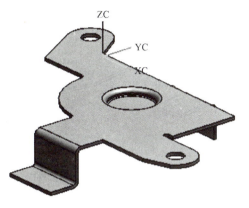

图7-36 创建凹坑特征

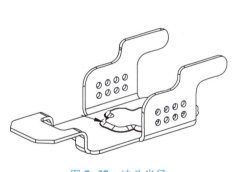

图7-37 冲头半径

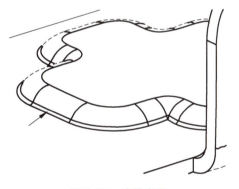

图7-38 冲模半径

圆形截面拐角：指定凹坑其他部分的圆角，使用该选项，可以使用没有圆弧的草图截面，也可以创建出带圆角的凹坑，如果创建的截面有圆角，可以不用设置该选项。

九、创建折弯特征

① 单击工具栏【弯边】按钮 。

② 然后选择如图7-39所示的边。

③ 然后设置如图7-40所示的参数。

参考长度选项用于输入弯边的长度。长度有两种度量方式：内部和外部，图7-41所示的图形为外部度量方式，内部度量方式如图7-42所示。

221

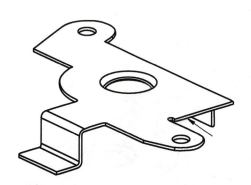

图 7-39　选择边

图 7-40　设置参数

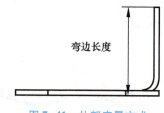

图 7-41　外部度量方式

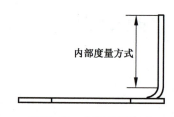

图 7-42　内部度量方式

④ 然后单击对话框【确定】按钮，创建的特征如图 7-43 所示。

十、创建折弯特征

① 单击工具栏【弯边】按钮 。
② 然后选择如图 7-44 所示的边。

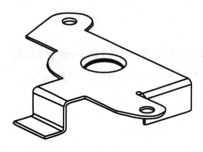

图 7-43　折弯特征

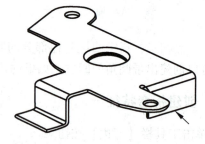

图 7-44　选择边

③ 单击对话框【编辑草图】按钮。
④ 然后创建如图 7-45 所示的草图。
⑤ 单击工具栏【完成草图】按钮。
⑥ 单击对话框【确定】按钮，创建的特征如图 7-46 所示。

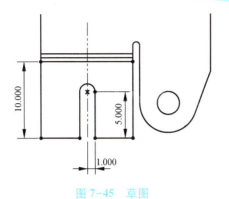

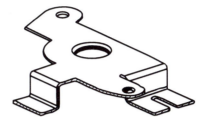

图 7-45　草图　　　　　　　　图 7-46　折弯特征

十一、创建倒角特征

① 单击工具栏【倒角】按钮🔲。
② 输入圆角半径，如图 7-47 所示。
③ 选择如图 7-48 所示的边。
④ 单击对话框【应用】按钮，创建的倒角特征如图 7-49 所示。
⑤ 输入圆角半径 1。
⑥ 然后选择如图 7-50 所示的边。
⑦ 单击对话框【确定】按钮，完成倒角特征创建。
⑧ 单击工具栏【保存】按钮，保存文件。

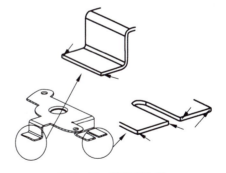

图 7-47　设置圆角半径　　　　图 7-48　选择倒角边

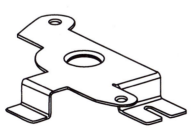

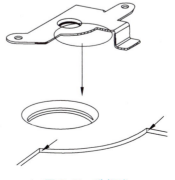

图 7-49　倒角特征　　　　　　图 7-50　选择边

提示：钣金件应该避免尖锐的拐角，在拐角处应该倒圆角，可以提高冲头寿命。

任务 7.2　打印机零件使用 UG 中 PDW 级进模设计

【目的要求】掌握使用 UG 中 PDW 级进模设计。

【教学重点】UG 中 PDW 级进模设计。

【教学难点】熟悉 PDW 级进模设计方法。

【教学内容】打印机零件使用 UG 中 PDW 级进模设计。

知识链接

一、特征识别

（1）特征识别

① 单击工具栏【启动】→【所有应用模块】→【级进模向导】命令。

② 此时弹出如图 7-51 所示的工具条。

图 7-51　级进模向导工具条

③ 单击工具栏按钮，显示所有工具条项目，结果如图 7-52。

图 7-52　级进模向导工具条

④ 单击工具栏【钣金工具】按钮，弹出如图7-53所示的工具栏。

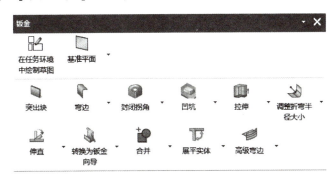

图7-53 钣金工具工具栏

（2）构建特征

① 单击【中间工步工具】，打开中间工步工具栏直接展开，单击【直接展开】按钮，如图7-54所示。

② 选择面，如图7-55所示，完成特征识别，如图7-56所示。

图7-54 直接展开　　　　　图7-55 选择面　　　　　图7-56 特征识别

③ 单击【折弯操作】命令，选择需要展开的折弯半径，展开折弯，如图7-57所示。

④ 重复该操作，展开所有折弯，如图7-58所示。

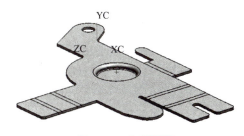

图7-57 展开的特征　　　　　图7-58 全部展开

225

通过展开的特征可以看出，该特征可以通过展开的方式创建毛坯。

二、初始化项目

① 单击工具栏【项目初始化】按钮。

② 然后设置如图 7-59 所示的参数。

③ 单击对话框【确定】按钮。

三、创建毛坯

① 单击工具栏【毛坯生成器】按钮，此时弹出如图 7-60 所示的对话框。

② 单击【选择毛坯体】按钮，如图 7-61 所示。

③ 然后选择如图 7-62 所示的平面。

④ 选择实体面，如图 7-62 所示，确定，即生成坯料。

⑤ 单击"毛坯生成器"对话框【取消】按钮。

图 7-59　项目初始化对话框

图 7-60　毛坯生成器对话

图 7-61　选择毛坯体

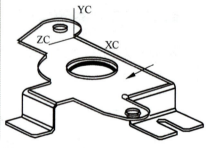

图 7-62　选择曲面

四、毛坯布局

① 单击工具栏【毛坯布局】按钮，此时弹出如图 7-63 所示的对话框。

② 单击对话框【插入毛坯】按钮，此时毛坯如图 7-64 所示。

③ 输入如图 7-65 所示的参数，每输入一次，需要单击一次回车。此时创建的毛坯布局如图 7-66 所示。

五、草绘废料曲线

① 单击工具栏【NX 通用工具】按钮。

② 然后单击工具栏【在任务环境中绘制草图】命令。

③ 然后创建如图 7-67 所示的草图。草图的长度要超出毛坯边界，在绘制的过程中应该具体到毛坯，只有这样系统材料根据创建的曲线和毛坯边缘创建废料。其中圆心的圆形应该位于基准点上。

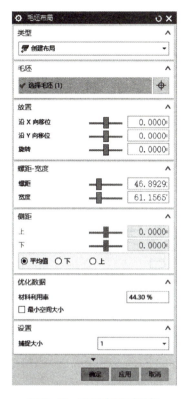

图 7-63 毛坯布局对话框

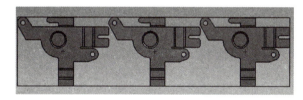

图 7-64 毛坯布局

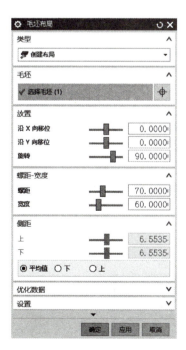

图 7-65 设置参数

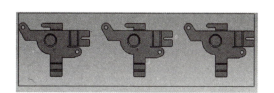

图 7-66 毛坯布局

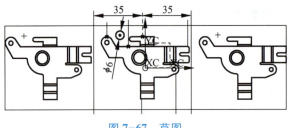

图 7-67　草图

⑥ 单击工具栏【完成草图】按钮，最后创建的曲线如图 7-68 所示。

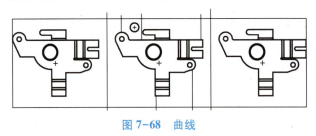

图 7-68　曲线

六、创建废料

（1）抽取整块废料

① 单击工具栏【废料设计】按钮，弹出如图 7-69 所示的对话框。

② 然后选择如图 7-70 所示的两条曲线。

图 7-69　选择曲线

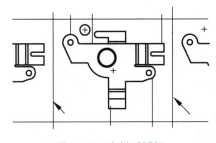

图 7-70　废料对话框

③ 单击对话框【应用】按钮。

④ 此时系统高亮显示如图 7-71 所示的废料。

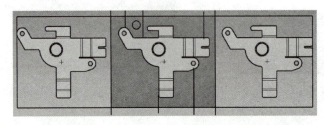

图 7-71　废料

⑤ 单击"消息"对话框【确定】按钮，接受废料。

（2）创建冲孔废料

① 单击对话框【封闭曲线】按钮，选择【导正孔】，如图 7-72 所示。

② 然后选择如图 7-73 所示的曲线。

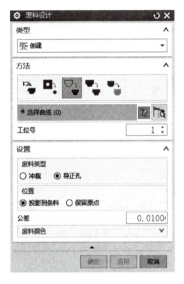

图 7-72 冲导正孔

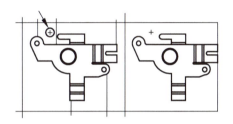

图 7-73 选择导正孔

③ 单击对话框【封闭曲线】按钮，选择【导正孔】，如图 7-74 所示。

④ 然后单击如图 7-75 所示的冲孔轮廓线。

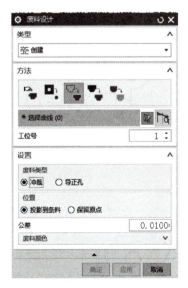

图 7-74 冲孔

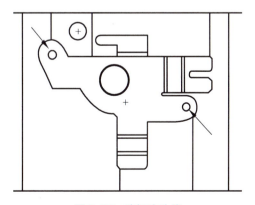

图 7-75 选择冲孔线

⑤ 单击对话框【编辑】卷标，如图 7-76 所示。

⑥ 然后选择如图 7-77 所示的废料。

图 7-76　编辑废料

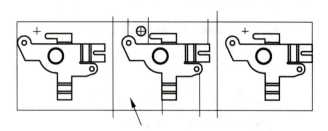

图 7-77　选择废料

⑦ 然后单击对话框，然后选择如图 7-78 所示的两条曲线，单击对话框【应用】按钮。

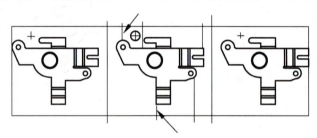

图 7-78　选择曲线

⑧ 再选择如图 7-79 所示的废料。

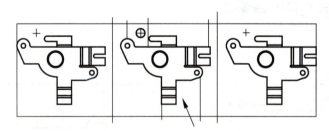

图 7-79　选择废料

⑨ 然后单击对话框按钮，并选择如图 7-80 所示的曲线。

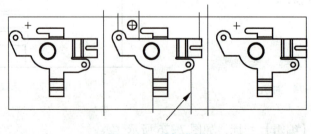

图 7-80　选择曲线

⑩ 单击对话框【应用】按钮。

⑪ 选择如图 7-81 所示的废料。

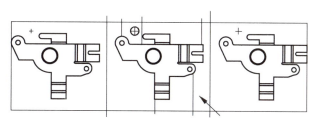

图 7-81 选择废料

⑫ 然后单击对话框按钮，并选择如图 7-82 所示的曲线。

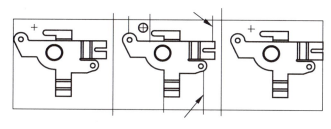

图 7-82 选择曲线

⑬ 单机对话框【应用】按钮。

⑭ 选择如图 7-83 所示的废料。

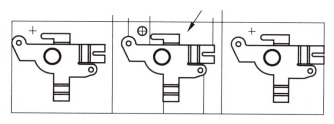

图 7-83 选择废料

⑮ 然后单击对话框按钮，并选择如图 7-84 所示的曲线。

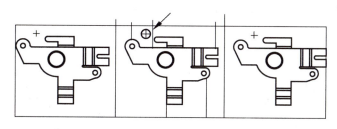

图 7-84 选择曲线

⑯ 单击对话框【应用】按钮。

（3）删除不需要的废料

① 单击对话框【移除】按钮，如图 7-85 所示。

② 然后选择如图 7-86 所示的废料。

③ 单击对话框【应用】按钮，然后单击对话框【取消】按钮。

图 7-85　删除废料

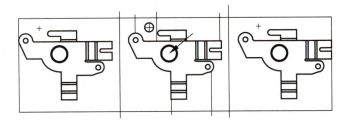

图 7-86　选择删除的废料

七、创建带条布局

（1）初始化条带

该零件需要 7 个工位元材料完成，各工位完成的内容如表 7-1 所示。

表 7-1　工序

序　号	名　　称	内　　容
1	冲导正孔	导正孔用于后续工作的定位
2	冲两个安装孔	
3	成形凹坑	
4	冲废料	将除了载体外的所有废料冲掉
5	折弯	
6	创建 Z_ bend	成形两个 Z_ bend 特征
7	冲载体废料	该步骤加工完毕后得到成品

① 单击工具栏【条料排样】按钮，如图 7-87 所示。

② 然后设置如图 7-88 所示的参数，总工位数位 7。

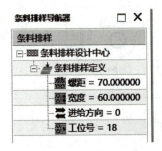

图 7-87　条料排样导航器

图 7-88　设置参数

232

③ 右键单击【条料排样定义】按钮,选择【创建】,如图 7-89 所示,此时创建的条带如图 7-90 所示,每一个圆圈代表一个站。

图 7-89　创建排样

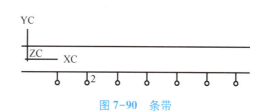

图 7-90　条带

(2) 分配工艺。

① 单击对话框【工艺】卷标。

② 在列表框中选择如图 7-91 所示的废料。此时系统在如图 7-92 所示的位置高亮显示选择的废料。

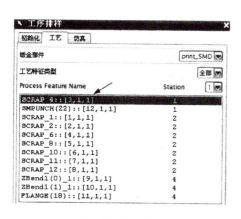

图 7-91　选择废料

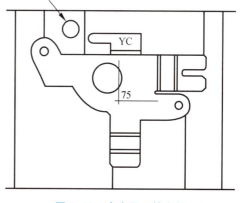

图 7-92　高亮显示的废料

提示:由于创建废料时,废料的名称由系统自动分配,因此读者在操作的过程中,名称可能不一样。选择废料时,会高亮显示废料,读者在添加时,可以使用该功能将废料添加到正确的站中。

③ 在“Station”下拉列表框中选择 1。

④ 然后单击对话框按钮,此时条带如图 7-93 所示。

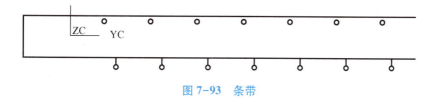

图 7-93　条带

233

⑤ 选择如图 7-94 所示的废料。高亮显示的废料如图 7-95 所示。

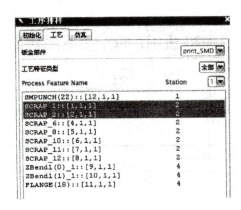

图 7-94　选择废料

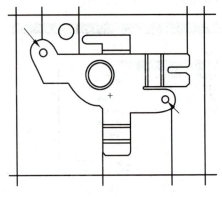

图 7-95　高亮显示的废料

⑥ 在"Station"下拉列表框中选择 2。

⑦ 然后单击对话框按钮，此时条带如图 7-96 所示。

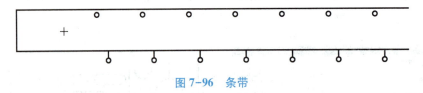

图 7-96　条带

⑧ 选择如图 7-97 所示的凹坑特征，此时高亮显示的凹坑特征如图 7-98 所示。

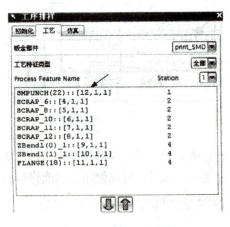

图 7-97　选择凹坑特征

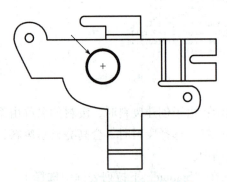

图 7-98　高亮显示的凹坑特征

⑨ 在"Station"中选择 3。

⑩ 然后单击对话框按钮，此时条带如图 7-99 所示。

图 7-99　条带

⑪ 选择如图 7-100 所示的冲孔废料，高亮显示的废料如图 7-101 所示。

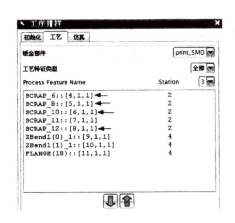

图 7-100　选择废料

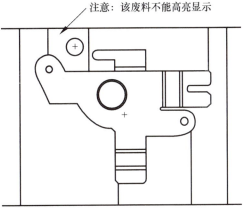

注意：该废料不能高亮显示

图 7-101　高亮显示的废料

⑫ 在"Station"下拉列表框中选择4。

⑬ 然后单击对话框按钮，此时条带如图 7-102 所示。

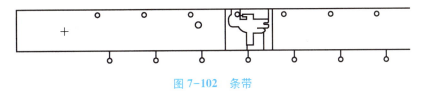

图 7-102　条带

⑭ 选择如图 7-103 所示的折弯特征，此时高亮显示的折弯特征如图 7-104 所示。

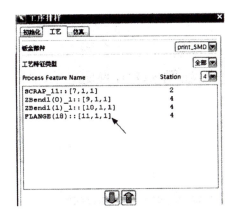

图 7-103　选择折弯特征

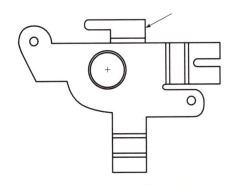

图 7-104　高亮显示的折弯特征

⑮ 在"Station"下拉列表中选择5。

⑯ 然后单击对话框按钮，此时条带如图 7-105 所示。

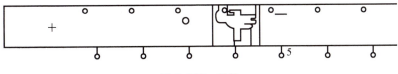

图 7-105　条带

235

冲压模具设计及主要零部件加工（第5版）

⑰ 选择如图 7-106 所示的折弯特征，此时高亮显示的折弯特征如图 7-107 所示。

图 7-106　选择特征　　　　　图 7-107　高亮显示的折弯特征

⑱ 在"Station"下拉列表框中选择 6。

⑲ 然后单击对话框按钮，此时条带如图 7-108 所示。

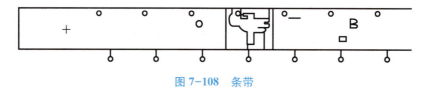

图 7-108　条带

⑳ 此时还有最后一块废料，选择该废料，将其添加到站 7，最后结果如图 7-109 所示。

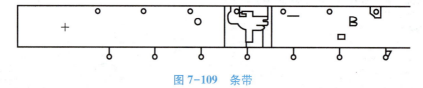

图 7-109　条带

（3）仿真。

① 单击对话框【仿真】卷标。

② 然后单击对话框【开始仿真】按钮，仿真后的结果如图 7-110 所示。

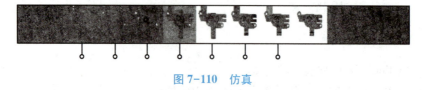

图 7-110　仿真

八、创建模架

① 单击工具栏【模架】按钮。

② 然后设置如图7-111所示的参数。

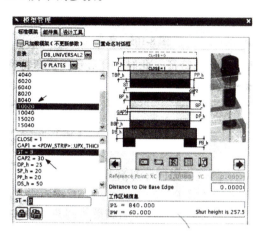

图7-111 设置参数

③ 单击对话框【拾取工作区域】按钮。

④ 然后将试图设置为【顶部】视图。

⑤ 然后用鼠标框选如图7-112所示的区域。

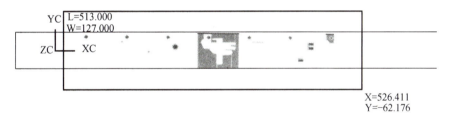

图7-112 拾取工作区域

⑥ 单击对话框【应用】按钮，然后单击对话框【取消】按钮，创建的模架如图7-113所示。

九、创建冲头

（1）掩藏所有范本。

① 单击工具栏【视图管理器】按钮。

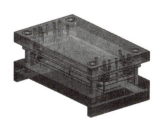

图7-113 模架

② 然后选择如图7-114所示的节点。

③ 右击鼠标，然后单击菜单【Isolate】命令，此时只显示如图7-115所示的条带。此时在条带上显示了各种孔的废料和折弯特征等。

④ 关闭"视图管理器浏览器"对话框。

（2）创建导正孔冲孔冲头。

① 单击工具栏【冲裁】按钮，此时弹出如图7-116所示的对话框。

② 然后选择如图7-117所示的废料。

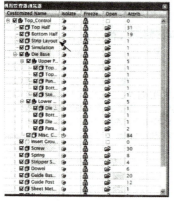

图 7-114　选择节点

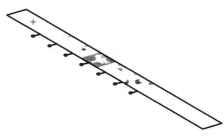

图 7-115　条带

图 7-116　冲孔对话框

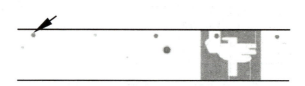

图 7-117　选择废料

③ 单击对话框【加载标准冲头】按钮。

④ 设置如图 7-118 所示的参数。

⑤ 单击对话框【确定】按钮，创建的冲头如图 7-119 所示。

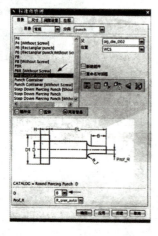

图 7-118　设置参数

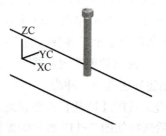

图 7-119　冲头

⑥ 单击对话框【加载冲压模具镶块】按钮。

⑦ 然后设置如图7-120所示的参数。

⑧ 单击对话框【确定】按钮，创建的镶块如图7-121所示。

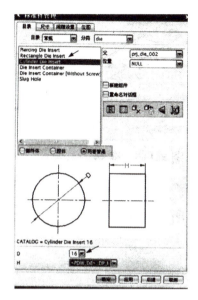

图7-120　设置参数

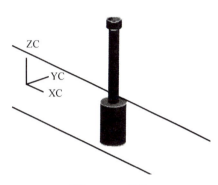

图7-121　镶块

⑨ 单击对话框【创建凹模型腔废料孔】按钮。

⑩ 然后设置如图7-122所示的参数。

⑪ 单击对话框【应用】按钮，然后单击对话框【取消】按钮。创建的废料孔如图7-123所示。

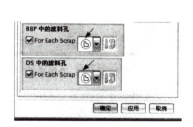

图7-122　设置参数

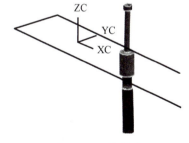

图7-123　废料孔

（3）创建安装孔冲孔冲头。

① 单击工具栏【冲裁】按钮。

② 然后单击对话框【选择废料】按钮。

③ 选择如图7-124所示的废料。

④ 单击对话框【加载标准冲头】按钮。

⑤ 选择冲头类型为"P9［Circular punch］"。

⑥ 单击对话框【尺寸】卷标。

239

⑦ 然后设置如图 7-125 所示的参数。

图 7-124　选择废料

图 7-125　设置参数

⑧ 单击对话框【确定】按钮，创建的冲头如图 7-126 所示。

⑨ 单击对话框【加载冲压模具镶块】按钮。

⑩ 然后设置如图 7-127 所示的参数。

图 7-126　冲头

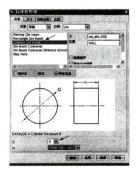

图 7-127　设置参数

⑪ 单击对话框【确定】按钮，创建的镶块如图 7-128 所示。

⑫ 单击对话框【创建凹模型腔废料孔】按钮。

⑬ 然后设置如图 7-129 所示的参数。

图 7-128　镶块

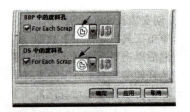

图 7-129　设置参数

⑭ 单击对话框【应用】按钮，创建的废料孔如图 7-130 所示。

从图上可以看出，镶块尺寸太小，下面修改镶块尺寸。

⑮ 单击对话框【加载冲压模具镶块】按钮。

⑯ 然后选择如图 7-131 所示的特征。

图 7-130　废料孔

图 7-131　选择镶块

⑰ 在 D 下拉列表框中选择 16。

⑱ 单击对话框【确定】按钮，完成特征修改，结果如图 7-132 所示。

⑲ 使用同样的方法创建如图 7-133 所示位置的冲头、镶块和废料孔。

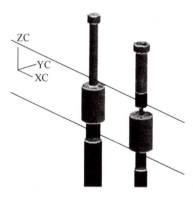

图 7-132　修改后的镶块

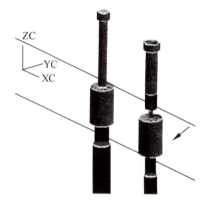

图 7-133　需要创建的冲头的位置

⑳ 最后创建的特征如图 7-134 所示。

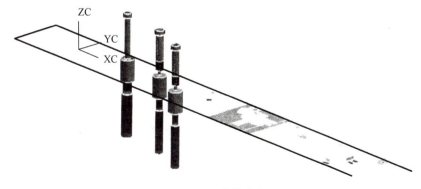

图 7-134　冲孔冲头

（4）创建凹坑冲头。

① 单击工具栏【镶块组】按钮，此时弹出如图7-135所示的对话框。

② 单击对话框【凸起】卷标。

③ 然后单击对话框【选择成形面】按钮。

④ 然后选择如图7-136所示的曲面。

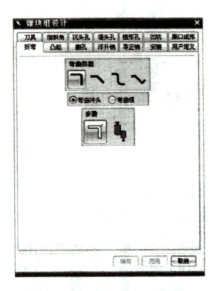

图 7-135　镶块组设计对话框

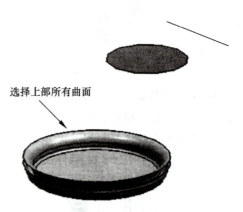

选择上部所有曲面

图 7-136　选择曲面

⑤ 单击对话框【加载成形镶块】按钮。

⑥ 设置如图7-137所示的参数。

⑦ 单击对话框【尺寸】卷标，然后设置如图7-138所示的参数。

⑧ 单击对话框【确定】按钮，创建的冲头如图7-139所示。

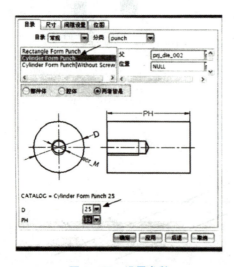

图 7-137　设置参数

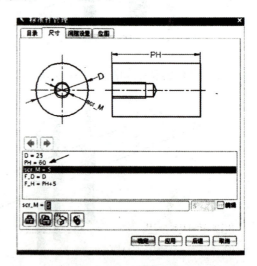

图 7-138　设置参数

（5）修剪冲头。

① 单击对话框【修建成形冲头】按钮。

② 此时弹出如图 7-140 所示的对话框。单击对话框【+Z】按钮。

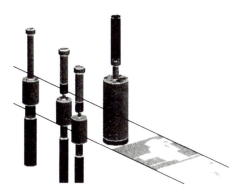

图 7-139 冲头

图 7-140 对话框图

③ 关闭镶块组对话框。

④ 选择刚才创建的冲头，并将其转换为工作部件。

⑤ 单击工具栏【拉伸】按钮。

⑥ 单击对话框【草图截面】按钮，然后选择如图 7-141 所示的面。

⑦ 单击"创建草图"对话框【确定】按钮。

⑧ 然后创建如图 7-142 所示的草图。

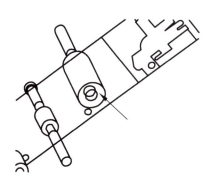

图 7-141 选择草绘平面

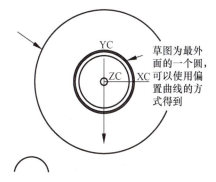

图 7-142 草图

⑨ 单击工具栏【完成草图】按钮。

⑩ 设置如图 7-143 所示的参数。

⑪ 然后在"布尔"下拉列表框中选择"求差"选项。

⑫ 然后选择如图 7-144 所示的特征作为目标体。

⑬ 单击对话框【确定】按钮，最后创建的特征如图 7-145 所示。

⑭ 单击工具栏【装配导航器】按钮。

⑮ 然后选择如图 7-146 所示的节点，并将其转换为工作部件。

图 7-143　设置参数

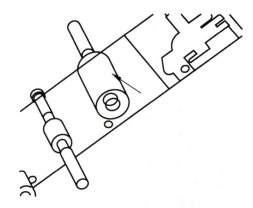

图 7-144　选择目标体

图 7-145　成形冲头

图 7-146　选择节点

（6）创建成形凹模。

① 单击工具栏【镶块组】按钮。

② 然后单击【设计成形模】单选按钮，如图 7-147 所示。

③ 然后选择如图 7-148 所示的曲面。

图 7-147　设计成形模

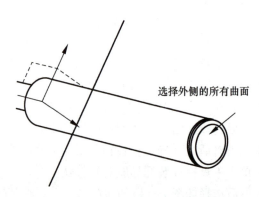

图 7-148　曲面

选择外侧的所有曲面

提示：凹坑有两个曲面，上部曲面用于创建凸模，而下侧曲面用于创建凹模。

④ 单击对话框【加载成形镶块】按钮。

⑤ 然后设置如图 7-149 所示的参数。

⑥ 单击对话框【确定】按钮。

⑦ 在对话框上单击【修剪成形冲头】按钮。

⑧ 然后单击对话框【+Z】按钮。

⑨ 单击对话框【保持】按钮，创建的凹模如图 7-150 所示。

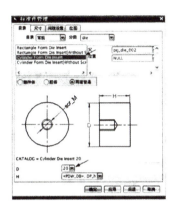

图 7-149　设置参数

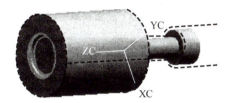

图 7-150　凹模

⑩ 单击对话框【取消】按钮。

（7）创建自定义冲头。

① 单击对话框【冲裁】按钮。

② 然后选择如图 7-151 所示的废料。

③ 单击对话框【创建用户定义冲头】按钮。

④ 单击对话框【应用】按钮，创建的冲头如图 7-152 所示。

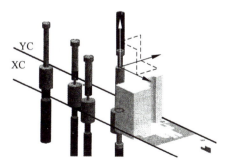

图 7-151　选择废料

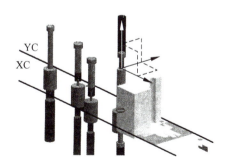

图 7-152　冲头

⑤ 单击对话框【加载冲压模具镶块】按钮。

⑥ 然后选择镶块的类型为 "Rectangle Die Insert"。

⑦ 然后单击对话框【尺寸】卷标，并设置如图 7-153 所示的参数。

⑧ 单击对话框【应用】按钮，创建镶块如图 7-154 所示。

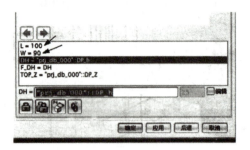

图 7-153　设置参数

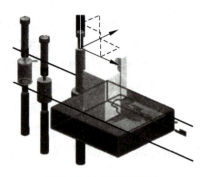

图 7-154　创建的镶块

⑨ 单击对话框【目录】卷标。

⑩ 然后单击对话框【复位】按钮。

⑪ 此时弹出如图 7-155 所示的对话框。

⑫ 单击对话框【平移】按钮。

⑬ 然后输入如图 7-156 所示的距离。

图 7-155　重定位组件对话框

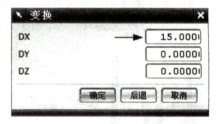

图 7-156　输入平移距离

⑭ 单击"标准件管理"对话框【后退】按钮，单击对话框【确定】按钮，此时镶块位置如图 7-157 所示。

⑮ 单击对话框【取消】按钮。

⑯ 单击对话框【创建凹模型腔废料孔】按钮。

⑰ 然后设置如图 7-158 所示的参数。

⑱ 单击对话框【应用】按钮。

⑲ 此时会弹出一个对话框，直接单击对话框【确定】即可，最后创建的废料孔如图 7-159 所示。

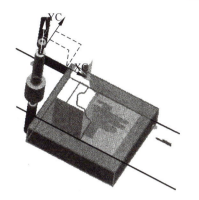

图 7-157　镶块

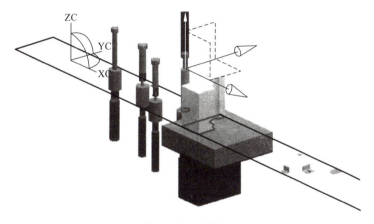

图 7-158　设置参数

图 7-159　废料孔

（8）创建废料冲头。

① 单击对话框【选择废料】按钮。

② 然后选择如图 7-160 所示的废料。

③ 单击对话框【创建用户定义冲头】按钮。

④ 单击对话框【应用】按钮，创建的冲头如图 7-161 所示。

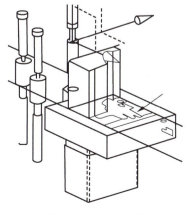

图 7-160　选择废料

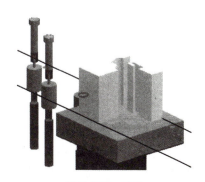

图 7-161　冲头

⑤ 单击对话框【创建凹模型腔废料孔】按钮。

⑥ 然后设置如图 7-162 所示的参数。

⑦ 单击对话框【应用】按钮，创建的废料孔如图 7-163 所示。

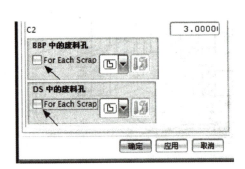

图 7-162　设置参数

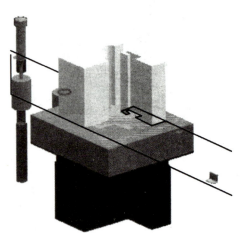

图 7-163　废料孔

⑧ 使用同样的方法创建如图 7-164 所示的废料冲头。创建过程中可能会弹出如图 7-165 所示的对话框，单击对话框【确定】按钮即可。

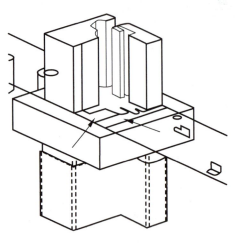

图 7-164　选择废料

图 7-165　消息对话框

最后创建的冲头和废料孔如图 7-166 所示。

（9）创建折弯冲头。

① 单击工具栏【镶块组】按钮。

② 然后选择如图 7-167 所示的曲面。

③ 单击对话框【加载折弯镶块】按钮。

④ 然后选择冲头类型为"Bend Down Punch"。

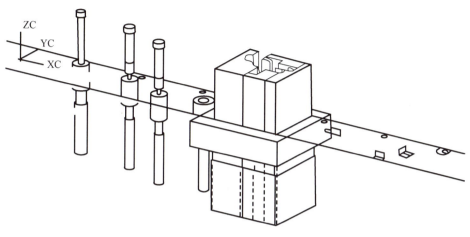

图 7-166　冲头和废料孔

⑤ 单击对话框【尺寸】卷标。

⑥ 然后设置如图 7-168 所示的参数。

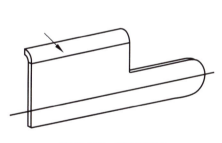

图 7-167　选择曲面

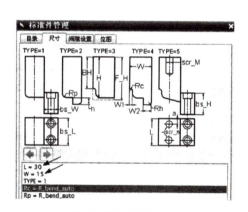

图 7-168　设置参数

⑦ 单击对话框【应用】按钮。

⑧ 然后单击对话框【后退】按钮，创建的折弯冲头如图 7-169 所示。

⑨ 然后单击对话框【弯曲模】单选按钮。

⑩ 单击对话框【加载折弯镶块】按钮。

⑪ 选择冲头类型为 "BDDIA〔Bend Down Die Insert〕"。

⑫ 单击对话框【尺寸】卷标。

⑬ 然后设置如图 7-170 所示的参数。

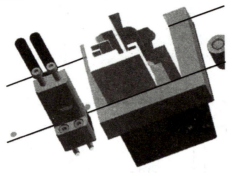

图 7-169　折弯冲头

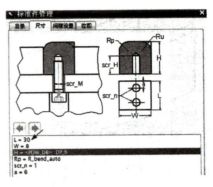

图 7-170　设置参数

⑭ 单击对话框【应用】按钮，然后单击对话框【后退】按钮，最后创建的凹模如图 7-171 所示。

（10）创建 Z 折弯冲头。

① 在"镶块组"对话框上单击如图 7-172 所示的参数。

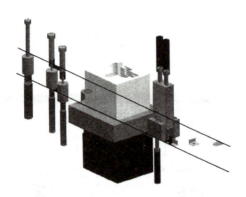

图 7-171　折弯凹模

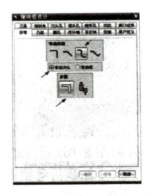

图 7-172　设置参数

② 然后选择如图 7-173 所示的曲面。

③ 单击对话框【加载折弯镶块】按钮。

④ 然后单击对话框【应用】按钮。

⑤ 单击对话框【后退】按钮，创建的折弯冲头如图 7-174 所示。

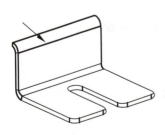

图 7-173　选择曲面

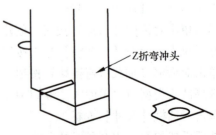

图 7-174　折弯冲头

⑥ 单击对话框【弯曲模】单选按钮。

⑦ 单击对话框【加载折弯镶块】按钮。

⑧ 单击对话框【应用】按钮，然后单击对话框【后退】按钮。创建的折弯凹模如图 7-175 所示。

⑨ 使用同样的方法创建如图 7-176 所示位置的 Z 折弯冲头和凹模，结果如图 7-177 所示。

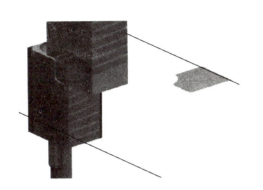

图 7-175　折弯凹模

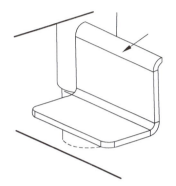

图 7-176　折弯冲头

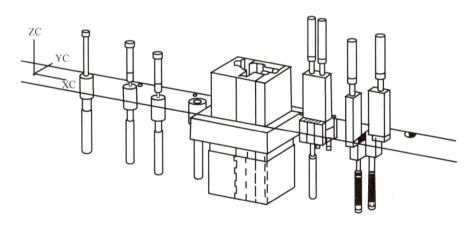

图 7-177　Z 折弯冲头

（11）创建载体冲孔废料。

① 单击工具栏【冲裁】按钮。

② 然后选择如图 7-178 所示的废料。

③ 单击对话框【加载用户定义冲头】按钮。

④ 单击对话框【应用】按钮，创建的冲头如图 7-179 所示。

⑤ 单击对话框【加载冲压模具镶块】按钮。

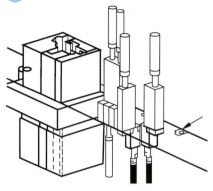

图 7-178　选择废料

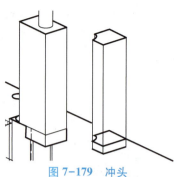

图 7-179　冲头

⑥ 然后选择镶块类型为"Piercing Die Insert"。

⑦ 单击对话框【尺寸】卷标。

⑧ 然后设置如图 7-180 所示的参数。

⑨ 单击对话框【应用】按钮，然后单击对话框【后退】按钮，创建的镶块如图7-181 所示。

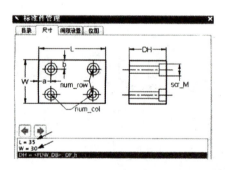

图 7-180　设置参数

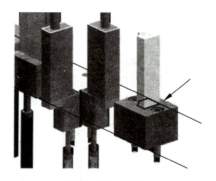

图 7-181　镶块

⑩ 单击对话框【创建凹模型腔废料孔】按钮。

⑪ 然后设置如图 7-182 所示的参数。

⑫ 单击对话框【应用】按钮，然后单击对话框【取消】按钮，最后创建的废料孔如图 7-183 所示。

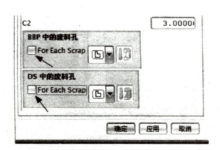

图 7-182　设置参数

图 7-183　废料孔

显示所有冲头、镶块和废料孔，结果如图 7-184 所示。

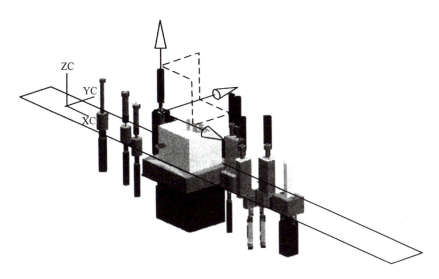

图 7-184 冲头、镶块和废料孔

⑬ 单击对话框【确定】按钮，保存所有文件。

十、创建螺钉

（1）激活特征。

① 选择如图 7-185 所示的冲头。

② 右击鼠标，在弹出的菜单上单击【转为工作部件】命令。

（2）创建螺钉。

① 单击工具栏【标准件】按钮。

② 然后设置如图 7-186 所示的参数。

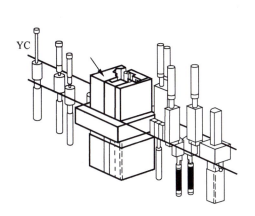

图 7-185 选择冲头

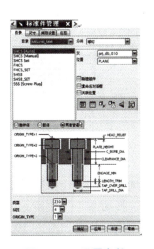

图 7-186 设置参数

253

③ 单击对话框【尺寸】卷标。

④ 然后选择"PLATE_HEIGHT = 20"。

⑤ 然后单击对话框【部件间表达式链接】按钮。

⑥ 然后选择如图 7-187 所示的选项。其中 prj_db_000 的后缀可能不同。

⑦ 单击对话框【确定】按钮，此时链接的表达式为"prj_db_000"∷TBP_h。

⑧ 再次选择"PLATE_HEIGHT"。

⑨ 然后单击对话框【部件间表达式链接】按钮。

⑩ 然后设置如图 7-188 所示的参数。

⑪ 单击对话框【确定】按钮，此时表达式为："prj_db_000"∷TBP_h + "prj_db_000"∷TP_h。

⑫ 选择"HEAD_RELIEF"。

⑬ 然后单击对话框【部件间表达式链接】按钮。

⑭ 然后设置如图 7-189 所示的参数。

⑮ 单击对话框【确定】按钮。此时链接的表达式为："prj_db_000"∷TP_h。

⑯ 然后输入"-HEAD_HEIGHT"，最后表达式为"prj_db_000"∷TP_h - HEAD_HEIGHT。输入时要单击"Enter"键。

⑰ 单击对话框【确定】按钮。

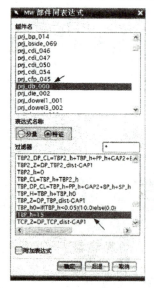
图 7-187 设置参数

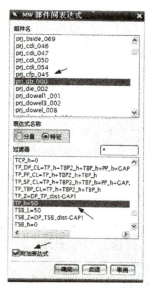
图 7-188 设置参数

图 7-189 设置参数

⑱ 然后选择如图 7-190 所示的曲面。

⑲ 然后选择如图 7-191 所示的选项。

⑳ 然后用鼠标单击如图 7-192 所示位置的点。点的位置由读者自己指定，只要位于冲头范围即可。

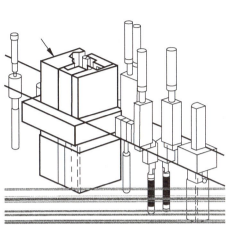

图 7-190　选取曲面

图 7-191　设置参数

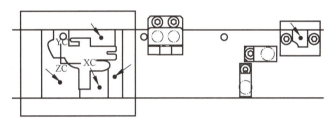

图 7-192　选择点

㉑ 单击对话框【取消】按钮。

㉒ 然后再次单击对话框【取消】按钮。创建的螺钉如图 7-193 所示。

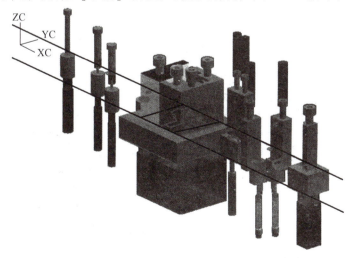

图 7-193　螺钉

提示：如果冲头太小，不足以复制螺钉，则需要将冲头设置为台阶状。

十一、创建让位槽

（1）创建折弯特征让位槽。

① 单击对话框【让位槽设计】按钮。

② 然后单击对话框【视图管理器】按钮。

③ 然后选择如图 7-194 所示的节点。

④ 右击鼠标，然后单击菜单【Isolate】命令，此时显示如图 7-195 所示的仿真条带。

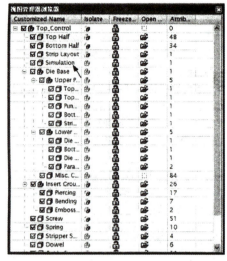

图 7-194　选择节点

图 7-195　仿真条带

⑤ 关闭"试图管理器浏览器"对话框。

⑥ 再次单击对话框【让位槽设计】按钮。

⑦ 然后选择如图 7-196 所示的两个曲面。

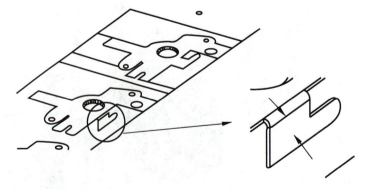

图 7-196　选择曲面

⑧ 然后设置如图 7-197 所示的参数。

⑨ 单击对话框【应用】按钮。

⑩ 单击【装配导航器】按钮。

⑪ 然后勾选如图 7-198 所示的节点。创建的让位槽如图 7-199 所示。

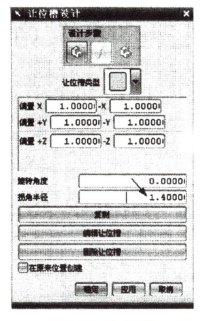

图 7-197　设置参数

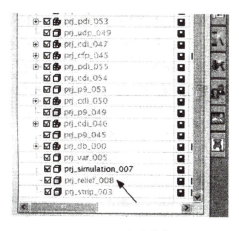

图 7-198　勾选节点

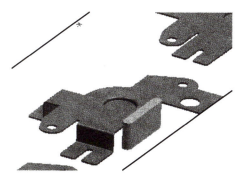

图 7-199　让位槽

（2）复制让位槽。

① 单击对话框【复制】按钮。

② 然后选择刚才创建的让位槽。

③ 在对话框的"工序数目"文本框中输入 2。

④ 单击对话框【确定】按钮，复制的让位槽如图 7-200 所示。

（3）创建 Z 折弯让位槽。

① 选择如图 7-201 所示的曲面。

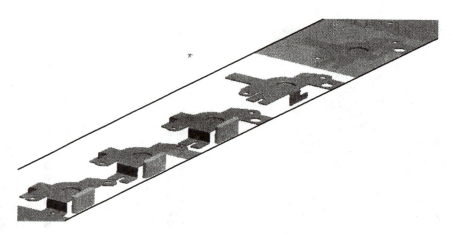

图 7-200　复制的让位槽

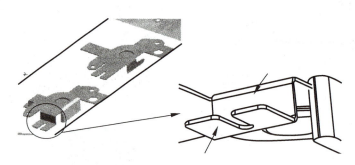

图 7-201　选择曲面

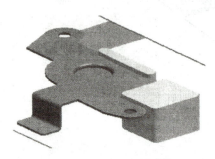

图 7-202　让位槽

② 输入拐角半径为 1.4。

③ 单击对话框【应用】按钮，创建的让位槽如图 7-202 所示。

（4）复制让位槽。

① 单击对话框【复制】按钮。

② 然后选择刚才创建的让位槽。

③ 在"工序数目"文本框中输入 1。

④ 单击对话框【确定】按钮，复制的让位槽如图 7-203 所示。

（5）创建 Z 折弯让位槽。

① 选择如图 7-204 所示的曲面。

② 输入拐角半径为 1.4。

③ 单击对话框【应用】按钮。创建的让位槽如图 7-205 所示。

④ 单击对话框【复制】按钮。

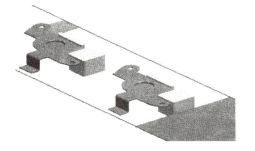

图 7-203　让位槽

图 7-204　选择曲面

⑤ 然后选择刚才创建的让位槽。

⑥ 在"工序数目"文本框中输入 1。

⑦ 单击对话框【确定】按钮，复制的让位槽如图 7-206 所示。

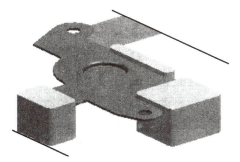

图 7-205　让位槽

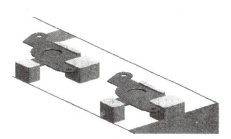

图 7-206　复制的让位槽

⑧ 单击对话框【取消】按钮，完成让位槽设置。

十二、创建浮升销

浮升销用于条带的导向以及顶起条带。

（1）显示模板。

① 单击工具栏【镶块组】按钮。

② 单击工具栏【视图管理器】按钮。

③ 然后勾选如图 7-207 所示的节点。显示的最后特征如图 7-208 所示。

（2）创建基准点。

① 单击工具栏【开始】→【装配】命令。

② 然后在装配工具栏上单击【WAVE 几何链接器】按钮。

③ 然后将类型设置为"面"，并选择如图 7-209 所示的平面。

④ 单击对话框【确定】按钮。

⑤ 单击工具栏【草图】按钮。

⑥ 然后选择刚才链接的平面作为草绘平面。

⑦ 单击"创建草图"对话框【选择参考】按钮。

⑧ 然后选择如图 7-210 所示的直线。

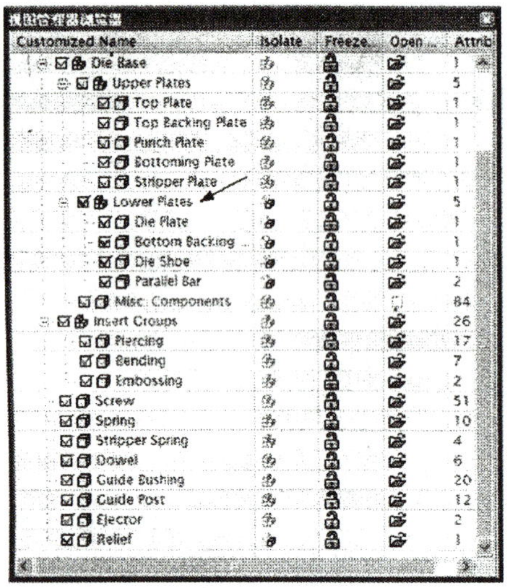

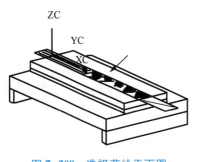

图 7-207　勾选节点

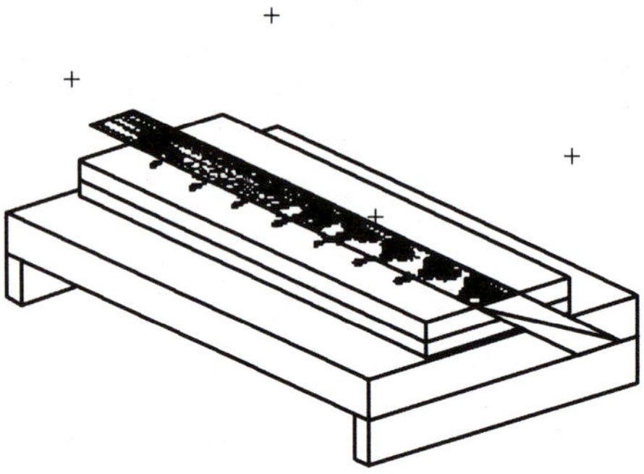

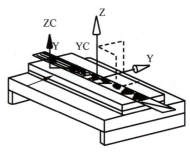

图 7-208　显示后的模板

图 7-209　选择草绘平面图

图 7-210　选择直线

⑨ 单击对话框【确定】按钮。

⑩ 创建如图 7-211 所示的草图，草图为 4 个点。

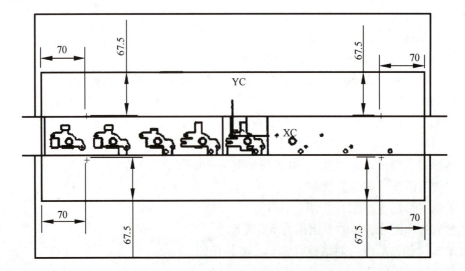

图 7-211　草图

⑪ 单击工具栏【完成草图】按钮。

（3）创建浮升销。

① 单击工具栏【镶块组】按钮高。

② 然后单击对话框【浮升销】标签。

③ 单击对话框【加载浮升销镶块】按钮。

④ 然后设置如图 7-212 所示的参数。

⑤ 单击对话框【确定】按钮，此时在基准点处创建浮升销，如图 7-213 所示。

⑥ 单击对话框【选择一个点】按钮。

⑦ 然后选择如图 7-214 所示的点。最后创建的浮升销如图 7-215 所示。

⑧ 使用同样的方法创建其他 3 个浮升销，结果如图 7-216 所示。

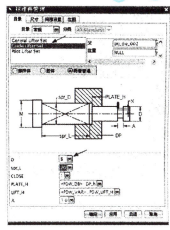

图 7-212　设置参数

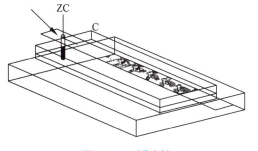

图 7-213　浮生销

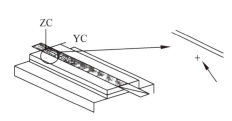

图 7-214　选择点

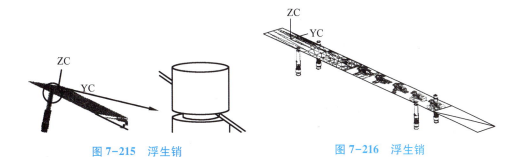

图 7-215　浮生销　　　　图 7-216　浮生销

十三、创建导正销

① 单击工具栏【镶块组】按钮。

② 然后单击对话框【导正销】标签。

③ 然后设置如图 7-217 所示的参数。

④ 单击对话框【加载导正销镶块】按钮。

⑤ 然后设置如图 7-218 所示的参数。

⑥ 单击对话框【确定】按钮，此时在基准坐标系原点处创建导正销，如图 7-219 所示。

⑦ 单击对话框【选择一个点】按钮。

⑧ 然后选择如图 7-220 所示的圆。此时导正销如图 7-221 所示。

⑨ 单击对话框【刀具】标签。

⑩ 选择刚才创建的导正销。

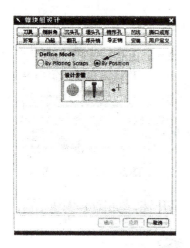

图 7-217　设置参数

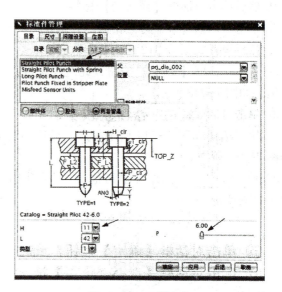

图 7-218　设置参数

图 7-219　导正销

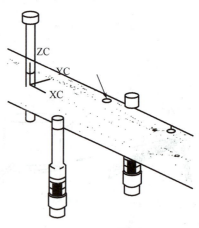

图 7-220　选择圆

⑪ 然后单击对话框【复制】按钮。

⑫ 然后单击对话框【增量】按钮。

⑬ 在 DXC 文本框中输入：210。

⑭ 单击对话框【确定】按钮，然后双击对话框【取消】按钮。最后复制的导正销如图 7-222 所示。

图 7-221　导正销

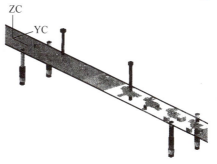

图 7-222　复制的导正销

十四、创建切减特征

（1）修剪上模板。

① 单击菜单【窗口】→【prj_control_000】命令。

② 然后单击菜单【编辑】→【显示和掩藏】→【全部显示】命令，此时显示所有特征。

③ 单击工具栏【视图管理器】按钮。

④ 然后勾选如图 7-223 所示的节点，其他节点全部取消勾选，此时显示模架和冲头组件，如图 7-224 所示。

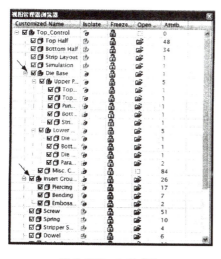

图 7-223　勾选节点

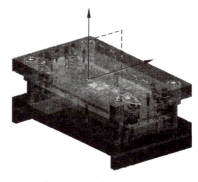

图 7-224　模架和冲头

⑤ 单击对话框【型腔设计】按钮。

⑥ 然后选择如图 7-225 所示的模板。

⑦ 然后单击对话框【查找相交组件】按钮。

⑧ 单击对话框【只显示目标和工具体】按钮，此时显示的目标体和工具体如图 7-226 所示。

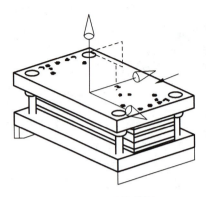

图 7-225　选择模板

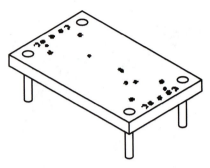

图 7-226　目标体和工具体

⑨ 单击对话框【应用】按钮。

⑩ 再次单击对话框【只显示目标和工具体】按钮。

（2）修剪其他模板。

① 单击对话框【目标体】按钮。

② 然后选择如图 7-227 所示的模板。

③ 然后单击对话框【查找相交组件】按钮。

④ 单击对话框【应用】按钮，完成模板修剪。

（3）修剪凹模板。

① 单击工具栏【视图管理器】按钮。

② 然后勾选"Relief"节点。

③ 然后再勾选如图 7-228 所示的节点。也就是说，除了"Relief"和"Die Plate"两个节点，其他节点全部取消勾选。

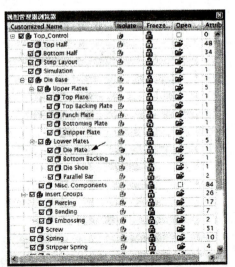

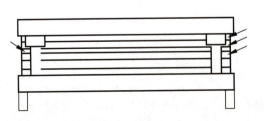

图 7-227　选择模板

图 7-228　勾选节点

此时只显示模板和让位槽特征，如图 7-229 所示。

④ 关闭"视图管理器浏览器"对话框。

⑤ 单击对话框【型腔设计】按钮。

⑥ 然后选择模板。

⑦ 然后单击对话框【工具体】按钮。

⑧ 然后单击【实体】单选按钮。

⑨ 然后选择所有让位槽特征。

⑩ 单击对话框【应用】按钮，然后单击对话框【取消】按钮，修剪后的模板如图 7-230 所示。

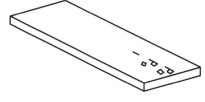

图 7-229　模板和让位槽

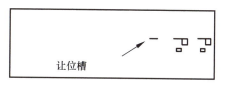

图 7-230　修剪后的模板

⑪ 再次显示全部特征。

⑫ 单击工具栏【保存】按钮，完成级进模设计。

至此，完成了整个级进模设计，级进模设计一个主要步骤就是创建废料和工艺布局。

十五、创建图纸和 BOM

（1）创建 BOM。

① 单击工具栏【物料清单】按钮。

② 此时弹出如图 7-231 所示的对话框。

③ 从对话框上可以看出 NO.2 行是空的。选择第二行。

④ 然后输入如图 7-232 所示的参数。每输入一个参数需要单击一次回车。

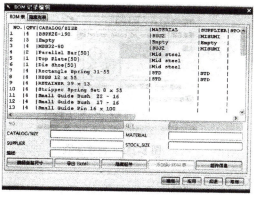

图 7-231　BOM 记录编辑对话框

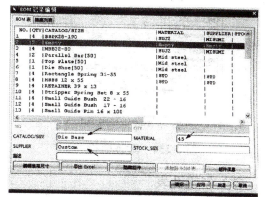

图 7-232　输入参数

⑤ 单击对话框【导出 Excel】按钮。

⑥ 输入文件名 BOM，然后回车。

⑦ 单击"Microsoft Excel"对话框【确定】按钮。

⑧ 然后单击"BOM of prj"标签，此时显示如图 7-233 所示的材料清单。

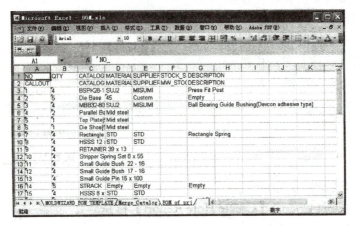

图 7-233　材料清单

⑨ 关闭 Excel。

⑩ 单击"BOM 记录编辑"对话框【确定】按钮。

（2）创建图纸。

① 单击工具栏【开始】→【制图】命令。

② 单击对话框【组件图纸】按钮。

③ 然后选择如图 7-234 所示的选项，注意后缀可能不一样。

④ 单击对话框【管理图纸】按钮。

⑤ 然后设置如图 7-235 所示。

图 7-234　选择模板

图 7-235　设置参数

⑥ 单击对话框【创建】按钮，创建如图 7-236 所示的图纸。

⑦ 单击对话框【取消】按钮。

（3）创建孔表。

① 单击工具栏【孔表】按钮。

② 然后单击工具栏【孔表首选项】按钮。

③ 然后设置如图 7-237 所示的参数。

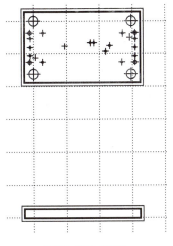

图 7-236 图纸

图 7-237 设置参数

④ 单击对话框【确定】按钮。

⑤ 在"孔表"工具栏单击【create Hole Report】按钮。

⑥ 然后将选择过滤器设置为"圆心"按钮。

⑦ 然后选择如图 7-238 所示的圆。

⑧ 然后单击对话框【选择视图】按钮。

⑨ 然后选择如图 7-239 所示的选项。

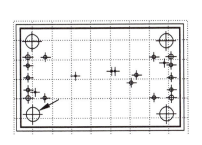

图 7-238 选择圆

图 7-239 选择视图

⑩ 然后单击对话框【确定】按钮。

⑪ 在视图的右上角单击鼠标。

此时创建的孔表如图 7-240 所示。

⑫ 单击工具栏【自动创建注释】按钮。

⑬ 然后在对话框上选择"TOP"视图，并在图形窗口选择孔表。

⑭ 单击对话框【确定】按钮，此时图形窗口如图 7-241 所示，可以看到在 TOP 视图上创建了注释，并与孔表中的选项一一对应。

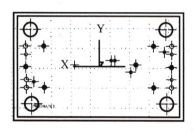

图 7-240　孔表

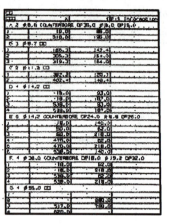

图 7-241　图形窗口

（4）创建装配图。

① 单击工具栏【装配图纸】按钮。

② 此时弹出如图 7-242 所示的参数，然后单击对话框【主模型】按钮。

③ 然后单击对话框【打开】按钮。

④ 选择"prj_control_000.prt"，然后单击对话框【OK】按钮。

⑤ 在图纸下拉列表框中选择【新建】选项。

⑥ 单击对话框【应用】按钮。

⑦ 单击对话框【视图】标签。

⑧ 然后输入比例为 0.6。

⑨ 然后选择"TOPHALF"选项，并单击对话框【应用】按钮，添加的视图如图 7-243 所示。

图 7-242　设置参数

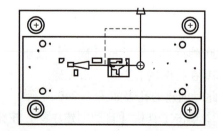

图 7-243　TOPHALF 视图

⑩ 在列表框中选择"FRONTSECTION"。

⑪ 然后单击对话框【应用】按钮。

⑫ 此时弹出如图 7-244 所示的对话框。单击对话框【点子函数】按钮。

⑬ 将选择过滤器设置为"圆心"，如图 7-245 所示。

图 7-244　剖切线创建对话框

图 7-245　设置参数

⑭ 然后分别选择如图 7-246 所示的圆。

⑮ 双击对话框【确定】按钮，创建的剖视图如图 7-247 所示。

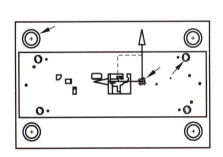

图 7-246　选择圆

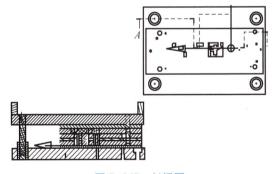

图 7-247　剖视图

⑯ 单击对话框【取消】按钮。

⑰ 选择如图 7-248 所示的剖切线。

⑱ 右击鼠标，然后单击菜单【编辑】命令。

⑲ 单击对话框【重新定义铰链线】单选按钮。

⑳ 然后单击对话框【矢量反向】按钮。

㉑ 单击对话框【应用】按钮，然后单击对话框【取消】按钮。

㉒ 选择如图7-249所示的剖视图。

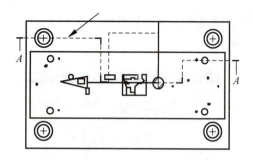

图 7-248　选择剖切线　　　　　　　　　图 7-249　选择剖视图

㉓ 右击鼠标，然后单击菜单【更新】命令，最后剖视图如图7-250所示。该剖视图还有很多元素没有表达清楚，读者可以自行修改。

单击对话框【保存】按钮，保存所有文件。

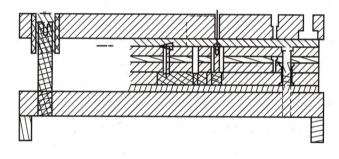

图 7-250　剖视图

任务 7.3　UG 冲压模数控加工综合实例

【目的要求】掌握使用 UG 进行冲压模具的数控加工方法。

【教学重点】UG 对冲压模具进行数控加工的各种命令。

【教学难点】熟悉使用 UG 对冲压模具进行数控加工的各种方法、命令。

【教学内容】进行 UG 冲压模具的数控加工。

 知识链接

本章将加工如图7-251所示的模板，进一步讲解 UG 各种加工方法，通过本章的学习，读者将进一步加深对 UG 数控加工的学习。

一、工艺分析

该模板形状相对简单，板上有沉孔和通孔，还有异型孔。加工时，首先加工出精基准，然后使用一面两销定位方式，再加工其他特征。

该模板的加工工艺如表7-2所示。

图 7-251

表 7-2　模板加工工艺

单位名称		产品名称或代码		零件名称		零件图号	
				模板			
工序号	程序编号		夹具名称	使用设备		车间	
001			通过夹具			数控中心	
工步号	工步内容	刀具号	刀具规格	主轴转速	进给速度	背吃刀量	备注
10	精选定位面	01		4 000 r/min	250 mm/min		
20	精选顶面	01		4 000 r/min	250 mm/min		与工步 10 参数相同
30	钻 φ18 mm 孔，孔深 116 mm	02	φ18 mm 的钻头				先钻定位孔，然后再使用麻花钻钻孔
40	铰 φ18 mm 孔	03	φ18 mm 的铰刀				
45	线切割异型孔	04	丝径 φ0.2 mm				
50	精铣异型孔侧壁		φ12 mm 的立铣刀		250 mm/min		
60	加工凹槽	05	φ18 mm 的立铣刀，刀具长度 60 mm		250 mm/min		

注：这里假设零件表面已经粗铣过，下面只要精铣即可。

二、精铣定位面

（1）进入加工环境。

① 将随书光盘目录复制到硬盘中，然后打开 Eek.prt 文件。

② 单击工具栏【开始】→【加工】命令。

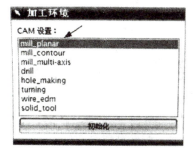

图 7-252　设置参数

③ 然后设置如图 7-252 所示的参数。

④ 单击对话框【初始化】按钮，进入加工环境。

（2）创建刀具。

① 单击工具栏【创建刀具】按钮。

② 然后设置如图 7-253 所示的参数。

③ 单击对话框【确定】按钮。

④ 然后设置如图 7-254 所示的参数。用户必须记住以下几点：平面端铣刀底圆角半径一般为 0；球铣刀的底圆角

271

半径为刀具半径；圆端铣刀底圆角半径根据刀尖角和拔锥角确定，拔锥角如图7-255所示。

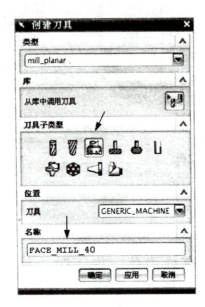

图7-253 设置参数

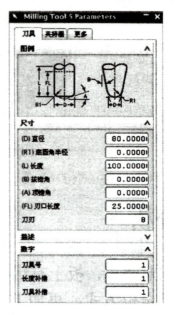

图7-254 设置参数

图7-255 拔锥角

⑤ 单击对话框【确定】按钮，完成刀具设置。

（3）设置坐标系。

① 单击工具栏【几何视图】按钮。

② 然后单击工具栏【操作导航器】按钮。

③ 然后双击如图7-256所示的节点。

④ 单击"Mill orient"对话框【CSYS对话框】按钮。

⑤ 然后选择如图7-257所示的点。

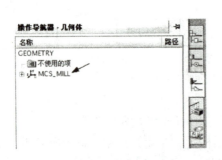

图7-256 双击节点

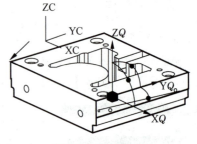

图7-257 选择点

⑥ 单击对话框【确定】按钮，创建的坐标系如图7-258所示。

（4）指定部件。

① 然后单击工具栏【操作导航器】按钮。

② 然后双击如图7-259所示的节点。

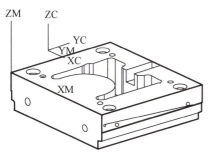

图 7-258　坐标系

图 7-259　双击节点

③ 单击对话框【指定部件】按钮。

④ 然后选择图形窗口的加工零件。

⑤ 双击对话框【确定】按钮。

（5）创建平面铣操作。

① 单击工具栏【创建操作】按钮。

② 然后设置如图 7-260 所示的参数。

③ 单击对话框【确定】按钮，弹出如图 7-261 所示的平面铣对话框。

图 7-260　设置参数

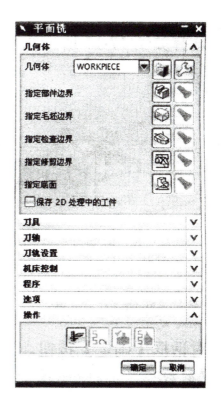

图 7-261　平面铣对话框

（6）指定边界。

① 单击对话框【指定部件边界】按钮。

② 然后在下拉列表框中选择【曲线/边】选项。

③ 然后选择如图 7-262 所示的边。

④ 然后设置如图 7-263 所示的参数，材料侧为外侧。

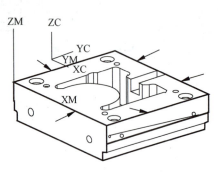

图 7-262　选择边

图 7-263　设置参数

⑤ 单击对话框【确定】按钮，创建的边界如图 7-264 所示。

⑥ 单击"编辑边界"对话框【编辑】按钮。

⑦ 此时系统高亮每一条边界，然后在刀具位置列表中选择"位于"。

⑧ 单击对话框【下一个】按钮，然后在刀具位置列表中选择"位于"。

⑨ 使用同样的方法将所有边界的刀具位置都设置为"位于"。

⑩ 单击"编辑成员"对话框【确定】按钮。

⑪ 单击"编辑边界"对话框【确定】按钮。

（7）指定底平面。

① 单击对话框【指定底面】按钮。

② 然后选择如图 7-265 所示的平面。

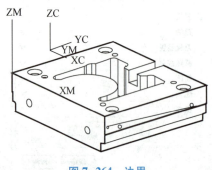

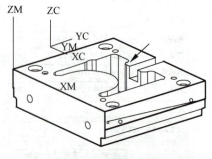

图 7-264　边界

图 7-265　选择平面

③ 单击对话框【确定】按钮。

（8）设置参数。

① 设置如图7-266所示的切削模式和相应的参数。

② 单击对话框【切削参数】按钮。

③ 然后单击"切削参数"对话框【余量】标签。

④ 设置如图7-267所示的余量值。

图7-266 设置切削模式

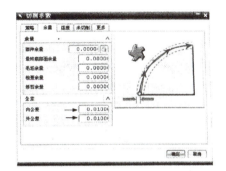

图7-267 设置加工余量

⑤ 单击"切削参数"对话框【确定】按钮。

(9)定义切削起始点。

① 单击对话框【非切削移动】按钮。

② 单击对话框【避让】选项,如图7-268所示。

③ 在对话框"出发点"选项下"点"选项下拉列表框中选择【指定】。

④ 然后单击【点构造器】按钮。

⑤ 选择如图7-269所示的点。

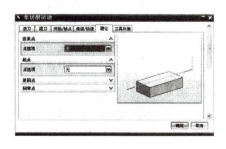

图7-268 预钻孔点选项

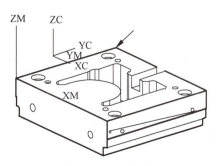

图7-269 选择点

⑥ 然后设置如图7-270所示的参数。

⑦ 单击对话框【确定】按钮，切削开始点如图7-271所示。

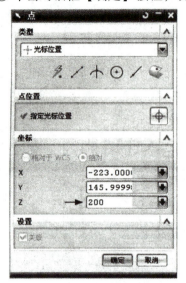

图7-270　设置参数

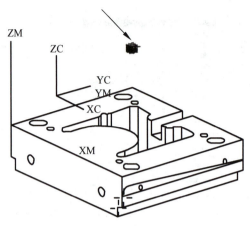

图7-271　切削开始点

⑧ 单击"非切削运动"对话框【确定】按钮。

（10）设置进给和速度。

① 单击对话框【进给和速度】按钮。

② 然后设置如图7-272所示的参数。

③ 单击对话框【确定】按钮。

（11）设置辅助动作。

① 单击"平面铣"对话框【机床控制】选项，此时对话框如图7-273所示。

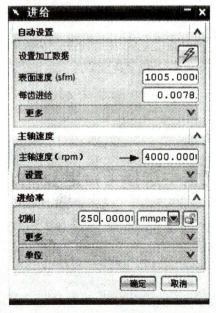

图7-272　设置参数

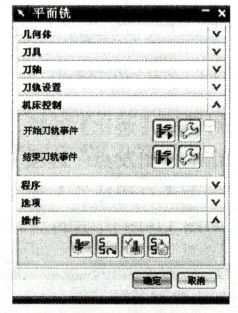

图7-273　机床控制选项

② 单击开始刀轨事件【编辑】按钮。

③ 然后选择如图7-274所示的选项，在切削之前将冷却液打开。

④ 单击对话框【添加】按钮。

⑤ 然后设置如7-275所示的参数。这里仅仅将冷却液打开，而不管冷却液的类型。

图7-274　选择参数　　　　图7-275　设置参数

⑥ 单击对话框【确定】按钮。

⑦ 然后再单击"用户定义事件"对话框【确定】按钮。既然打开了冷却液，在加工结束就应该关闭冷却液。

⑧ 单击结束刀轨事件【编辑】按钮。

⑨ 然后选择"Coolant off"选项。

⑩ 单击对话框【添加】按钮。

⑪ 将"状态"下拉列表框中选择"不活动的"选项。

⑫ 单击对话框【确定】按钮。

⑬ 单击"用户定义事件"对话框【确定】按钮。

（12）生成刀具路径并模拟加工。

① 单击对话框【生成】按钮，创建的刀具路径如图7-276所示。

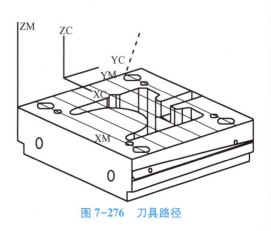

图7-276　刀具路径

② 单击对话框【确认】按钮。

③ 单击对话框【3D 动态】标签。

④ 单击对话框【播放】按钮。

⑤ 此时弹出一个对话框表示没有定义毛坯，单击【OK】按钮。

⑥ 然后设置如图 7-277 所示的参数。

最后模拟加工如图 7-278 所示。

图 7-277　设置参数

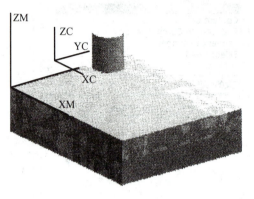

图 7-278　模拟加工

⑦ 双击对话框【确定】按钮，完成操作创建。

（13）后处理。

① 单击工具栏【后处理】按钮。

② 然后设置如图 7-279 所示的参数。

③ 单击对话框【确定】按钮。

④ 然后单击"后处理"对话框【确定】按钮，创建的数控程序如图 7-280 所示。

图 7-279　设置参数

图 7-280　数控程序

下面简要解释一下数控代码的含义：

其中 T01：M06 表示选择 1 号刀具，M06 表示进行刀具交换；"G43 Z10. H01. M08"，表

示在快进过程中进行刀具长度补偿，寄存器号为 01，M08 冷却液开启，因为定义开始导轨事件，所以有 M08。M03 表示主轴顺时针旋转； "G2. X3.0992 Y352.3299 Z0.0133.3615 J13.5282. K9.6462 F250. "表示顺时针圆弧插补，由于是螺旋进刀，所以有 G2。⑤ 关闭"信息"窗口，并保存文件。

三、精铣顶面

要铣削如图 7-281 所示的顶面，由于平面铣刀具总是沿着 ZM 轴负方向进行铣削，如果使用图示的坐标系，则无法铣削顶面，因此需要重新创建坐标系。

（1）创建坐标系。

① 单击工具栏【创建几何体】按钮。

② 然后设置如图 7-282 所示的参数。

③ 单击对话框【确定】按钮。

④ 单击"机床坐标系"选项下的【CSYSY 对话框】按钮。

⑤ 然后选择如图 7-283 所示的点。

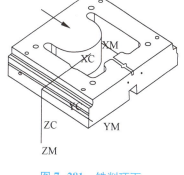

图 7-281　铣削顶面

图 7-282　设置参数

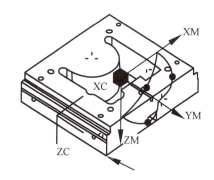

图 7-283　选择点

⑥ 调整各坐标轴位置，最后结果如图 7-284 所示。

⑦ 单击对话框【确定】按钮。

⑧ 然后单击 MCS 对话框【确定】按钮，创建的坐标系如图 7-285 所示。

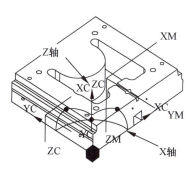

图 7-284　调整坐标轴

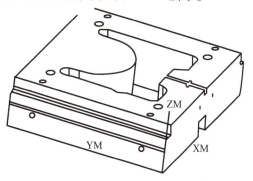

图 7-285　坐标系

⑨ 单击工具栏【操作导航器】按钮，创建的坐标系如图 7-286 所示。这样底面和顶面铣削就使用不同的坐标系。

（2）创建工件几何体。

① 单击工具栏【创建几何体】按钮。

② 然后设置如图 7-287 所示的参数。

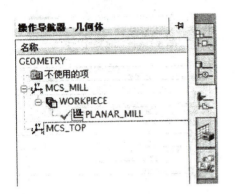

图 7-286　创建的坐标系

图 7-287　设置参数

③ 单击对话框【确定】按钮，此时弹出如图 7-288 所示的对话框。

④ 单击对话框【指定部件】按钮，弹出如图 7-289 所示的对话框。

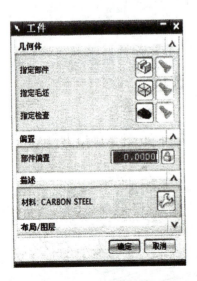

图 7-288　工件对话框

图 7-289　部件几何体对话框

⑤ 选择零件。

⑥ 然后双击【确定】按钮。

（3）复制操作。

由于精铣定位面和精铣顶面使用相同的参数，因此可以直接将已经创建的操作复制过来，并进行适当的修改即可。

① 单击工具栏【操作导航器】按钮。

② 然后选择如图 7-290 所示的节点。

③ 右击鼠标，并单击【复制】命令。

④ 然后选择如图 7-291 所示的节点。

⑤ 右击鼠标，然后单击【内部粘贴】命令，复制后的节点如图 7-292 所示。

⑥ 将该节点重新命名为"PLANAR_MILL_TOP"，如图 7-293 所示。

图 7-290　选择节点

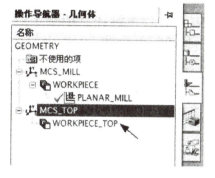

图 7-291　选择节点

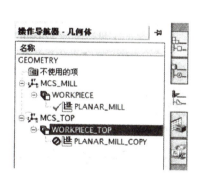

图 7-292　复制后的节点

图 7-293　重命名后的节点

（4）指定边界几何体。

① 双击"PLANAR_MILL_TOP"节点。

② 然后单击对话框【指定部件边界】按钮。

③ 然后单击多次对话框【移除】命令。

④ 在"边界几何体"下拉列表框中选择"曲线/边"选项。

⑤ 然后选择如图 7-294 所示的 5 条边。

⑥ 单击"创建边界"对话框【确定】按钮，创建的边界如图 7-295 所示。

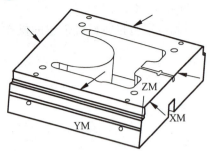

图 7-294　选择边界

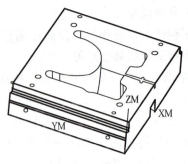

图 7-295　创建的边界

⑦ 单击"边界几何体"对话框【确定】按钮。

⑧ 然后单击"编辑边界"对话框【编辑】按钮。

⑨ 单击对话框【编辑】按钮。

⑩ 然后在"刀具位置"列表框中选择"位于"选项。

⑪ 单击对话框【下一个】按钮。

⑫ 然后再次选择"位于"选项。

⑬ 重复上述过程，一直到所有边界的刀具位置都设置为"位于"。

⑭ 单击【确定】按钮，完成边界创建。

（5）指定底面。

① 单击对话框【指定底面】按钮。

② 此时弹出如图 7-296 所示的对话框，然后单击对话框【确定】按钮。

③ 选择如图 7-297 所示的平面。

图 7-296　重新选择对话框

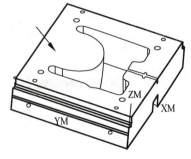

图 7-297　选择平面

④ 单击"平面构造器"对话框【确定】按钮。

其他参数不用修改，直接继承精铣定位面操作时设置的参数。

图 7-298　警告对话框

（6）生成刀具路径。

① 单击对话框【生成】按钮，此时会弹出如图 7-298 所示的对话框。

② 单击对话框【确定】按钮。

③ 然后单击对话框【指定部件边界】按钮。

282

④ 然后设置如图 7-299 所示的参数。

⑤ 单击对话框【确定】按钮。

⑥ 再次单击对话框【生成】按钮，创建的刀具路径如图 7-300 所示。

图 7-299　设置参数

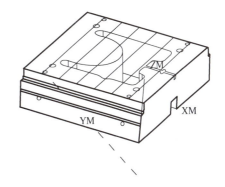

图 7-300　刀具路径

用虚线表示的刀具运动路径（非切削运动）与工件碰撞。

下面通过 2D 动态模拟进一步观察刀具碰撞情况。

⑦ 单击对话框【确认】按钮。

⑧ 然后单击对话框【2D 动态】标签。

⑨单击对话框【播放】按钮。

⑩ 然后单击 "No Blank" 对话框【OK】按钮。

⑪ 设置如图 7-301 所示的参数。

⑫ 单击对话框【确定】按钮，模拟加工如图 7-302 所示。

图 7-301　设置参数

以红色部分表示过切

图 7-302　模拟加工

图上以红色表示的部分表示过切，过切是由于刀具非切削运动引起的。下面设置刀具起始位置。

⑬ 单击"刀轨可视化"对话框【确定】按钮。

（7）设置刀具起点。

① 单击对话框【非切削移动】按钮。

② 然后单击对话框【避让】标签。

③ 单击"出发点"选项，此时对话框如图 7-303 所示。

④ 单击"指定点"旁的【点构造器】按钮。

⑤ 然后设置如图 7-304 所示的参数。

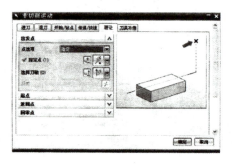

图 7-303　非切削运动对话框

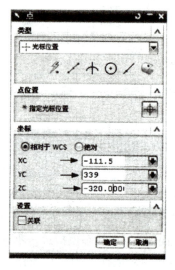

图 7-304　设置参数

⑥ 单击对话框【确定】按钮。

⑦ 然后再单击"非切削运动"对话框【确定】按钮。

（8）生成刀具路径。

① 单击对话框【生成】按钮，创建的刀具路径如图 7-305 所示。可以看到虚线表示的非切削运动不再与工件碰撞。

② 单击对话框【确认】按钮。

③ 然后单击【2D 动态】标签。

④ 单击对话框【播放】按钮。

⑤ 然后单击"No Blank"对话框【OK】按钮。

⑥ "ZM +"输入为 5，并单击"临时毛坯"对话框【确定】按钮，最后模拟加工过程如图 7-306 所示。

⑦ 单击两次对话框【确定】按钮。

（9）后处理。

① 单击工具栏【后处理】按钮。

提示：如果无法单击【后处理】按钮，则需要在操作导航器中选择"PLANAR_MILL_TOP"节点。

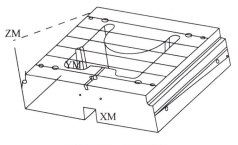

图 7-305　刀具路径

图 7-306　最后模拟加工过程

② 然后设置如图 7-307 所示的参数。

③ 单击对话框【确定】按钮。

④ 然后单击"后处理"对话框【确定】按钮，创建的数控程序如图 7-308 所示。

图 7-307　设置参数

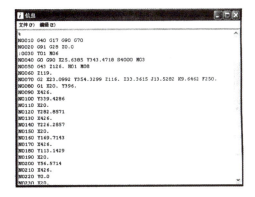

图 7-308　数控程序

⑤ 关闭窗口，并保存程序。

四、钻 φ18 孔

在毛坯上钻孔分成多种方法，为了提高钻孔精度和保护钻头，在钻孔之前，一般需要用 SPOT DRILL 方法在零件上钻一个深度为 6～10mm 的孔，该孔起导向作用，使麻花钻能顺利切入工件。

下面将创建加工如图 7-309 所示的 4 个孔的钻孔操作。

（一）钻导向孔

（1）创建钻头。

① 单击工具栏【创建刀具】按钮。

② 然后设置如图 7-310 所示的参数。

③ 单击对话框【确定】按钮。

④ 然后设置如图 7-311 所示的参数。

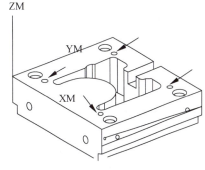

图 7-309　示意图

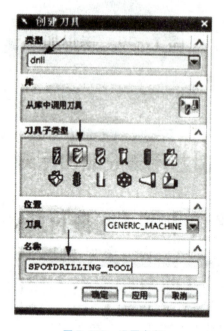

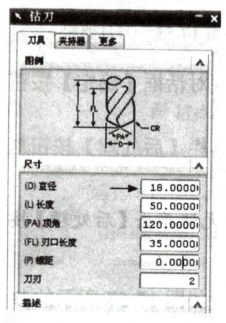

图 7-310　设置参数　　　　　　　图 7-311　设置参数

⑤ 输入刀具号为 2。

⑥ 单击对话框【确定】按钮。

（2）创建操作。

① 单击工具栏【创建操作】按钮。

② 然后设置如图 7-312 所示的参数。

③ 单击对话框【确定】按钮，弹出如图 7-313 所示的对话框。

（3）指定钻孔几何体。

① 单击对话框【指定孔】按钮。

② 然后单击对话框【选择】按钮。

③ 单击对话框【一般点】按钮。

④ 单击对话框【圆弧中心】按钮。

⑤ 然后选择如图 7-314 所示的圆弧，每选择一次单击一次【确定】按钮。

⑥ 选择完毕后，单击"点"对话框【取消】按钮。

（4）指定部件表面。

① 单击对话框【指定部件表面】按钮。

② 然后选择如图 7-315 所示的平面。

③ 单击对话框【确定】按钮。

（5）设置切削深度。

① 单击"循环类型"选项下的【编辑参数】按钮。

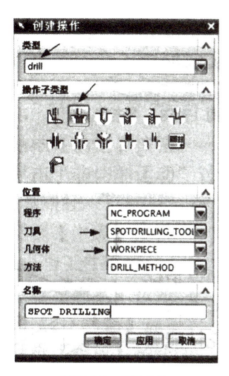

图 7-312　设置参数

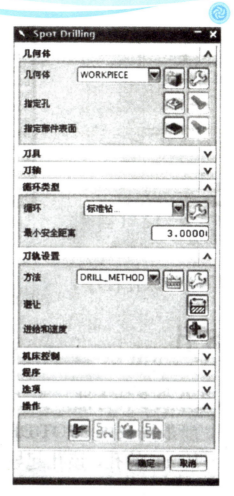

图 7-313　Spot Drilling 对话框

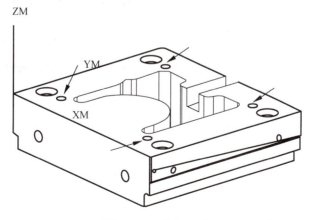

图 7-314　选择圆弧

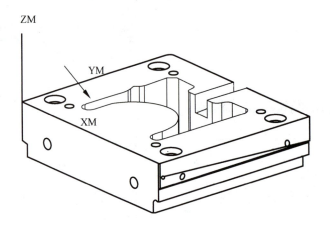

图 7-315　选择平面

② 然后单击"指定参数组"对话框【确定】按钮，弹出如图 7-316 所示的对话框。

③ 然后单击对话框【Depth】按钮。

④ 然后单击对话框【刀尖深度】按钮。

⑤ 并输入如图 7-317 所示的参数。

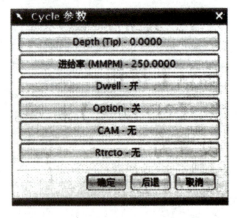

图 7-316　Cycle 参数对话框

图 7-317　设置参数

⑥ 双击【确定】按钮。

（6）设置安全平面。

① 单击对话框【避让】按钮，弹出如图 7-318 所示的对话框。

② 单击对话框【Clearance Plane】按钮。

③ 然后单击对话框【指定】按钮。

④ 然后在"平面构造器"对话框的"偏置"文本框中输入 50。

⑤ 单击对话框【确定】按钮，创建的安全平面如图 7-319 所示。

图 7-318 避让对话框

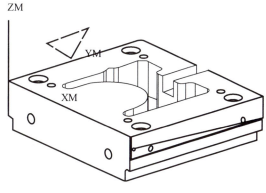

图 7-319 安全平面

⑥ 单击"安全平面"对话框【确定】按钮。

⑦ 然后再单击对话框【确定】按钮，返回"Spot Drilling"对话框。

（7）设置加工参数。

① 单击对话框【进给和速度】按钮。

② 然后输入如图 7-320 所示的参数。

③ 单击对话框【确定】按钮，完成参数设置。

（8）创建刀具路径。

① 单击对话框【生成】按钮，创建的刀具路径如图 7-321 所示。

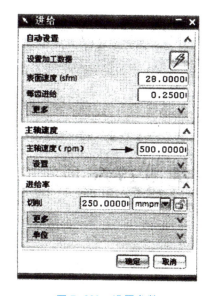

图 7-320 设置参数

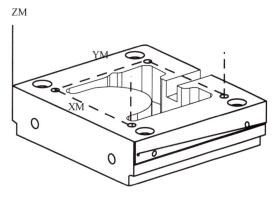

图 7-321 刀具路径

② 单击对话框【确认】按钮。

③ 然后单击对话框【2D 动态】标签。

④ 将动画的速度设置为 1。

⑤ 单击对话框【播放】按钮。

图 7-322 加工结果

⑥ 然后单击"临时毛坯"对话框【确定】按钮，加工结果如图 7-322 所示。

⑦ 单击两次【确定】按钮，完成操作创建。

（9）后处理。

① 单击工具栏【后处理】按钮。

② 然后设置如图 7-323 所示的参数。

③ 单击对话框【确定】按钮。

④ 然后再单击"后出理"对话框【确定】按钮，最后创建的数控程序如图 7-324 所示。

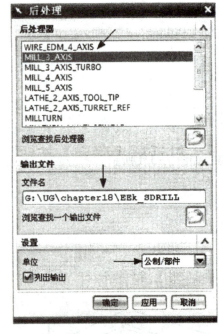

图 7-323 设置参数

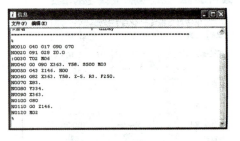

图 7-324 数控程序

⑤ 关闭窗口，并保存文件。

（二）钻孔

下面创建钻孔操作，对于深孔钻削，可以使用琢钻方式进行钻孔。

（1）创建刀具。

① 单击工具栏【创建刀具】按钮。

② 然后设置如图 7-325 所示的参数。

③ 单击对话框【确定】按钮。

④ 然后设置如图 7-326 所示的参数。

⑤ 单击对话框【确定】按钮，完成参数设置。

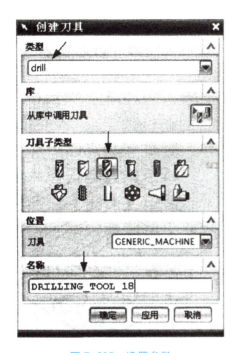

图 7-325　设置参数

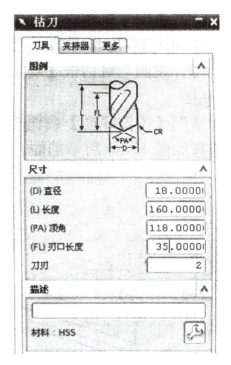

图 7-326　设置参数

（2）创建操作。

① 单击工具栏【创建操作】按钮。

② 然后设置如图 7-327 所示的参数。

③ 单击对话框【确定】按钮。

（3）指定钻孔几何体。

① 单击对话框【指定孔】按钮。

② 然后单击"点到点几何体"对话框【选择】按钮。

③ 单击对话框【一般点】按钮。

④ 在"点"对话框上单击【圆心】按钮。

⑤ 然后选择如图 7-328 所示的圆弧，选择一次单击一次"点"对话框【确定】按钮。

⑥ 选择完毕后单击对话框【取消】按钮。

（4）指定部件表面。

① 单击对话框【指定部件表面】按钮。

② 然后选择如图 7-329 所示的平面。

③ 单击"部件表面"对话框【确定】按钮。

（5）指定底面。

① 单击对话框【指定底面】按钮。

② 然后选择如图 7-330 所示的面。

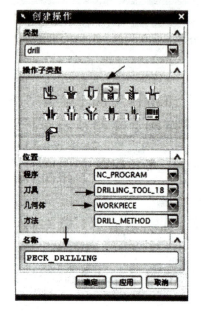

图7-327　设置参数

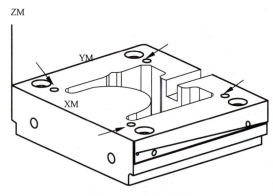

图7-328　选择圆弧

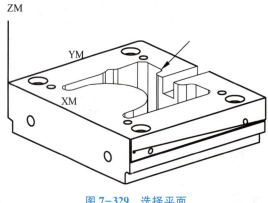

图7-329　选择平面

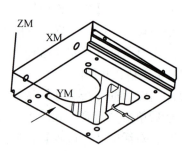

图7-330　选择平面

③ 单击"底面"对话框【确定】按钮。

（6）设置参数。

① 输入如图7-331所示的通孔安全距离。通孔安全距离的含义如图7-332所示。

② 单击对话框【避让】按钮。

③ 然后单击对话框【Clearance Plane】按钮。

④ 单击对话框【指定】按钮。

⑤ 然后输入如图7-333所示的参数。

⑥ 单击对话框【确定】按钮，创建的安全平面如图7-334所示。

图 7-331　设置参数

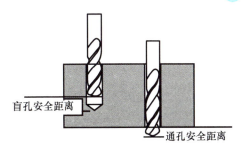

图 7-332　通孔安全距离

图 7-333　设置参数

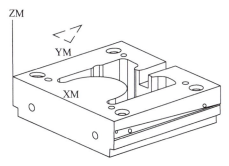

图 7-334　安全平面

⑦ 单击两次【确定】按钮，返回 "Peck Drilling" 对话框。

（7）设置循环类型。

① 在循环下拉列表框中选择 "琢钻" 选项。

② 然后输入进刀距离为 2。

③ 单击对话框【确定】按钮。

④ 然后单击 "指定参数组" 对话框【确定】按钮。

⑤ 单击对话框【Depth】按钮。

⑥ 单击对话框【穿过底面】按钮。

⑦ 然后单击对话框【确定】按钮，返回 "Peck Drilling" 对话框。

（8）设置切削参数。

① 单击对话框【进给和速度】按钮。

② 然后设置如图 7-335 所示的参数。

③ 单击对话框【确定】按钮。

（9）打开和关闭冷却液。

① 单击对话框【机床控制】选项。

② 然后单击对话框 "开始刀轨事件" 旁的【编辑】按钮。

③ 然后选择如图 7-336 所示的选项。

图 7-335　设置参数

图 7-336　设置参数

④ 单击对话框【添加】按钮。

⑤ 然后单击"冷却液开"对话框【确定】按钮。

⑥ 再单击"用户定义事件"对话框【确定】按钮。

⑦ 用同样的方法结束事件，定义冷却液关。

（10）生成刀具路径。

① 单击对话框【生成】按钮，创建的刀具路径如图 7-337 所示。

② 单击对话框【确认】按钮。

③ 然后单击对话框【2D 动态】标签。

④ 单击对话框【播放】按钮。

⑤ 然后单击"临时毛坯"对话框【确定】按钮，模拟加工结果如图 7-338 所示。

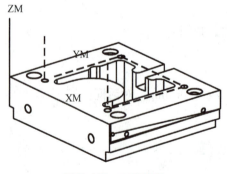

图 7-337　刀具路径

图 7-338　模拟加工结果

⑥ 双击【确定】按钮，完成钻孔操作创建。

（11）后处理。

① 单击对话框【后处理】按钮。

② 然后设置如图 7-339 所示的参数。

③ 单击对话框【确定】按钮。

④ 单击"后处理"对话框【确定】按钮，创建的数控程序如图7-340所示。

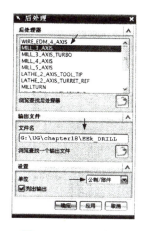

图7-339　设置参数

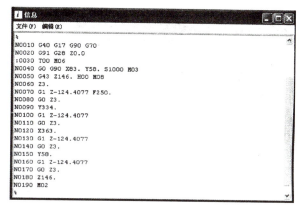

图7-340　数控程序

⑤ 关闭窗口，并保存文件。

（三）铰孔

作为定位基准的孔，应该具有很高的精度。下面使用铰孔精加工定位基准。

（1）创建刀具。

① 单击工具栏【创建刀具】按钮。

② 然后设置如图7-341所示的参数。

③ 单击对话框【确定】按钮，然后设置如图7-342所示的参数。

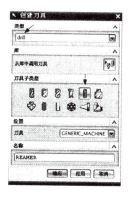

图7-341　设置参数

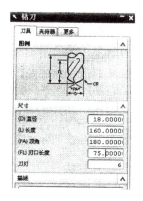

图7-342　设置参数

从图上可以看出铰刀的刀刃数量比麻花钻要多，因此铰刀加工出的孔精度要高很多。

④ 单击对话框【确定】按钮。

（2）创建操作。

① 单击工具栏【创建操作】按钮。

② 然后设置如图7-343所示的参数。

③ 单击对话框【确定】按钮，弹出如图7-344所示的对话框。

图 7-343　设置参数

图 7-344　Reaming 对话框

（3）创建几何体。

① 单击对话框【指定孔】按钮。

② 然后单击"点到点几何体"对话框【选择】按钮。

③ 单击对话框【一般点】按钮。

④ 单击对话框【圆心】按钮。

⑤ 然后选择如图 7-345 所示的圆弧，选择一次单击一次"点"对话框【确定】按钮。

⑥ 单击对话框【取消】按钮。

（4）指定部件表面。

① 单击对话框【指定部件表面】按钮；

② 然后选择如图 7-346 所示的平面。

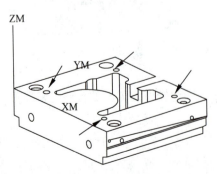

图 7-345　选择圆弧

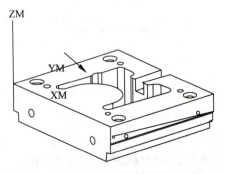

图 7-346　选择平面

③ 单击"部件表面"对话框【确定】按钮。

（5）指定底面。

① 单击对话框【指定底面】按钮；

② 然后选择如图7-347所示的平面。

③ 单击对话框【确定】按钮。

（6）设置避让。

① 单击对话框【避让】按钮。

② 然后单击对话框【Clearance Plane】按钮。

③ 然后单击对话框【指定】按钮。

④ 然后输入如图7-348所示的参数。

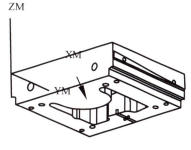

图7-347 选择平面

⑤ 然后单击对话框【确定】按钮，创建的安全平面如图7-349所示。刀具加工完后，将退刀到该平面。

图7-348 设置参数

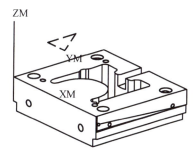

图7-349 安全平面

⑥ 双击对话框【确定】按钮。

（7）设置切削深度。

① 单击对话框【编辑参数】。

② 单击"指定参数组"对话框【确定】按钮，此时弹出如图7-350所示的对话框。

③ 单击对话框【Depth-模型深度】按钮，弹出如图7-351所示的对话框。

图7-350 "Cycle参数"对话框

图7-351 "Cycle深度"对话框

④ 然后单击【穿过底面】按钮。

⑤ 单击对话框【确定】按钮。

（8）设置进给参数。

① 单击对话框【进给和速度】按钮。

② 然后设置如图 7-352 所示的参数。

③ 单击对话框【确定】按钮，完成参数设置。

（9）生成刀具路径。

① 单击对话框【生成】按钮，创建的刀具路径如图 7-353 所示。

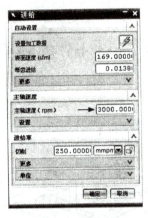

图 7-352　设置参数

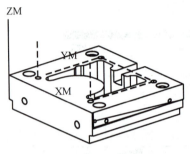

图 7-353　刀具路径

从图上可以看出钻完一个孔后，刀具退刀后离工件很近，如果要修改该值，只要修改最小安全距离即可。

② 单击对话框【确定】按钮，并保存文件。

五、线切割异型孔

下面使用线切割的方式加工零件中间的异型孔，由于是内孔，因此必须先打一个穿丝，钻孔操作不再讲解，下面操作默认零件已经加工出穿丝孔。

（1）创建线切割操作。

① 单击工具栏【创建操作】按钮。

② 然后设置如图 7-354 所示的参数。

③ 单击对话框【确定】按钮，弹出如图 7-355 所示的对话框。

（2）创建几何体。

① 单击对话框"线切割几何体"选项中的【选择】按钮，弹出如图 7-356 所示的对话框。

② 单击对话框【新建】按钮，弹出如图 7-357 所示的对话框。

③ 单击对话框【WEDM_GEOM】按钮。

图 7-354 设置参数

图 7-355 线切割对话框

图 7-356 选择几何体对话框

图 7-357 新几何体对话框

④ 单击对话框【确定】按钮。

⑤ 单击 "MCS WEDM" 对话框【Select or Edit Geometry】按钮。

⑥ 此时弹出如图 7-358 所示的对话框。

⑦ 单击对话框【曲线边界】按钮。

⑧ 然后选择如图 7-359 所示的一圈曲线。

⑨ 单击对话框【确定】按钮，此时系统自动将选择的曲线投影到底面，如图 7-360 所示。

⑩ 单击 "MCS WEDM" 对话框【确定】按钮。

（3）设置夹持器位置。

① 单击对话框【切削】按钮。

② 然后设置如图 7-361 所示的参数。

图 7-358　线切割几何体对话框

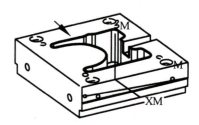

图 7-359　选择曲线

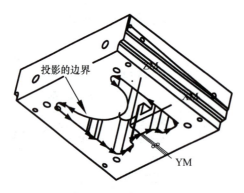

图 7-360　投影边界

图 7-361　设置参数

③ 单击对话框【确定】按钮。

（4）设置输入和导出。

① 单击对话框【输入/导出】按钮。

② 然后设置如图 7-362 所示的参数。

③ 单击对话框【确定】按钮，完成参数设置。

（5）设置穿丝点。

① 单击对话框【移动】按钮。

② 然后单击对话框螺纹孔旁的【指定】按钮。

③ 然后在"螺纹孔"下拉列表框中选择【点构造器】选项。

④ 然后设置如图 7-363 所示的参数。

⑤ 单击三次对话框【确定】按钮。

（6）开启冷却液和关闭冷却液。

① 单击对话框【刀轨事件】按钮，弹出如图 7-364 所示的对话框。

② 单击"开始事件"选项下的【编辑】按钮。

③ 然后选择如图 7-365 所示的选项。

图 7-362 设置参数

图 7-363 设置参数

图 7-364 机床控制对话框

图 7-365 选项参数

④ 然后单击对话框【添加】按钮。

⑤ 然后设置如图 7-366 所示的参数。

⑥ 单击对话框【确定】按钮。

⑦ 然后单击"用户定义事件"对话框【确定】按钮。

⑧ 单击"结束事件"选项下的【编辑】按钮。

⑨ 然后选择与图 7-365 所示的相同的选项。

⑩ 单击"用户定义事件"对话框【添加】按钮。

⑪ 然后设置如图 7-367 所示的参数。

⑫ 单击三次对话框【确定】按钮。

（7）设置进给率。

① 单击对话框【进给率】按钮。

② 然后设置如图 7-368 所示的参数。

（8）创建刀具路径

① 单击对话框【生成】按钮，创建的刀具路径如图 7-369 所示。

图 7-366 设置参数

图 7-367 设置参数

图 7-368 设置参数

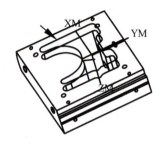

图 7-369 刀具路径

② 单击对话框【确定】按钮，完成线切割操作创建。

③ 单击工具栏【后处理】按钮。

④ 然后设置如图 7-370 所示的参数。

⑤ 单击对话框【确定】按钮。

⑥ 单击"后处理"对话框【确定】按钮，生成的数控程序如图 7-371 所示。

图 7-370 设置参数

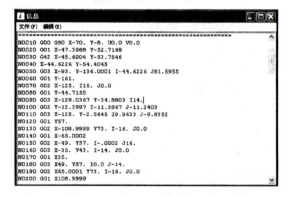

图 7-371 数控程序

六、精铣异型孔侧壁

由于线切割后的异型孔，内表面比较粗糙，下面是用铣削的方法精加工孔的内表面，使其达到一定的精度要求。

（1）创建立铣刀。

① 单击对话框【创建刀具】按钮。

② 然后设置如图 7-372 所示的参数。

③ 单击对话框【确定】按钮。

④ 然后设置如图 7-373 所示的参数。

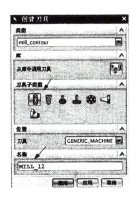

图 7-372 设置参数

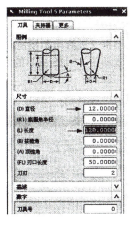

图 7-373 设置参数

⑤ 单击对话框【确定】按钮。

（2）创建操作。

① 单击工具栏【创建操作】按钮。

② 然后设置如图 7-374 所示的参数。

③ 单击对话框【确定】按钮，弹出如图 7-375 所示的参数。

图 7-374 设置参数

图 7-375 Finish Walls 对话框

（3）创建边界。

① 单击对话框【指定部件边界】按钮。

② 然后在"模式"下拉列表框中选择【曲线/边】选项。

③ 然后选择如图7-376所示的边。

④ 单击对话框【确定】按钮，创建的边界如图7-377所示。

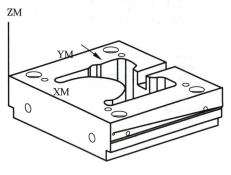

图7-376　选择曲线

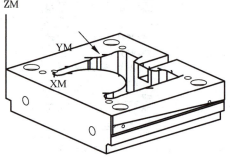

图7-377　边界

⑤ 单击"边界几何体"对话框【确定】按钮。

（4）指定底面。

① 单击对话框【指定底面】按钮。

② 然后选择如图7-378所示的平面。

③ 然后单击对话框【确定】按钮。

（5）设置切削参数。

① 单击对话框【速度和进给】按钮。

② 然后设置如图7-379所示的参数。

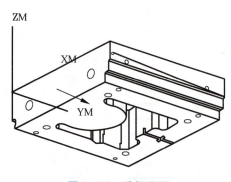

图7-378　选择平面

图7-379　设置参数

③ 单击对话框【确定】按钮，完成参数设置。

（6）设置进刀方式。

刀具不能直接切入工件，应该沿斜向切入工件，这样可以避免在侧壁上留下刀具痕迹。

① 单击对话框【非切削移动】按钮。

② 然后设置如图 7-380 所示的参数。

③ 单击对话框【确定】按钮，完成参数设置。

（7）生成刀具路径。

① 单击对话框【生成】按钮，创建的刀具路径如图 7-381 所示，从图上可以看出，明显发生过切。

② 单击对话框【指定部件边界】按钮。

③ 然后设置如图 7-382 所示的参数。

④ 单击对话框【确定】按钮，完成参数设置。

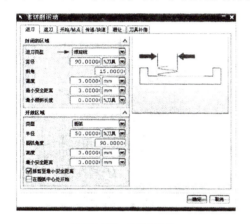

图 7-380 设置参数

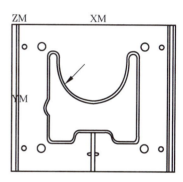

图 7-381 刀具路径

⑤ 单击对话框【生成】按钮，创建的刀具路径如图 7-383 所示，此时刀具路径是正确的。

图 7-382 设置参数

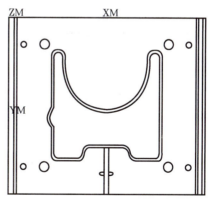

图 7-383 刀具路径

⑥ 保存文件。

七、加工凹槽

（1）创建铣刀。

① 单击工具栏【创建刀具】按钮。

② 然后设置如图 7-384 所示的参数。

③ 单击对话框【确定】按钮。

④ 然后设置如图 7-385 所示的参数。

图 7-384　设置参数

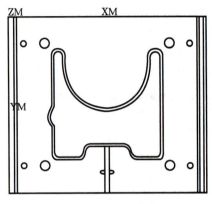

图 7-385　设置参数

⑤ 单击对话框【确定】按钮。

（2）创建操作。

① 单击对话框【创建操作】按钮。

② 然后设置如图 7-386 所示的参数。

③ 单击对话框【确定】按钮。

（3）创建部件边界。

① 单击对话框【指定部件边界】按钮。

② 然后选择如图 7-387 所示的平面。

图 7-386　设置参数

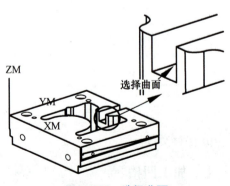

图 7-387　选择曲面

③ 设置如图 7-386 所示的参数。

④ 单击对话框【确定】按钮。

（4）指定底面。

① 单击对话框【指定底面】按钮。

② 然后再次选择如图 7-387 所示的平面。

③ 然后单击对话框【确定】按钮。

（5）设置参数。

① 单击对话框【进给和速度】按钮。

② 然后设置如图 7-389 所示的参数。

图 7-388　设置参数

图 7-389　设置参数

③ 单击对话框【确定】按钮。

（6）创建刀具路径。

① 单击对话框【生成】按钮，创建的刀具路径如图 7-390 所示。

② 单击对话框【确认】按钮。

③ 然后单击对话框【播放】按钮，模拟加工如图 7-391 所示。

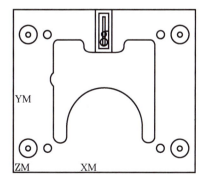

图 7-390　刀具路径

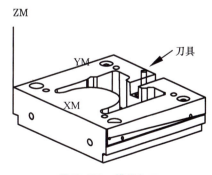

图 7-391　模拟加工

④ 双击对话框【确定】按钮，完成操作创建。

⑤ 单击工具栏【保存】按钮，保存文件。

项目小结

> **双基训练**

连续模具在生产中常出现的问题有哪些？

> **双基训练参考答案**

连续模具在生产中常出现的问题有哪些？

答：（1）毛刺增大。

当模具生产一段时间后，会出现生产零件毛刺增大现象，这时应当检查凸、凹模刃口，如果发现刃口磨损或产生崩刃，应进行刃磨，刃磨后给凸模或凹模垫上相应厚度的垫片。当凹模经过多次刃磨后，应当检查刃口直壁是否已被磨去。如果无刃口直壁，则要更换凹模镶块；如果凸、凹模刃口无磨损，而零件上的毛刺不均匀，是因为冲裁间隙产生了偏移，这时要进行间隙调整。

（2）叠件现象。

在冲压生产中最后一工位完成切断后，生产零件没有被及时吹出模具，仍然留在模具上，极易产生叠件现象。叠件是非常危险的，很容易损伤模具。产生叠件的因素很多，像吹气的风力不够、冲压油的黏附作用、生产件钩挂在顶杆上。针对这些因素，可以采取多种措施来防止叠件现象的出现。例如在冲压生产中要保证吹气的风力足够大，进行模具设计时在凹模板和卸料板上均增加顶杆，其中凹模板上的顶杆应设计大些，至少要比零件上的孔大，或者干脆采用抬料块结构，以避免生产零件钩挂在顶杆上。设计凹模板时，在保证冲裁强度的前提下，应在凹模板末端设计一条较宽的斜坡，以便生产零件能顺利地滑出模具。另外，在设计时还应考虑在最后一工位尽量让待切断的生产零件伸出凹模板或伸出斜坡至少二分之一，尽量依靠生产零件的自动滑出模具。

（3）漏料孔堵塞。

在冲压生产中，如果出现漏料孔堵塞且没有被及时发现的情况，很容易损伤模具，造成凸模折断或凹模胀裂。要防止漏料孔堵塞，保证漏料顺畅。一定要设计好漏料孔的尺寸大小。对于一些细小突出的部分，漏料孔的尺寸要适当放大；而对于废料翻滚造成的漏料孔堵塞，要减小漏料孔尺寸。进行模具设计时，应给予漏料孔足够的重视，设计凹模垫板时要以凹模板为参照，保证凹模垫板漏料轮廓比凹模板漏料轮廓大，设计下模架时要以凹模垫板为参照，依此类推。最后，要保证安装板漏料孔比机床漏料孔小，否则，就要在下安装板上开斜坡，以保证废料最终滑入机床漏料孔。另外，凹模刃口磨损或冲压油过多过快也会造成漏料孔堵塞，要及时刃磨或减少更换冲压油。

（4）送料不畅。

送料不畅轻则影响生产，重则损坏模具。产生原因有以下几方面：

① 生产时送进步距与设计的步距有差异。应调整送进步距。

② 抬料钉间距过大。应增加抬料钉数量。

③ 条料抬起高度不够，条料容易钩挂在抬料块或顶杆上。应增加条料抬起高度。

④ 抬料钉送进间隙过小，条料送进不流畅。应适当放大间隙。

⑤ 条料过宽过薄，容易产生翘曲。应在条料中间增加抬料块。

（5）凸模损坏。

在连续模中，凸模的损坏经常发生，这是很头痛的问题。其产生的原因有以下几个方面：

① 跳屑、屑料阻塞、废料上浮、卡模等导致。

② 送料步距不准，切半个孔。

③ 凸模强度不足，刃口段过长。

④ 大小凸模相距太近，冲切时材料牵引，引发小凸模折断。

⑤ 凸模及凹模局部尖角过小。

⑥ 冲裁间隙偏小；冲裁间隙不均、偏移，凸、凹模发生干涉。

⑦ 无冲压油或使用的冲压油挥发性较强。

⑧ 脱料镶块精度差或磨损，失去精密导向功能。

⑨ 模具导向部件损坏或磨损严重。

⑩ 凸、凹模材质选用不当。

附　　　录

附表1：标准公差数值

附表1　标准公差数值

基本尺寸 /mm		标准公差等级																	
大于	至	IT1	IT2	IT3	IT4	IT5	IT6	IT7	IT8	IT9	IT10	IT11	IT12	IT13	IT14	IT15	IT16	IT17	IT18
		μm											mm						
/	3	0.8	1.2	2	3	4	6	10	14	25	40	60	0.1	0.14	0.25	0.4	0.6	1	1.4
3	6	1	1.5	2.5	4	5	8	12	18	30	48	75	0.12	0.18	0.3	0.48	0.75	1.2	1.8
6	10	1	1.5	2.5	4	6	9	15	22	36	58	90	0.15	0.22	0.36	0.58	0.9	1.5	2.2
10	18	1.2	2	3	5	8	11	18	27	43	70	110	0.18	0.27	0.43	0.7	1.1	1.8	2.7
18	30	1.5	2.5	4	6	9	13	21	33	52	84	130	0.21	0.33	0.52	0.84	1.3	2.1	3.3
30	50	1.5	2.5	4	7	11	16	25	39	62	100	160	0.25	0.39	0.62	1	1.6	2.5	3.9
50	80	2	3	5	8	13	19	30	46	74	120	190	0.3	0.46	0.74	1.2	1.9	3	4.6
80	120	2.5	4	6	10	15	22	35	54	87	140	220	0.35	0.54	0.87	1.4	2.2	3.5	5.4
120	180	3.5	5	8	12	18	25	40	63	100	160	250	0.4	0.63	1	1.6	2.5	4	6.3
180	250	4.5	7	10	14	20	29	46	72	115	185	290	0.46	0.72	1.15	1.85	2.9	4.6	7.2
250	315	6	8	12	16	23	32	52	81	130	210	320	0.52	0.81	1.3	2.1	3.2	5.2	8.1
315	400	7	9	13	18	25	36	57	89	140	230	360	0.57	0.89	1.4	2.3	3.6	5.7	8.9
400	500	8	10	15	20	27	40	63	97	155	250	400	0.63	0.97	1.55	2.5	4	6.3	9.7
500	630	9	11	16	22	32	44	70	110	175	280	440	0.7	1.1	1.75	2.8	4.4	7	L1
630	800	10	13	18	25	36	50	80	125	200	320	500	0.8	1.25	2	3.2	5	8	12.5
800	1 000	11	15	21	28	40	56	90	140	230	360	560	0.9	1.4	2.3	3.6	5.6	9	14
1 000	1 250	13	18	24	33	47	66	105	165	260	420	660	1.05	1.65	2.6	4.2	6.6	10.5	16.5
1 250	1 600	15	21	29	39	55	78	125	195	310	500	780	1.25	1.95	3.1	5	7.8	12.5	19.5
1 600	2 000	18	25	35	46	65	92	150	230	370	600	920	1.5	2.3	3.7	6	9.2	15	23
2 000	2 500	22	30	41	55	78	110	175	280	440	700	1 100	1.75	2.8	4.4	7	11	17.5	28
2 500	3 150	26	36	50	68	96	135	210	330	540	860	1 350	2.1	3.3	5.4	8.6	13.5	21	33

附表2：模具零件常用材料与热处理

附表 2-1　常用模具材料

模具零件	序　号	常用零件	常用材料	备　注
工作零件	1	凸模、凹模、凸凹模	Cr8、Cr12、CrWMn 等模具钢	含12%Cr 的金属材料，耐磨性好，淬火性强，很少产生变形； 通过高温回火后，硬度可以达到60~63HRC，韧性也有所增强； 使用广泛
			D2、SKD11	高碳高铬冷作模具钢，热处理后硬度可以达到60~63HRC
			YG15、ASP-23、SKH9	在高精度的级进模中常用
定位零件	2	导料销、挡料销	45 钢、合金钢	多为标准件，在高精度、高效率的级进模中常用合金钢等高硬度材料
	3	导料板	Q235、45 钢、T8A 等	45 钢需要调质处理
	4	侧刃	模具钢	等同于凸模，性质见序号1
卸料、压料和出件零件	5	卸料板、顶件板、推件装置等	45 钢、T8A 等	45 钢硬度可达43~48HRC T8A 硬度可达56~60HRC
导向零件	6	导柱、导套	20、T8A、GCr15 等	多为标准件 滚珠导柱导套用钢
固定、支承零件	7	模座	铸铁、45 钢、铝合金等	普通模采用铸铁 三高模具采用45 钢 在一些特殊模具中用铝合金
	8	固定板	45 钢、合金钢等	43~48HRC
	9	垫板	合金钢	58~62HRC
模柄	10	模柄	Q235、45 钢等	

在冷冲压模具中，工作零件的寿命在很大程度上影响了整个模具的寿命，所以选择工作零件的材料必须要满足以下条件：

① 优秀的耐磨损性。

② 高耐压缩强度。

③ 高抗冲击性和韧性。

④ 高抗疲劳强度。

所以，工作零件的材料都是合金钢、模具钢、高速钢等，附表2-2给出了模具材料里添加的常见合金元素的作用。

附表 2-2　合金元素的效果

成　分	效　果
C	与 Cr、W、Mo、V 等形成碳化物，可产生耐磨损性；C 越多硬度越高
Cr	耐磨损性、耐蚀性、淬火性增强
Mo、W	与 Fe、Cr、C 化合，形成较硬的复合碳化物，提高耐磨损性、淬火硬化性及高温时的硬度
V	耐磨损性、韧性增强
Co	高温下的硬度、回火硬度增大
Mn	淬火性、韧性增强
Ni	强化基体，提高低温回火抗力

实际生产时可以根据制件的产量来确定凸、凹模材料，如附表 2-3 列出了制件不同加工数量和所用工作零件材料的关系。

附表 2-3　按制件产量选择模具工作零件材料

制件产量/万	<10	>10	<100		>100	
材料名称	优质碳素工具钢	低合金工具钢	中合金工具钢	高强度基体钢	高速钢	硬结合金硬质合金
牌号举例	T8A T10A	CrWMn 9Mn2V	Cr12MoV	65Cr4 W3Mo2VNb	W18Cr4V	GT35 YG11 YG15

附表 3：常用螺钉销钉参数表

附表 3-1　内六角圆柱头螺钉（GB/T 70.1—2008）　　　　mm

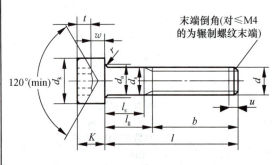

末端倒角(对≤M4 的为辗制螺纹末端)

120°(min)

允许倒圆或制出沉孔

u（不完整螺纹的长度）≤$2P$

螺纹规格 d = M5、公称长度 l = 20 mm、性能等级为 8.8 级、表面氧化的内六角圆柱头螺钉的标记示例：

螺钉　GB/T 70.1—2008-M5×20

螺纹规格 d		M5	M6	M8	M10	M12	(M14)	M16	M20	M24	M30
螺距 P		0.8	1	1.25	1.5	1.75	2	2	2.5	3	3.5
b	参考	22	24	28	32	36	40	44	52	60	72
d_k	max *	8.5	10	13	16	18	21	24	30	36	45
	max **	8.72	10.22	13.27	16.27	18.27	21.33	24.33	30.33	36.39	45.39
	min	8.28	9.78	12.73	15.73	17.73	20.67	23.67	29.67	35.61	44.61
d_a	max	5.7	6.8	9.2	11.2	13.7	15.7	17.7	22.4	26.4	33.4
d_s	max	5	6	8	10	12	14	16	20	24	30
	min	4.82	5.82	7.78	9.78	11.73	13.73	15.73	19.67	23.67	29.67
e	min	4.58	5.72	6.86	9.15	11.43	13.72	16.00	19.44	21.73	25.15
K	max	5	6	8	10	12	14	16	20	24	30
	min	4.82	5.70	7.64	9.64	11.57	13.57	15.57	19.48	23.48	29.48
S	公称	4	5	6	8	10	12	14	17	19	22
t	min	2.5	3	4	5	6	7	8	10	12	15.5
r	min	0.2	0.25	0.4	0.4	0.6	0.6	0.6	0.8	0.8	1
w	min	1.9	2.3	3.3	4	4.8	5.8	6.8	8.6	10.4	13.1

续表

公称长度 l	光杆长度 l_s 和夹紧长度 l_g																			
	l_s	l_g	l_s	l_g	l_s	l_g	l_s	l_g	l_s	l_g	l_s	l_g	l_s	l_g	l_s	l_g	l_s	l_g	l_s	l_g
	min	max	min	max	min	max	min	max	min	max	min	max	min	max	min	max	min	max	min	max
8																				
10																				
12																				
(14)																				
(16)																				
20					商																
25																				
30	4	8					品														
35	9	13	6	11					规												
40	14	18	11	16	5.75	12															
45	19	23	16	21	10.75	17	5.5	13				格									
50	24	28	21	26	15.75	22	10.5	18	5.25	14					通						
(55)			26	31	20.75	27	15.5	23	10.25	19											
60			31	36	25.75	32	20.5	28	15.25	24	10	20	6	16		用					
(65)					30.75	37	25.5	33	20.5	29	15	25	11	21							
70					35.75	42	30.5	38	25.25	34	20	30	16	26	5.5	18		规			
80					45.75	52	40.5	48	35.25	44	30	40	26	36	15.5	28					
90							50.5	58	45.25	54	40	50	36	46	25.5	38	15	30		格	
100							60.5	68	55.25	64	50	60	46	56	35.5	48	25	40	10.5	28	
110									65.25	74	60	70	56	66	45.5	58	35	50	20.5	38	
120									75.25	84	70	80	66	76	55.6	68	45	60	30.5	48	
130											80	90	76	86	65.5	78	55	70	40.5	58	
140											90	100	86	96	75.5	88	65	80	50.5	68	
150													96	106	85.5	98	75	90	60.5	78	
160													106	116	95.5	108	85	100	70.5	88	
180															115.5	128	105	120	90.5	108	
200															135.5	148	125	140	110.5	128	

附表 3-2　圆柱头卸料螺钉　　　　　　　　　mm

(1) 标记示例：
直径 d = 10mm，长度 L = 48mm 的圆柱头卸料螺钉：
卸料螺钉 10×48 GB/T 2867.5—1981
(2) 材料：45 钢 GB/T 699—1988
(3) 热处理硬度：35~40HRC
(4) 技术条件：按 GB/T 89—1985 的规定

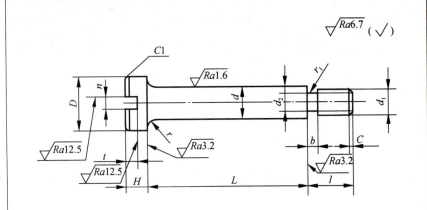

| d | L (h8) | | d_1 | l | D | H | n | t | $r \leqslant$ | $r_1 \leqslant$ | d_2 | b | C |
	基本尺寸	极限偏差											
4	20	0 −0.033	M3	5	7	3	1	1.4	0.2	0.3	2.2	1	0.6
	22												
	25												
	28												
	30												
	32	0 −0.039											
	35												
5	20	0 −0.033	M4	5.5	8.5	3.5	1.2	1.7	0.4	0.5	3	1.5	0.8
	22												
	25												
	28												
	30												
	32	0 −0.039											
	35												
	38												
	40												
6	25	0 −0.033	M5	6	10	4	1.5	2	0.4	0.8	4	1.5	1
	28												
	30												
	32	0 −0.039											
	35												
	38												
	40												
	42												
	45												
	48												
	50												

续表

| d | L（h8） | | d_1 | l | D | H | n | t | $r\leqslant$ | $r_1\leqslant$ | d_2 | b | C |
	基本尺寸	极限偏差											
8	25	0 −0.033											
	28												
	30												
	32	0 −0.039	M6	7	12.5	5	2	2.5	0.4		4.5		1.2
	35												
	38												
	40												
	43												
	45												
	48												
	50												
	55	0 −0.048								0.8		2	
	60												
	65												
	70												
10	30	0 −0.033											
	32	0 −0.039	M8	8	15	6	2.5	3	0.5		6.2		1.5
	35												
	38												
	40												
	42												
	45												
	48												
	50												

附表 3-3　圆柱销（GB/T 1179—1986）、圆锥销 GB/T 1179—1986）　　　mm

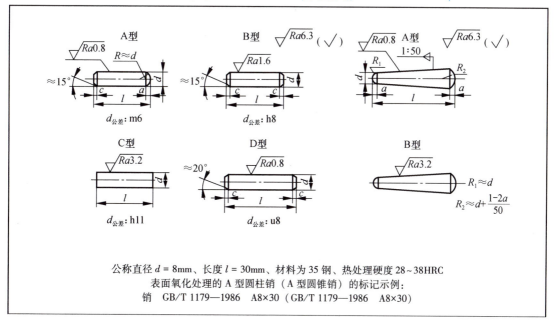

公称直径 d = 8mm、长度 l = 30mm、材料为 35 钢、热处理硬度 28～38HRC
表面氧化处理的 A 型圆柱销（A 型圆锥销）的标记示例：
销　GB/T 1179—1986　A8×30（GB/T 1179—1986　A8×30）

续表

公称直径 d			3	4	5	6	8	10	12	16	20	25
圆柱销	α≈		0.4	0.5	0.63	0.8	1.0	1.2	1.6	2.0	2.5	3.0
	c≈		0.5	0.63	0.8	1.2	1.6	2.0	2.5	3.0	3.5	4.0
	l（公称）		8~30	8~40	10~50	12~60	14~80	18~95	22~140	26~180	35~200	50~200
圆锥销	d	min	2.96	3.95	4.95	5.95	7.94	9.94	11.93	15.93	19.92	24.92
		max	3	4	5	6	8	10	12	16	20	25
	α≈		0.4	0.5	0.63	0.8	1.0	1.2	1.6	2.0	2.5	3.0
	l（公称）		12~45	14~55	18~60	22~90	22~120	26~160	32~180	40~200	45~200	50~200
l（公称）的系列			12~32（2进位），35~100（5进位），100~200（20进位）									

附表3-4　螺栓和螺钉通孔及沉孔尺寸　　　mm

螺纹规格	螺栓和螺钉通孔直径 d_b（GB/T 5277—1985）			沉头螺钉及半沉头螺钉的沉孔（GB/T 152.2—1988）				内六角柱头螺钉的圆柱头沉孔（GB/T 152.3—1988）				六角头螺栓和六角螺母的沉孔（GB/T 152.4—1988）			
d	精装配	中等装配	粗装配	d_2	t≈	d_1	a	d_2	t	d_3	d_1	d_2	d_3	d_1	t
M3	3.2	3.4	3.6	6.4	1.6	3.4		6.0	3.4		3.4	9		3.4	只要能制出与通孔轴线垂直的圆平面即可
M4	4.3	4.5	4.8	9.6	2.7	4.5		8.0	4.6	—	4.5	10	—	4.5	
M5	5.3	5.5	5.8	10.6	2.7	5.5		10.0	5.7		5.5	11		5.5	
M6	6.4	6.6	7	12.8	3.3	6.6		11.0	6.8		6.6	13		6.6	
M8	8.4	9	10	17.6	4.6	9		15.0	9.0		9.0	18		9.0	
M10	10.5	11	12	20.3	5.0	11		18.0	11.0		11.0	22		11.0	
M12	13	13.5	14.5	24.4	6.0	13.5		20.0	13.0	16	13.5	26	16	13.5	
M14	15	15.5	16.5	28.4	7.0	15.5	$90°^{-2°}_{-4°}$	24.0	15.0	18	15.5		18	13.5	
M16	17	17.5	18.5	32.4	8.0	17.5		26.0	17.5	20	17.5		20	17.5	
M18	19	20	21	—	—	—		—					22	20.0	
M20	21	22	24	40.4	10.0	32		33.0	21.5	24	22.0	40	24	22.0	
M22	23	24	26	—				—				43	26	24	
M24	25	26	28					40.0	25.5	28	26.0	48	28	26	
M27	28	30	32					—				53	33	30	
M30	31	33	35					48.0	32.0	35	33.0	61	36	33	
M36	37	39	42					57.0	38.0	42	39.0	71	42	39	

附表 3-5　卸料螺钉通孔及沉孔尺寸　　　　　　　　　　　mm

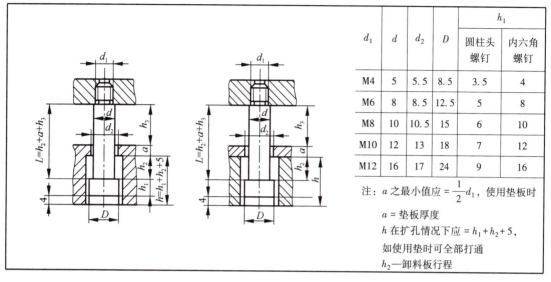

d_1	d	d_2	D	h_1 圆柱头螺钉	h_1 内六角螺钉
M4	5	5.5	8.5	3.5	4
M6	8	8.5	12.5	5	8
M8	10	10.5	15	6	10
M10	12	13	18	7	12
M12	16	17	24	9	16

注：a 之最小值应 $= \frac{1}{2}d_1$，使用垫板时

$a = $ 垫板厚度

h 在扩孔情况下应 $= h_1 + h_2 + 5$，

如使用垫时可全部打通

h_2—卸料板行程

附表 4：磨损系数 x

附表 4　磨损系数 x

材料厚度 t/mm	非圆形			圆形	
	1	0.75	0.5	0.7	0.5
	制件公差 Δ/mm				
≤1	<0.16	0.17~0.35	≥0.36	<0.16	≥0.16
>1~2	<0.20	0.21~0.41	≥0.42	<0.20	≥0.20
>2~4	<0.24	0.25~0.49	≥0.50	<0.24	≥0.24
>4	<0.30	0.31~0.59	≥0.60	<0.30	≥0.30

附表 5：常用金属材料力学性能

附表 5　黑色金属材料的力学性能

材料名称	牌号	材料的状态	力学性能				
			抗剪强度 τ/MPa	抗拉强度 σ_b/MPa	屈服点 σ_s/MPa	伸长率 δ_{10}/%	弹性模量 E/（MPa ×10^3）
电工用工业纯铁 w（C）<0.025	DT1, DT2, DT3	已退火的	177	225		26	
电工硅钢	D11, D12, D21 D31, D32						
	D310~D340	已退火的	186	225		26	
	D370, D41~D48						

续表

材料名称	牌　号	材料的状态	力学性能				
			抗剪强度 τ/MPa	抗拉强度 σ_b/MPa	屈服点 σ_s/MPa	伸长率 δ_{10}/%	弹性模量 E/（MPa ×10³）
普通碳素钢	Q195	未经退火的	255~314	314~392		28~33	
	Q215		265~333	333~412	216	26~31	
	Q235		304~373	432~461	253	21~25	
	Q255		333~412	481~511	255	19~23	
碳素结构钢	08F	已退火的	216~304	275~383	177	32	
	08		255~353	324~441	196	32	186
	10F		216~333	275~412	186	30	
	10		255~333	294~432	206	29	194
	15F		245~363	314~451		28	
	15		265~373	333~471	225	26	198
	20F		275~383	333~471	225	26	196
	20		275~392	353~500	245	25	206
	25		314~432	392~539	275	24	198
	30		353~471	441~588	294	22	197
	35		392~511	490~637	314	20	197
	40		412~530	511~657	333	18	209
碳素结构钢	55	已正火的	539	≥657	383	14	
	60		539	≥686	402	13	204
	65		588	≥716	412	12	
	70		588	≥745	422	11	206
碳素工具钢	T7~T12 T7A~T12A	已退火的	588	736			
	T13，T13A		706	883			
	T8A，T9A	冷作硬化的	588~932	736~1 177			
优质碳素钢	10Mn2	已退火的	314~451	392~569	225	22	207
	65Mn		588	736	392	12	207
合金结构钢	25CrMnSiA 25CrMnSi	已低温 退火的	392~549	490~686		18	
	30CrMnSiA 30CrMnSi		432~588	539~736		16	
优质弹簧钢	60Si2Mn 60Si2MnA	已低温 退火的	706	883		10	196
	65Si2WA	冷作硬化的	628~941	785~1 177		10	
不锈钢	1Cr13	已退火的	314~373	392~461	412	21	206
	2Cr13		314~392	392~490	441	20	206
	3Cr13		392~471	490~588	471	18	206
	4Cr13		392~471	490~588	490	15	206
	1Cr18Ni9Ti	经热处理的	451~511	569~628	196	35	196

附表 6：常用压力机技术参数

附表 6-1　开式双柱可倾压力机技术规格

型号	J23-3.15	J23-6.3	J23-10	J23-16	J23-16B	J23-25	JC23-35	JH23-40	JG23-40	JB23-63	J23-80	J23-100	JA23-100	J23-100A	J23-125
公称压力/kN	31.5	63	100	160	160	250	350	400	400	630	800	1 000	1 000	1 000	1 250
滑块行程/mm	25	35	45	55	70	65	80	80	100	100	130	130	150	16~140	145
滑块行程次数/(次·min⁻¹)	200	170	145	120	120	55	50	55	80	40	45	38	38	45	38
最大封闭高度/mm	120	150	180	220	220	270	280	330	300	400	380	480	430	400	480
封闭高度调节量/mm	25	35	35	45	60	55	60	65	80	80	90	100	120	100	110
滑块中心线至床身距离/mm	90	110	130	160	160	200	205	250	220	310	290	380	380	320	380
立柱距离/mm	120	150	180	220	220	270	300	340	300	420	380	530	530	420	530
工作台尺寸/mm 前后	160	200	240	300	300	370	380	460	420	570	540	710	710	600	710
工作台尺寸/mm 左右	250	310	370	450	450	560	610	700	630	860	800	1 080	1 080	900	1 080
工作台孔尺寸/mm 前后	90	110	130	160	110	200	200	250	150	310	230	380	405	250	340
工作台孔尺寸/mm 左右	120	160	200	240	210	290	290	360	300	450	360	560	500	420	500
工作台孔尺寸/mm 直径	110	140	170	210	160	260	260	320	200	400	280	500	470	320	450
垫板尺寸/mm 厚度	30	30	35	40	60	50	60	65	80	80	100	100	110	100	
垫板尺寸/mm 直径							150					200		150	250
模柄孔尺寸/mm 直径	25	30	30	40	40	40	50	50	50	50	60	60	76	60	60
模柄孔尺寸/mm 深度	40	55	55	60	60	60	70	70	70	70	80	75	76	80	80
滑块底面尺寸/mm 前后	90				180		190	260	230	360	350	360		350	
滑块底面尺寸/mm 左右	100				200		210	300	300	400	370	430		540	
床身最大可倾角	45°	45°	35°	35°	35°	30°	20°	30°	30°	25°	30°	30°	20°	30°	25°

附表 6-2　闭式单点压力机技术规格

型号	JA31-160B	J31-250	J31-315
公称压力/kN	1 600	2 500	3 150
滑块行程/mm	160	315	315
公称压力行程/mm	8.16	10.4	10.5
滑块行程次数/(次·min⁻¹)	32	20	20
最大封闭高度/mm	375	490	490
封闭高度调节量/mm	120	200	200
工作台尺寸/mm 前后	790	950	1 100
工作台尺寸/mm 左右	710	1 000	1 100

附表7：模具设计中的常用配合

附表7 模具设计中的常用配合

常用配合	配合特性及应用举例
H6/h5、H7/h6、H8/h7	间隙定位配合，如导柱与导套的配合、凸模与导板的配合、套式浮顶器与凹模的配合等
H6/m5、H6/n5、H7/k6、H7/m6、H7/n6、H8/k7	过渡配合，用于要求较高的定位。如凸模与固定板、导套与模座、导套与固定板、模柄与模座的配合等
H7/p6、H7/r6、H7/s6、H7/u6、H6/r5	过盈配合，能以最好的定位精度满足零件的刚性和定位要求。如圆凸模的固定、导套与模座的固定、导柱与固定板的固定、斜楔与上模的固定等

附表8：常用模柄规格参数

附表8-1 压入式模柄（GB/T 2862.1—1981）   mm

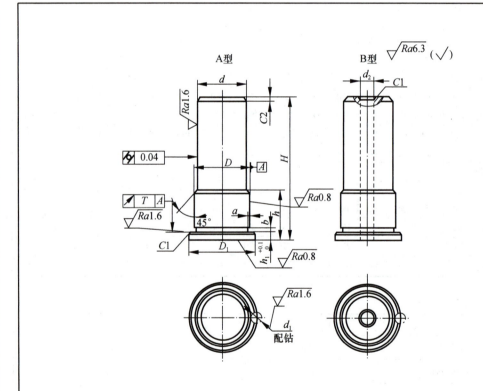

标记示例：

直径 d = 30mm、高度 h = 73mm、材料为 Q235 的 A 型压入式模柄：

模柄 A30×73 GB/T 2862.1—1981·Q235

d (d11) 基本尺寸	d (d11) 极限偏差	D (m6) 基本尺寸	D (m6) 极限偏差	D_1	H	h	h_1	b	a	d_1 (H7) 基本尺寸	d_1 (H7) 极限偏差	d_2
20	-0.065 -0.195	22	+0.021 +0.008	29	68	20	4	2	0.5	6	+0.012 0	7
					73	25						
					78	30						
25		26		33	68	20						
					73	25						
					78	30						
					83	35						
30	-0.080 -0.240	32	+0.025 +0.009	39	73	25	5					11
					78	30						
					83	35						
					88	40						
32		34		42	73	25						
					78	30						
					83	35						
					88	40						
35		38		46	85	25	6	3	1			13
					90	30						
					95	35						
38		40		48	90	30						
					95	35						
					100	40						
					105	45						
					110	50						
40		42		50	90	30						
					95	35						
					100	40						
					105	45						
					110	50						
50		52	+0.030 +0.011	61	95	35	8			8	+0.015 0	17
					100	40						
					105	45						
					110	50						
					115	55						
					120	60						

附表 8-2　旋入式模柄（GB/T 2862.2—1981）　　　　　　mm

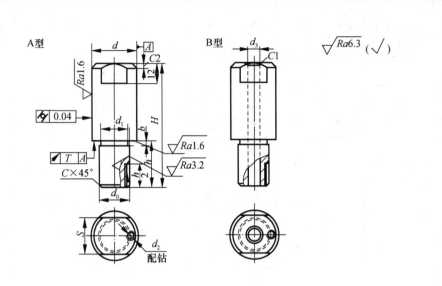

d（d11）		d_0	H	h	S（h13）		d_1	d_3	d_2	b	C
基本尺寸	极限偏差				基本尺寸	极限偏差					
20		M18×1.5	64	16	17	0 −0.270	16.5	7		2.5	1
	−0.065 −0.195		68	20							
			73	25							
25		M20×1.5	68	20	19		18.5				
			73	25							
			78	30							
30			73	25	24	0 −0.330		11			
			78	30							
			83	35							
32	−0.080 −0.240	M24×2	73	25	27		21.5			3.5	1.5
			78	30							
			83	35							
35			85	25	30		21.5		M6		
			90	30							
			95	35							
			100	40							
38		M30×2	90	30	32		27.5	13			
			95	35							
			100	40							
			105	45							
40	−0.080 −0.240		90	30							
			95	35							
			100	40							
			105	45		0 −0.390					
50		M42×3	95	35	41		38.5	17		4.5	2
			100	40							
			105	40							
			110	50							
60	−0.100 −0.290		110	40	50				M8		
			115	45							
			120	50							
			125	55							

表 8-3　凸缘模柄（GB/T 2862.3—1981）　　　　　　　　　mm

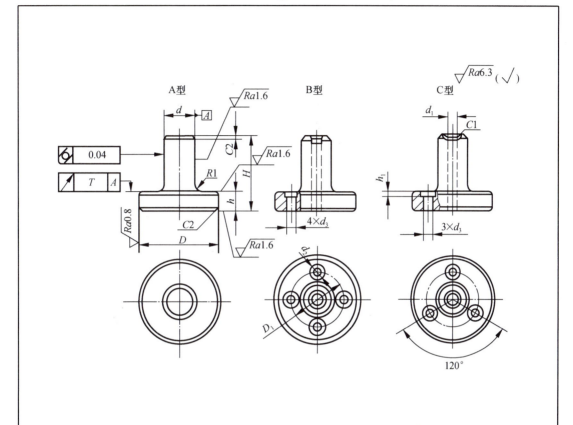

d (d11)		D (h6)		H	h	d_1	D_1	d_3	d_2	h_1
基本尺寸	极限偏差	基本尺寸	极限偏差							
30	−0.065 −0.195	75	0 −0.019	64	16	11	52	9	15	9
40	−0.080 −0.240	85	0 −0.022	78	18	13	62	11	18	11
50		100				17	72			
60	−0.100 −0.290	115		90	20		87	13.5	22	13
76		136	0 −0.025	98	22	21	102			

附表 9：圆形凸模、凹模标准

中华人民共和国国家标准

冷冲压模具凸、凹模　B 型圆凸模

UDC 621. 961. 02
GB/T 2863. 2—1981

Punches and dies of cold press dies
Round punch，type　B

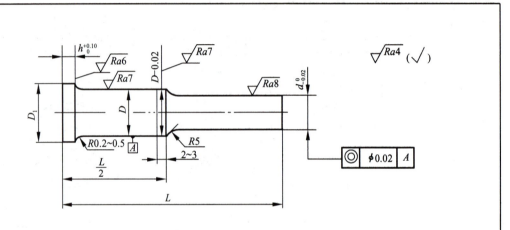

标记示例：

直径 d = 10.2mm、高度 L = 55mm、材料为 T10A、h 为 Ⅱ 型的 B 型圆凸模：

圆凸模　BⅡ10.2×55　GB/T 2863.2—1981·T10A

mm

d	D（m6）		D_1	h		L								
	基本尺寸	极限偏差		Ⅰ 型	Ⅱ 型	36	38	40	42	45	48	50	52	55
3.0														
3.1														
3.15														
3.2														
3.3	6	+ 0.012 + 0.004	9	3	—									
3.5														
3.7														
3.8														
3.9														
4.1														
4.15														
4.2	8	+ 0.015 + 0.006	11											
4.3														
4.6														

d	D（m6） 基本尺寸	D（m6） 极限偏差	D_1	h I 型	h II 型	40	42	45	48	50	52	55	58	60	65	70
4.9	8	+0.015 +0.005	11	3	5											
5.0																
5.1																
5.15																
5.3																
5.6																
5.9																
6.1	10		13													
6.15																
6.65																
6.7																
7.15																
7.65																
8.15	12	+0.018 +0.007	15													
8.6																
8.65																
9.15	14		17													
9.65																
10.15																
10.2																
10.7	16		19		6											
11.2																
11.7																
12.2																
12.7																
13.2	18		22													
14																
14.2																
14.7																
15.2																
16.2	20	+0.021 +0.008	24													
16.7																

d	D（m6） 基本尺寸	D（m6） 极限偏差	D_1	h I 型	h II 型	40	42	45	48	50	52	55	58	60
17.2	20		24	3	6									
17.4														
18.2	22		26											
19.2														
20.2		+0.021 +0.008												
21.2														
22.2	25		30											
23.2														
24.2														
25.2	30		35											
26.2														
28.2	32	+0.025 +0.009	38											
30.2														

材料：T10A　GB/T 1298—1977（注：最新标准号为2008）。9Mn2V　GB/T 1299—1977（注：此标准最新为2000）。Cr12MoV　GB/T 1299—1977。Cr12　GB/T 1299—1977。Cr6WV　GB/T 1299—1977。

热处理：9Mn2V、Cr12MoV、Cr12、硬度 HRC58~62，尾部回火 HRC40~50。T10A、Cr6WV、硬度 HRC56~60，尾部回火 HRC40~50。

技术条件：按 GB/T 2870—1981 的规定。

附表 9-2　冷冲压模具凸、凹模　圆凹模标准

中华人民共和国国家标准

冷冲压模具凸、凹模　圆凹模

Punches and dies of cold press dies
Round die button

UDC 621.961.02
GB/T 2863.4—1981

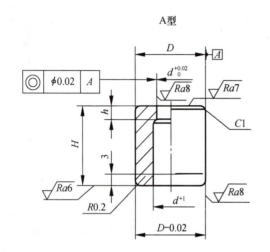

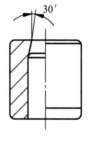

标记示例：

　　孔径 d = 8.6mm、刃壁高度 h = 4mm、高度 H = 22mm、材料为 T10A 的 A 型圆凹模：

　　　　　　凹模　A8.6×4×22　GB/T 2863.4—1981·T10A

mm

d	D（m6）		h	H								
料厚<2	基本尺寸	极限偏差		14	16	18	20	22	25	28	30	35
1~2	8	+ 0.015 0.006	3									
			5									
2~4	12		3									
			5									
4~6	14	+ 0.018 + 0.007	3									
			5									
6~8	16		4									
			6									
8~10	20	+ 0.021 + 0.008	4									
			6									

国家标准总局 1981-12-29 发布

1984-01-01 实施

GB/T 2863.4—1981

d	D（m6）		h	H							
料厚<2	基本尺寸	极限偏差		14	16	18	20	22	25	28	30
10~12	22	+0.021	6								
		+0.008	8								
12~15	25		6								
			8								
15~18	30		8								
			10								
18~22	35	+0.025	8								
		+0.009	10								
22~28	40		8								
			10								

材料：T10A　GB/T 1298—1977。9Mn2V　GB/T 1299—1977。Cr6WV　GB/T 1299—1977。Cr12　GB/T 1299—1977。
热处理：硬度 HRC58~1962。
技术条件：按 GB/T 2870—1981 的规定。

附表 9-3　冷冲压模具凸、凹模　带肩圆凹模标准

中华人民共和国国家标准

冷冲压模具凸、凹　带肩圆凹模

UDC 621.961.02
GB/T 2863.5—1981

Punches and dies of cold press dies

Round die button with shoulder

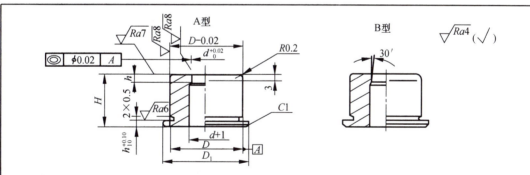

标记示例：

孔径 d = 8.6mm、刃壁高度 h = 6mm、高度 H = 22mm、材料为 T10A 的 A 型带合圆凹模：

圆凹模　A8.6×6×22　GB/T 2863.5—1981·T10A

mm

d	D（m6）		D_1	h_1	h	H								
料厚<2	基本尺寸	极限偏差				14	16	18	20	22	25	28	30	35
1~2	8	+0.015	11	3	3									
		0.006		5	5									
2~4	12		16	3	3									
				5	5									
4~6	14	+0.018	18	3	3									
		+0.007		5	5									
6~8	16		20	3	4									
				6	6									
8~10	20	+0.021	25	3	4									
		+0.008		6	6									

327

附表 10：常用模架标准

附表 10-1　对角模架标准
GB/T 2851.1—1990

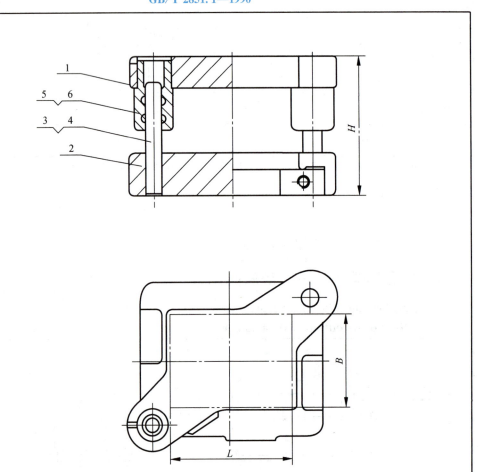

序号	类型	L	B	H最小	H最大	上模座	下模座	导柱	导套
1	160×125×140~170	160	125	140	170	160×125×35	160×125×40	25×130	25×85×33
2	160×125×160~190	160	125	160	190	160×125×35	160×125×40	25×150	25×85×33
3	160×125×170~205	160	125	170	205	160×125×40	160×125×50	25×160	25×95×38
4	160×125×190~225	160	125	190	225	160×125×40	160×125×50	25×180	25×95×38
5	200×160×160~200	200	160	160	200	200×160×40	200×160×45	28×150	28×100×38
6	200×160×180~220	200	160	180	220	200×160×40	200×160×45	28×170	28×100×38
7	200×160×190~235	200	160	190	235	200×160×45	200×160×55	28×180	28×110×43
8	200×160×210~255	200	160	210	255	200×160×45	200×160×55	28×200	28×110×43
9	250×160×170~210	250	160	170	210	250×160×45	250×160×50	32×160	32×105×43
10	250×160×200~240	250	160	200	240	250×160×45	250×160×50	32×190	32×105×43
11	250×160×200~245	250	160	200	245	250×160×50	250×160×60	32×190	32×115×48

续表

序号	类型	L	B	H最小	H最大	上模座	下模座	导柱	导套
12	250×160×220~265	250	160	220	265	250×160×50	250×160×60	32×210	32×115×48
13	250×200×170~210	250	200	170	210	250×200×45	250×200×50	32×160	32×105×43
14	250×200×200~240	250	200	200	240	250×200×45	250×200×50	32×190	32×105×43
15	250×200×200~245	250	200	200	245	250×200×50	250×200×60	32×190	32×115×48
16	250×200×200~265	250	200	220	265	250×200×50	250×200×60	32×210	32×115×48
17	315×200×190~230	315	200	190	230	315×200×45	315×200×55	35×180	35×115×43
18	315×200×210~255	315	200	210	255	315×200×50	315×200×65	35×200	35×125×48
19	315×200×220~260	315	200	220	260	315×200×45	315×200×55	35×210	35×115×43
20	315×200×240~285	315	200	240	285	315×200×50	315×200×65	35×230	35×125×48
21	315×250×215~250	315	250	215	250	315×250×50	315×250×60	40×200	40×125×48
22	315×250×245~280	315	250	245	280	315×250×50	315×250×60	40×230	40×125×48
23	315×250×245~290	315	250	245	290	315×250×55	315×250×70	40×230	40×140×53
24	315×250×275~320	315	250	275	320	315×250×55	315×250×70	40×260	40×140×53
25	400×250×215~250	400	250	215	250	400×250×50	400×250×60	40×200	40×125×48
26	400×250×245~280	400	250	245	280	400×250×50	400×250×60	40×230	40×125×48
27	400×250×245~290	400	250	245	290	400×250×55	400×250×70	40×230	40×140×53
28	400×250×275~320	400	250	275	320	400×250×55	400×250×70	40×260	40×140×53
29	400×315×245~290	400	315	245	290	400×315×55	400×315×65	45×230	45×140×53
30	400×315×275~315	400	315	275	315	400×315×55	400×315×65	45×260	45×140×53
31	400×315×275~320	400	315	275	320	400×315×60	400×315×75	45×260	45×150×58
32	400×315×305~350	400	315	305	350	400×315×60	400×315×75	45×260	45×150×58
33	500×315×245~290	500	315	245	290	500×315×55	500×315×65	45×230	45×140×53
34	500×315×275~315	500	315	275	315	500×315×55	500×315×65	45×260	45×140×53
35	500×315×275~320	500	315	275	320	500×315×60	500×315×75	45×260	45×150×58
36	500×315×305~350	500	315	305	350	500×315×60	500×315×75	45×290	45×150×58
37	500×400×260~300	500	400	260	300	500×400×55	500×400×65	50×240	50×150×53
38	500×400×290~325	500	400	290	325	500×400×55	500×400×65	50×270	50×150×53
39	500×400×290~330	500	400	290	330	500×400×65	500×400×80	50×270	50×160×63
40	500×400×320~360	500	400	320	360	500×400×65	500×400×80	50×300	50×160×63
41	630×315×260~300	630	315	260	300	630×315×55	630×315×65	50×240	50×150×53
42	630×315×290~325	630	315	290	325	630×315×55	630×315×65	50×270	50×150×53
43	630×315×290~330	630	315	290	330	630×315×65	630×315×80	50×270	50×160×63
44	630×315×320~360	630	315	320	360	630×315×65	630×315×80	50×300	50×160×63
45	630×400×260~300	630	400	260	300	630×400×55	630×400×65	50×240	50×150×53
46	630×400×290~325	630	400	290	325	630×400×55	630×400×65	50×270	50×150×53
47	630×400×290~330	630	400	290	330	630×400×65	630×400×80	50×270	50×160×63
48	630×400×320~360	630	400	320	360	630×400×65	630×400×80	50×300	50×160×63

附表 10-2 后侧模架标准

GB/T 2851.3—1990（注：最新标准号为 GB/T 2851—2008）

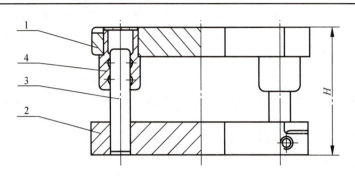

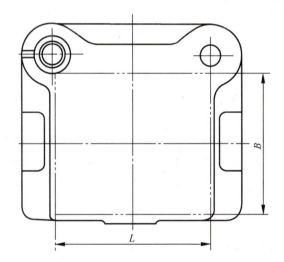

标记示例：

凹模周界 $L = 200$mm、$B = 125$mm、闭合高度 $H = 170 \sim 205$mm、Ⅰ级精度

模架　200×125×170~205　Ⅰ　GB/T 2851

序号	类型	L	B	H最小	H最大	上模座	下模座	导柱	导套
0		100	100	110	130	100×100×25	100×100×30	20×100	20×65×23
1	100×100×120~145	100	100	120	145	100×100×30	100×100×40	20×110	20×70×28
2	100×100×130~150	100	100	130	150	100×100×25	100×100×30	20×120	20×65×23
3	100×100×140~165	100	100	140	165	100×100×30	100×100×40	20×130	20×70×28
4	100×63×110~130	100	63	110	130	100×63×25	100×63×30	18×100	18×65×23
5	100×63×120~145	100	63	120	145	100×63×30	100×63×40	18×110	18×70×28
6	100×63×130~150	100	63	130	150	100×63×25	100×63×30	18×120	18×65×23
7	100×63×140~165	100	63	140	165	100×63×30	100×63×40	18×130	18×70×28
8	100×80×110~130	100	80	110	130	100×80×25	100×80×30	20×100	20×65×23
9	100×80×120~145	100	80	120	145	100×80×30	100×80×40	20×110	20×70×28
10	100×80×130~150	100	80	130	150	100×80×25	100×80×30	20×120	20×65×23

续表

序号	类型	L	B	H最小	H最大	上模座	下模座	导柱	导套
11	100×80×140~165	100	80	140	165	100×80×30	100×80×40	20×130	20×70×28
12	125×100×120~150	125	100	120	150	125×100×30	125×100×25	22×110	22×80×28
13	125×100×140~165	125	100	140	165	125×100×30	125×100×35	22×130	22×80×28
14	125×100×140~170	125	100	140	170	125×100×35	125×100×45	22×130	22×80×33
15	125×100×160~190	125	100	160	190	125×100×35	125×100×45	22×150	22×80×33
16	125×125×120~150	125	125	120	150	125×125×30	125×125×35	22×110	22×80×28
17	125×125×140~165	125	125	140	165	125×125×30	125×125×35	22×130	22×80×28
18	125×125×140~170	125	125	140	170	125×125×35	125×125×45	22×130	22×85×33
19	125×125×160~190	125	125	160	190	125×125×35	125×125×45	22×150	22×85×33
20	125×80×110~130	125	80	110	130	125×80×25	125×80×30	20×100	20×65×23
21	125×80×120~145	125	80	120	145	125×80×30	125×80×40	20×110	20×70×28
22	125×80×130~150	125	80	130	150	125×80×25	125×80×30	20×120	20×65×23
23	125×80×140~165	125	80	140	165	125×80×30	125×80×40	20×130	20×70×28
24	160×100×140~170	160	100	140	170	160×100×35	160×100×40	25×130	25×85×33
25	160×100×160~190	160	100	160	190	160×100×35	160×100×40	25×150	25×85×33
26	160×100×160~195	160	100	160	195	160×100×40	160×100×50	25×150	25×90×38
27	160×100×190~225	160	100	190	225	160×100×40	160×100×50	25×180	25×90×38
28	160×125×140~170	160	125	140	170	160×125×35	160×125×40	25×130	25×85×33
29	160×125×160~190	160	125	160	190	160×125×35	160×125×40	25×150	25×85×33
30	160×125×170~205	160	125	170	205	160×125×40	160×125×50	25×160	25×95×38
31	160×125×190~225	160	125	190	225	160×125×40	160×125×50	25×180	25×95×38
32	160×160×160~200	160	160	160	200	160×160×40	160×160×45	28×150	28×100×38
33	160×160×180~220	160	160	180	220	160×160×40	160×160×45	28×170	28×100×38
34	160×160×190~235	160	160	190	235	160×160×45	160×160×55	28×180	28×110×43
35	160×160×210~255	160	160	210	255	160×160×45	160×160×55	28×200	28×110×43
36	200×100×140~170	200	100	140	170	200×100×35	200×100×40	25×130	25×85×33
37	200×100×160~190	200	100	160	190	200×100×35	200×100×40	25×150	25×85×33
38	200×100×160~195	200	100	160	195	200×100×40	200×100×50	25×150	25×90×38
39	200×100×190~225	200	100	190	225	200×100×40	200×100×50	25×180	25×90×38
40	200×125×140~170	200	125	140	170	200×125×35	200×125×40	25×130	25×85×33
41	200×125×160~190	200	125	160	190	200×125×35	200×125×40	25×150	25×85×33
42	200×125×170~205	200	125	170	205	200×125×40	200×125×50	25×160	25×95×38
43	200×125×190~225	200	125	190	225	200×125×40	200×125×50	25×180	25×95×38
44	200×160×160~200	200	160	160	200	200×160×40	200×160×45	28×150	28×100×38
45	200×160×180~200	200	160	180	220	200×160×40	200×160×45	28×170	28×100×38
46	200×160×190~235	200	160	190	235	200×160×45	200×160×55	28×180	28×110×43
47	200×160×210~255	200	160	210	255	200×160×45	200×160×55	28×200	28×110×43
48	200×200×170~210	200	200	170	210	200×200×45	200×200×50	32×160	32×105×43
49	200×200×200~240	200	200	200	240	200×200×45	200×200×50	32×190	32×105×43
50	200×200×200~245	200	200	200	245	200×200×50	200×200×60	32×190	32×115×48
51	200×200×220~265	200	200	220	265	200×200×50	200×200×60	32×210	32×115×48
52	250×125×160~200	250	125	160	200	250×125×40	250×125×45	28×150	28×100×38
53	250×125×180~220	250	125	180	220	250×125×40	250×125×45	28×170	28×100×38

续表

序号	类型	L	B	H最小	H最大	上模座	下模座	导柱	导套
54	250×125×190～235	250	125	190	235	250×125×45	250×125×55	28×180	28×110×43
55	250×125×210～255	250	125	210	255	250×125×45	250×125×55	28×200	28×110×43
56	250×160×170～210	250	160	170	210	250×160×45	250×160×50	32×160	32×105×43
57	250×160×200～240	250	160	200	240	250×160×45	250×160×50	32×190	32×105×43
58	250×160×200～245	250	160	200	245	250×160×50	250×160×60	32×190	32×115×48
59	250×160×220～265	250	160	220	265	250×160×50	250×160×60	32×210	32×115×48
60	250×200×170～210	250	200	170	210	250×200×45	250×200×50	32×160	32×105×43
61	250×200×200～240	250	200	200	240	250×200×45	250×200×50	32×190	32×105×43
62	250×200×200～245	250	200	200	245	250×200×50	250×200×60	32×190	32×115×48
63	250×200×220～265	250	200	220	265	250×200×50	250×200×60	32×210	32×115×48
64	250×250×190～230	250	250	190	230	250×250×45	250×250×55	35×180	35×115×43
65	250×250×210～255	250	250	210	255	250×250×50	250×250×65	35×200	35×125×48
66	250×250×220～260	250	250	220	260	250×250×45	250×250×55	35×210	35×115×43
67	250×250×240～285	250	250	240	285	250×250×50	250×250×65	35×230	35×125×48
68	315×200×190～230	315	200	190	230	315×200×45	315×200×55	35×180	35×115×43
69	315×200×210～255	315	200	210	255	315×200×50	315×200×65	35×200	35×125×48
70	315×200×220～260	315	200	220	260	315×200×45	315×200×55	35×210	35×115×43
71	315×200×240～285	315	200	240	285	315×200×50	315×200×65	35×230	35×125×48
72	315×250×215～250	315	250	215	250	315×250×50	315×250×60	40×200	40×125×48
73	315×250×245～280	315	250	245	280	315×250×50	315×250×60	40×230	40×125×48
74	315×250×245～290	315	250	245	290	315×250×55	315×250×70	40×230	40×140×53
75	315×250×250～275	315	250	275	320	315×250×55	315×250×70	40×260	40×140×53
76	400×250×215～250	400	250	215	250	400×250×50	400×250×60	40×200	40×125×48
77	400×250×245～280	400	250	245	280	400×250×50	400×250×60	40×230	40×125×48
78	400×250×245～290	400	250	245	290	400×250×55	400×250×70	40×230	40×140×53
79	400×250×275～320	400	250	275	320	400×250×55	400×250×70	40×260	40×140×53
80	63×50×100～115	63	50	100	115	63×50×20	63×50×25	16×90	16×60×18
81	63×50×110～125	63	50	110	125	63×50×20	63×50×25	16×100	16×60×18
82	63×50×110～130	63	50	110	130	63×50×25	63×50×30	16×100	16×65×23
83	63×50×120～140	63	50	120	140	63×50×25	63×50×30	16×110	16×65×23
84	63×63×100～115	63	63	100	115	63×63×20	63×63×25	16×90	16×60×18
85	63×63×110～125	63	63	110	125	63×63×20	63×63×25	16×100	16×60×18
86	63×63×110～130	63	63	110	130	63×63×25	63×63×30	16×100	16×60×18
87	63×63×120～140	63	63	120	140	63×63×25	63×63×30	16×110	16×65×23
88	80×63×110～130	80	63	110	130	80×63×25	80×63×30	18×100	18×65×23
89	80×63×120～145	80	63	120	145	80×63×30	80×63×40	18×110	18×70×28
90	80×63×130～150	80	63	130	150	80×63×25	80×63×30	18×120	18×65×23
91	80×63×140～165	80	63	140	165	80×63×30	80×63×40	18×130	18×70×28
92	80×80×110～130	80	80	110	130	80×80×25	80×80×30	20×100	20×65×23
93	80×80×120～145	80	80	120	145	80×80×30	80×80×40	20×110	20×70×28
94	80×80×130～150	80	80	130	150	80×80×25	80×80×30	20×120	20×65×23
95	80×80×140～165	80	80	140	165	80×80×30	80×80×40	20×130	20×70×28

参 考 文 献

［1］模具使用技术丛书编委会. 冲压模具设计应用实例［M］. 北京：机械工业出版社，2000.

［2］齐卫东. 冷冲压模具图集［M］. 北京：北京理工大学出版社，2008.

［3］陈剑鹤. 冷冲压工艺与模具设计［M］. 北京：机械工业出版社，2005.

［4］孙凤勤. 模具制造工艺与设备［M］. 北京：机械工业出版社，2009.

［5］张如华，等. 冲压工艺与模具设计［M］. 北京：清华大学出版社，2006.

［6］钟毓斌. 冲压工艺与模具设计［M］. 北京：机械工业出版社，2000.

［7］赵孟栋. 冷冲压模具设计［M］. 北京：机械工业出版社，2000.

［8］梅伶. 模具课程设计指导［M］. 北京：机械工业出版社，2007.

［9］史铁梁. 模具设计指导［M］. 北京：机械工业出版社，2008.

［10］刘建超，等. 冲压模具设计与制造［M］. 北京：高等教育出版社，2007.

［11］周树银. 冷冲压模具课程设计讲义［M］. 天津：天津轻工职业技术学院，2009.

［12］周树银. CAXA 制造工程师 2006［M］. 天津：天津轻工职业技术学院，2008.

［13］张玉华. 冷冲压模具拆装指导书［M］. 天津：天津轻工职业技术学院，2009.

［14］李文超. UG 冲压模具设计与制造［M］. 北京：化学工业出版社，2008.